MULTIVARIATE ANALYSIS

まずはこの一冊から

意味がわかる
多変量解析

●●● 石井俊全 著
Toshiaki Ishii

はじめに

この本は、次のような人たちを読者として想定しています。

> **想定している読者**
> ① 数学が苦手だが多変量解析の概略を手っ取り早くつかみたい人。
> ② 手元にデータがあるが、どう分析したらよいかわからない人。分析して何が得られるかわからない人。
> ③ 多変量解析のソフトを使ったことがあるが、中身で何をしているかがわからないので知りたい人。多変量解析の原理を確認したい人。

この本の構成を紹介しつつ、上の1～3のそれぞれのタイプの読者にとって、本書がいかに有用であるかを説明していきましょう。

本書の章立て
- 第1章　多変量解析のマップ
- 第2章　統計・確率の準備
- 第3章　相関分析
- 第4章　回帰分析
- 第5章　判別分析
- 第6章　主成分分析
- 第7章　因子分析
- 第8章　数量化分析
- 第9章　数学的準備

❶ 数学が苦手だが多変量解析の概略を手っ取り早くつかみたい人。

　本書を手に取って、パラパラっと見ると数式が多いので敬遠している人もいらっしゃるかもしれませんが、**この本は数式が苦手な方でも読むことができます。**

　というのは、数式で書かれていないところを読むだけでも多変量解析のエッセンスをつかむことができるよう工夫して書いてあるからです。

　数式を使わないで多変量解析を理解できるのか、と訝しがる方もいらっしゃるかもしれません。実際、そのようなことをうたった本を読んだことがあるけれど、多変量解析の仕組みまではわからなかったという経験をお持ちの方もいらっしゃるでしょう。

　しかしこの本では、数式での説明をする前に、**多変量解析の仕組みを図に置き換えて説明**しています。ですから、数式にアレルギーがある数学が苦手な人でも、多変量解析の手法について理解することが可能なのです。

　「数式を使わない多変量解析」というような本を読んで、結局のところソフトの使い方しかわからなかったという苦い経験をお持ちの方にも、この本なら満足していただけると考えています。

　この本は、数式が書かれていないところを読むだけでも、十分にお釣りがきます。

　多変量解析と一口にいいましても、多変量解析には資料の種類と分析の目的によって多くの分析法が用意されています。

　「第1章　多変量解析のマップ」では、これらの手法について簡単な例とともに難しい数式を用いずに解説しています。気軽に多変量解析の俯瞰図を得ることができるでしょう。

　第3章からは、多変量解析の各分析法について解説しています。

　解説の仕方は、おおよそ、

> - 分析法の概略（A）
> - グラフ・図形による原理の説明（A）
> - 具体例による実践（B）
> - 結果の数学的な意味（B）
> - 数式による裏付け（C）

という順序で説明していきます。ここでA、B、Cは内容の難易度を表しています、Aから順に難易度が上がります。

　数字にアレルギーがある人はAランクの解説までを読めば、その分析が何をしているのかのおよそのイメージがつかめます。それだけでも、単に数字の結果を眺めていたときよりは、格段に分析法についての理解が深まるでしょう。**数式にアレルギーがある方は、各分析法のはじめの方の数式で書かれていないところの解説だけを読めばよいのです。**

❷ 手元にデータがあるが、どう分析したらよいかわからない人。
　分析して何が得られるかわからない人。

　私は大人のための数学教室「和（なごみ）」で教えていますが、ここにはデータ分析すべき資料を持っているにもかかわらず、どう分析してよいかわからないという方が多く尋ねてこられます。「統計駆け込み寺」のような状態で、スタッフは大忙しです。統計ソフトは持っているけれど、どの分析法を用いてデータを解析すればよいかわからないという人は意外と多いのです。

　このタイプの方にまず読んでほしいのが第1章です。

第1章は、この本の概略をつかむためのマップになっています。本書で扱われるすべての分析法が簡潔な説明で紹介されています。

　分析の目的とデータの種類によって分類されていますから、手元に解析すべきデータがあるがどうしたらよいかわからないという人にとっては大

きな指針を得ることができるでしょう。

そのうえで第3章以降の章のはじめを読むとよいでしょう。

❸ 多変量解析のソフトを使ったことがあるが、中身で何をしているかがわからないので知りたい人。多変量解析の原理を確認したい人。

原理を確認したいと思って多変量解析の本を読んだけれど、難しくて途中で挫折したという人もいるでしょう。この本は多変量解析の原理が書いてある本の中では一番わかりやすい解説が書かれていると思います。

3のタイプの方は、まず**第2章で基本事項を確認してください**。

第2章では、1変数の統計量と確率変数の公式を簡単に紹介します。

1変数の統計量についての知識は、第3章以下の多変量についての解説を読むために必要な統計学の基本的知識です。この本だけで内容がわかるように充足的に書きましたが、たっぷりとした説明を読みたい人は拙著『意味がわかる統計学』（ベレ出版）を参照してください。

確率変数については、読者が知らないことを前提に、はじめから丁寧に書きました。他の本では確率変数を実感できなかった人でも、確率変数がどういったものであるかがわかるようになるでしょう。

次に、第3章以降の各分析法の「具体例による実践（B）」「結果の数学的な意味（B）」「数式による裏付け（C）」の部分まで読み込んでください。

具体例は、手計算で計算を追いかけることができるように簡単な例を作って解説しています。具体的な数の四則演算を用いた説明ですから、中学数学を学んだ人なら追いかけていくことができるはずです。統計分析ソフトがブラックボックスであると感じていた人でも、分析結果に親しみが持てるようになるでしょう。

分析の数学的な裏付けが知りたい方は、ぜひCランクまで読んでください。しかし、Cランクの記述であっても、読者が高校の文系数学修了者（高校の数ⅡBまでの微積は修了）であることを想定して解説しています。

高校数学を超える部分についてわからない概念・用語があれば、その都度第9章の数学的準備を参照しながら読み進めてください。

ベクトル、行列、微積分といった大学で習う数学については第9章で補足してあります。**他の本を引用することなく、この本だけで最低限は理解できるようにしてある**ところがこの本の特徴です。この第9章は、大学数学から多変量解析に必要な数学だけを抜き出して書いてありますから、コストパフォーマンスもよいでしょう。

多変量解析で一番有名なのが回帰分析でしょう。Excelにもパッケージとして組み込まれています。ですから、回帰分析については、このExcelの結果が原理的にさかのぼって完全に理解できるように解説しました。回帰分析について掘り下げて理解することで、他の分析法の統計的理解も深まります。

この本の特徴をまとめておくと次のようになります。

この本の特徴
① 数式を使わなくても分析法のエッセンスがつかめる。
② 多変量解析についての俯瞰図を得ることができる。
③ 多変量解析に必要な大学で習う数学は
   すべてこの本の中で解説してある。
④ Excelの回帰分析について、操作法がわかり、
   その結果の意味が原理にさかのぼって理解できるようになる。

まずはこの一冊から　**意味がわかる多変量解析**　● 目　次

はじめに——3

第1章　多変量解析のマップ　13

1　データの分類と分析の目的……14
2　相関分析……18
3　予測（数値を予想）……19

単回帰分析 ——19

重回帰分析 ——20

数量化Ⅰ類 ——21

4　判別（カテゴリーを予測）……23

判別分析 ——23

数量化Ⅱ類 ——24

5　データの要約 ── 外的規準のない分析……26

量的データのとき ——26

質的データのとき ——29

第2章　統計・確率の準備　31

1　1変量の統計用語……32
2　確率変数の公式……41

確率変数と期待値 ——41

確率変数の和、積 ——43

第3章　相関分析　　55

1　ピアソンの積率相関係数 ── 量的データどうしの関連性を測る … 56

  1　相関係数は単位によらず一定 ── 63

  2　相関係数は直線の傾きとは関係ない ── 65

  3　2次の関係は見落としてしまう ── 66

  4　相関係数と因果関係 ── 67

2　相関比 ── 量的データと質的データの関連性を測る ……………………… 69

3　クラメールの連関係数 ── 質的データと質的データの場合 …… 76

  クラメールの連関係数が1になる場合 ── 81

4　スピアマンの順位相関係数 ── 順序尺度と順序尺度の場合 …. 85

第4章　回帰分析　　89

1　単回帰分析 ── 説明変数が1個の場合 ………………………………………… 90

2　回帰分析の精度を測る ── 決定係数 …………………………………………… 99

3　回帰直線の精度を測る ── 分散分析 ……………………………………… 105

  検定の考え方 ── 107

4　回帰係数、切片、予測値の推定 ……………………………………………… 116

  予測値の区間推定 ── 120

  $\hat{a}, \hat{b}, \hat{y}_i$ の区間推定の理論的背景 ── 121

5　重回帰分析 ── 説明変数が2個以上の場合 ……………………………… 127

  多重共線性 ── 136

第5章　判別分析　139

1. 線形判別分析 …………………………………… 140
2. マハラノビスの距離 …………………………… 150

　　Column　ロジスティック分析 —157

第6章　主成分分析　159

1. **2変量の主成分分析** …………………………… 160

　　高校数学の範囲で —168

　　線形代数を用いて —171

2. **3変量の主成分分析** …………………………… 176

第7章　因子分析　189

1. **因子分析と主成分分析の違い** ……………… 190
2. **1因子モデル** …………………………………… 199
3. **2因子モデル** …………………………………… 205
4. **主因子法** ………………………………………… 213
5. **因子の回転** ……………………………………… 216

第8章　数量化分析　221

1. 数量化Ⅰ類 ……………………………………… 222
2. 数量化Ⅱ類 ……………………………………… 230
3. 数量化Ⅲ類 ……………………………………… 235

第9章　数学的準備　　249

1　ベクトル　　250

ベクトルの1次結合と斜交座標 — 250

ベクトルの内積 — 257

内積と新座標の目盛 — 260

2　微積分　　264

偏微分 — 264

ラグランジュの未定乗数法 — 268

3　線形代数　　273

行列 — 273

行列の計算 — 274

行列の積 — 275

対称行列と転置行列 — 279

逆行列と行列式 — 279

回転の行列と直交行列 — 281

固有値・固有ベクトル — 286

対称行列と対角化 — 289

多変数関数の微分 — 297

おわりに — 300

第 1 章

多変量解析のマップ

　この章では、資料のタイプ（量的データ、質的データなど）から解説を始めます。そのあと、
　　　　資料のタイプ別（量的データ、質的データ、
　　　　　　　　　　　　　　量的データと質的データの混合）
　　　　分析の目的別（予測、判別、要約）
に分けて、分析法とそのあらましについて、適に具体例を挙げながら解説していきます。
　この章で、多変量解析の全体像をつかんでほしいと思います。

説明変数 ＼ 目的変数	量的データ（予測）	質的データ（判別）
量的データ	単回帰分析 重回帰分析	判別分析 ロジスティック分析
質的データ	数量化Ⅰ類	数量化Ⅱ類

データの要約
　　主成分分析、因子分析、数量化Ⅲ類

1 データの分類と分析の目的

　この章では、まず多変量解析で扱う資料の具体例を示します。次に、その資料から、どういう視点で何を導き出すかを実例に沿って述べてみましょう。

　多変量の資料を持っているが、その資料をどう分析してよいかわからないという人は多くいると思います。この章を読むことで、資料に見合った多変量解析の仕方をつかんでください。

　まずは、多変量とそうでない資料の違いについて。

　次の資料は、AからFまでの6人の算数の小テストの結果を表しています。

	A	B	C	D	E	F
算数	4	7	3	2	8	6

　1人に対して、1つの点数しかないので多変量の資料ではありません。「算数の小テストの結果」のように、資料の観測項目や調査項目を**変量（変数）**といいます。上の表に国語の小テストの結果を加えた資料、

	A	B	C	D	E	F
算数	4	7	3	2	8	6
国語	3	8	7	8	3	5

は、調査項目、つまり変量が2個になるので、多変量の資料です。このように変量が複数ある資料を**多変量の資料**といいます。

　表から、例えばBは算数が7点、国語が8点です。このような（人、算数の点数、国語の点数）の組が資料の構成要素になっています。このよう

な構成要素のことを**個体**といいます。上の表は、2変量からなる個体が6個集まって資料を構成しています。個体の個数を資料のサイズといいます。上の資料の**サイズ**は6です。

　AからFの6人について、さらに詳しい多変量の資料があります。
　各人について、身長、体重、性別、算数、国語、理科、社会、勉強好き、試験の合否を表にまとめてあります。この資料は、9個の変量を持つ資料です。ちなみにこの合否とは、算数、国語、理科、社会の小テストのしばらく後に行なわれた、入学試験の合否のことで、算数、国語、理科、社会の小テストの結果から直接判定できるものではないとします。

	身長	体重	性別	算数	国語	理科	社会	勉強好き	試験合否
A	162	58	男	4	3	4	8	好き	合格
B	170	70	男	7	8	6	3	嫌い	不合格
C	185	75	女	3	7	5	8	大嫌い	不合格
D	158	45	女	2	8	3	5	大好き	合格
E	165	52	女	8	3	7	4	嫌い	不合格
F	171	87	男	6	5	7	6	好き	合格

　ここで変量の種類について説明しておきましょう。
　変量には大きく分けて、量的データと質的データがあります。
　数値で表されたデータを**量的データ**といい、そうでないデータを質的データといいます。
　上では、身長、体重、算数、国語、理科、社会が量的データで、性別、勉強好き、合否が**質的データ**です。
　量的データの中でも、長さや重さなどのように絶対的な0を持つような尺度を**比率尺度**といいます。質量、長さ、時間など物理的な量の多くは比率尺度です。一方、温度（摂氏or華氏）のように指数の差が意味を持つものを**間隔尺度**といいます。

質的データで扱う変数のことを**アイテム**や**項目**といいます。性別、勉強好き、合否はアイテムです。アイテムの欄の中に書き込まれた数字や記号のことを**カテゴリー**といいます。「男」、「大好き」、「合格」はカテゴリーです。

　質的データは数値では表されませんが、決め事によって数値で表すこともできます。

　例えば、性別の欄では男性を1、女性を0で、合否の欄では合格を1、不合格を0で表すことにします。

　また、勉強好きの欄では、

　　　　大嫌い→0　　　　　　　嫌い→1
　　　　好きでも嫌いでもない→2　　好き→3　　大好き→4

と表すことにします。すると上の資料はすべて数値で表すことができます。それでも、質的データを表す数値それ自体に意味はありませんから、性別、勉強好き、合否が質的データであることに変わりはありません。質的データを表す数値は区別のために与えられた単なる記号であって、性別の欄では男性を1、女性を2という決まりで書きこんでも構わないわけです。

　ただ、「勉強好き」の数値に関しては、少し数学的に意味があるといえるでしょう。「勉強好き」の数値が大きければ大きいほど、勉強が好きであることを示しているからです。このような尺度を**順序尺度**といいます。一方、性別、合否のように内容を区別するためだけに用いられる尺度を**名義尺度**といいます。

　まとめると次のようになります。

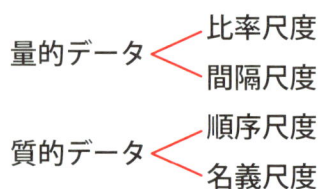

この表では上にいけばいくほど、数字が表す数値としての意味が強くなっていることがわかるでしょう。

　分類自体にあまりナーバスになる必要はありません。

　温度も、摂氏は水の融点（氷が解ける温度）を0℃、沸点（水が沸騰する温度）を100℃として等間隔に目盛を振ったものであることから間隔尺度と考えられますが、摂氏に273℃を足せば絶対温度となり、ボイル・シャルルの法則を満たすことなどから比率尺度であるとも考えられます。同じ温度で2つの尺度となるのもおかしな話です。

　比率尺度、間隔尺度、順序尺度、名義尺度の順に数値の意味が強くなり、その順に数学の理論に乗せやすくなるということを捉えておけばよいのです。

　この表を用いて、多変量解析における問題意識・目的を解説していきましょう。

　多変量解析の目的は大きく分けて、

　　　　　予測、判別、要約

の3つです。それぞれの場合にどのような分析方法を用いるかをおおざっぱに説明していきましょう。

　その前に、予測と判別という用語の違いについてコメントしておきます。

　算数の点数から理科の点数を予想するのが**予測**、算数の点数から合否を予想するのが**判別**です。予測の場合は数値を予想し、判別の場合はカテゴリーを予想します。つまり、量的データを予想することを予測、質的データを予想することを判別、と多変量解析では使い分けています。

2 相関分析

　例えば、算数の点数から理科の点数を予測したいと考えます。予測できるためには算数と理科の点数に関連がなくてはいけません。

　この場合、関連とは、「算数の点数が高い人は、理科の点数が高い傾向がある」ということです。実際にはないとは思いますが、「算数の点数が高い人は、理科の点数が低い傾向がある」という関連でもかまいません。いずれにしろ、算数の点数を決めれば、およその理科の点数が決まるぐらいの結びつきがなくてはいけないのです。

　2個の変量の関連性が強いか弱いか、関係が強いか弱いかを判断するには、2個の変量のデータからある計算方法によって数値を求め、その数値によって関連性の強弱を判断します。

　算数の点数と理科の点数というように、量的データどうしの関連性を調べるのであれば、ピアソンの積率相関係数と呼ばれる指標を用います。

　2個の変量の関連性を調べるには、変量のタイプによって、3つの指数を使い分けます。

　　　量的データと量的データ ⟷ ［ピアソンの積率相関係数］
　　　量的データと質的データ ⟷ ［相関比］
　　　質的データと質的データ ⟷ ［クラメールの連関係数］

　例えば、国語の点数と合否の関連性を調べる場合には相関比を、勉強好きと合否の関連性を調べるにはクラメールの連関係数を用います。

　このように2変量の関連性の強弱を判断する分析を**相関分析**といいます。これらはすべて第3章で解説します。

　関連性が強い変量が複数あれば、いい予測ができる可能性が高まります。

3 予測（数値を予想）

単回帰分析

　p.15のように6人について算数と理科の小テストのデータが与えられているものとします。これ以外にGがいるものとし、Gは算数の小テストは受けたけれど、理科の小テストは受けていません。このとき、Gの算数の点数から、理科の点数を予測しようとするときに用いるのが**単回帰分析**です。算数も理科も理数科目ですから、2つの科目の成績には関係がありそうですね。

　与えられた資料から算数と理科の点数のおよその関係式を1次式で求めます。それは、

$$（理科の点数）= a ×（算数の点数）+ b \quad \cdots\cdots ①$$

という式です。算数の点数をx、理科の点数をyとすると、$y = ax + b$となるので、理科の点数は算数の点数の1次式で表されます。

　与えられた資料から、ある計算方法によってa, bを具体的に求めます。例えば、

$$（理科の点数）= 0.7 ×（算数の点数）+ 1.2 \quad \cdots\cdots ②$$

と求まったとします。もちろん与えられたデータのすべてがこの式をピッタリ満たすというわけではありません。データの算数の点数を上の式に代入して求めた理科の点数は、実際の理科の点数とは誤差が出ます。しかし、その誤差が一番小さくなるような①の式のa, bを決めるのです。その結果が②の式になっているわけです。少しは誤差が出るであろうけれど、②の式を算数の点数から理科の点数を予測する式として用いようという趣旨です。

資料に表れていないGの算数の点数が8点であれば、

$$(理科の点数) = 0.7 \times 8 + 1.2 = 6.8$$

と式に代入することによって、Gの理科の点数を6.8点と予測することができます。

この場合、理科の点数は予測の目的となる変数ですから、**目的変数**と呼ばれます。また、算数の点数は、上の式によって理科の点数の説明をしていると考えられ、目的変数を説明する変数なので**説明変数**と呼ばれます。

また、上の式で算数の点数を独立に決定すれば、理科の点数はそれに従うので、説明変数のことを**独立変数**、目的変数のことを**従属変数**ともいいます。

この本では、意味がとりやすい説明変数と目的変数という用語を使っていきます。

また、多変量の資料で目的変数となる変量を**基準変数**ともいいます。予測や判別をするためには、変量のどれか1個を基準変数に見立てますから、予測や判別をする分析を「**外的基準のある分析**」といいます。これから述べる、重回帰分析、数量化Ⅰ類、判別分析、数量化Ⅱ類はすべて外的基準のある分析です。

重回帰分析

Gについて算数と国語の2つの小テストの点数がわかっているものとします。このとき、Gの理科の点数を予測しようとするときに用いるのが**重回帰分析**です。単回帰分析では説明変数が1個だけでしたが、重回帰分析では説明変数が複数になります。この場合、算数と国語の点数が説明変数で、理科の点数が目的変数です。

与えられた資料から、算数、国語、理科の点数のおよその関係を1次式で求めます。それは、

$$(理科の点数) = a \times (算数の点数) + b \times (国語の点数) + c$$

という式です。これは、目的変数である理科の点数を、算数と国語という2個の説明変数の1次式で表した式です。

資料から最適な a, b, c の具体的な値を求め、その式を予測式とします。算数、国語の点数を式に代入して求めた理科の点数が、理科の点数の予測値です。

このように量的データから量的データを予測するには**回帰分析**を用います。

数量化Ⅰ類

性別と勉強好きのデータから国語の点数を予測するときに用いるのが**数量化Ⅰ類**です。

数量化とは、質的データを量的データに置き換えることです。質的データであるカテゴリーは数では表されていませんが、カテゴリーごとに数値を与えようというのです。まさに、質的データを数量化するわけです。

性別と勉強好きのデータから国語の点数を予測する数量化Ⅰ類の分析では、AからFの資料からある計算法を用いてカテゴリーごとに点数を与えます。

例えば、「男」、「女」、「大好き」、「好き」、「ふつう」、「嫌い」、「大嫌い」というそれぞれのカテゴリーに次のように点数が与えられたとします。

$$\begin{cases} 男 & 3 \\ 女 & 5 \end{cases} + \begin{cases} 大好き & 4 \\ 好き & 3.5 \\ ふつう & 2.5 \\ 嫌い & 2 \\ 大嫌い & 1 \end{cases} = (国語の点数)$$

ここで、資料にはないGの点数を予測してみましょう。

例えば、Gが「男」で、勉強が「好き」であるとします。すると、Gの

点数は、「男」に与えられた点数3点と「好き」に与えられた点数3.5点を足して、3＋3.5＝6.5（点）と計算します。Gの国語の点数は6.5点と予測できます。

このように質的データから量的データを予測するときに用いるのが数量化Ⅰ類の分析法です。すなわち、説明変数が質的データで、目的変数が量的データのとき、数量化Ⅰ類を用います。

数量化Ⅰ類は、質的データに対して回帰分析を行なったものと考えることができます。

今まで、予測について述べたことをまとめておくと次のようになります。

予測（数値を予想）、目的変数は量的データ

○説明変数が量的データのとき

算数の点数から理科の点数を予測するときに用いるのが［単回帰分析］、算数と国語の点数から理科の点数を予測するときに用いるのが［重回帰分析］です。説明変数、目的変数がともに量的データのとき、予測には単回帰分析、重回帰分析を用います。

○説明変数が質的データのとき

性別と勉強好きのカテゴリー（大好き、好き、ふつう、嫌い、大嫌いの5段階）から国語の点数を予測するときに用いるのが［数量化Ⅰ類］です。

4 判別（カテゴリーを予測）

判別分析

　算数、国語の点数から合否を予想（判別）するときのことを考えましょう。合否を判定するために、判別関数と呼ばれる関数をデータから導きます。

　判別関数は、

$$a \times (算数の点数) + b \times (国語の点数) + c$$

というように算数の点数と国語の点数の1次式の形をしています。

　与えられたAからFまでの資料から、ある計算方法でa, b, cを計算して、

$$0.7 \times (算数の点数) + 0.5 \times (国語の点数) - 8$$

という判別関数がデータから導かれたものとします。合否を予想すべき人の算数・国語の点数を代入して関数の値を計算し、それが正のときは合格、負のときは不合格と予想（判別）します。

　例えば、Gの算数の点数が8点、国語の点数が6点であれば、関数の値は、

$$0.7 \times 8 + 0.5 \times 6 - 8 = 0.6$$

と値が正になりますから、Gは合格であると予想できます。

　このように量的データから質的データを予想するときに用いるのが**判別分析**です。

数量化Ⅱ類

性別と勉強好きのデータから合否を予想（判別）するとき用いるのが数量化Ⅱ類です。

数量化Ⅱ類でも、数量化Ⅰ類のときと同じように「男」、「女」、「大好き」、「好き」、「ふつう」、「嫌い」、「大嫌い」というそれぞれのカテゴリーに点数を与え、判別関数を作ります。数量化Ⅱ類は、質的データに対する判別分析であるといえます。

例えば、判別関数が、

$$\begin{cases} 男 & 2 \\ 女 & 3 \end{cases} + \begin{cases} 大好き & 5 \\ 好き & 4 \\ ふつう & 3 \\ 嫌い & 2 \\ 大嫌い & 1 \end{cases} - 6$$

となったとします。これはカテゴリーを定めると値が決まりますから、カテゴリーの関数になっています。具体的なカテゴリーのときの値を計算し、その値が正になるときが合格、負の数になるときが不合格です。

例えば、「女」で勉強が「好き」な人では、3＋4－6＝1と計算でき、関数の値が正になりますから、合格であると予想（判別）できます。

数量化Ⅱ類で扱う判別関数は数量化Ⅰ類のときに出てきた式と似た形をしていますが、それを求める際の計算の基準が異なりますから、数量化Ⅰ類のときとは異なった数値が与えられます。

判別について述べたことをまとめておくと次のようになります。

> **判別(カテゴリーを予測) 目的変数は質的データ**
> ○説明変数が量的データのとき
> 　算数、国語、理科、社会の点数から合否を判別するときに用いるのが、[判別分析] や [ロジスティック分析] です。つまり、説明変数が量的データ、目的変数が質的データのとき、判別分析を用います。
> ○説明変数が質的データのとき
> 　性別と勉強好きのカテゴリーから、合否を予想するのが [数量化Ⅱ類] です。

判別分析については、第5章で述べます。ロジスティック分析についてはp.157のコラムで軽く扱いました。

ここまで予測と判別のための多変量解析の手法を挙げてきました。これらをまとめると次のようになります。

説明変数＼目的変数	量的データ（予測）	質的データ（判別）
量的データ	単回帰分析 重回帰分析	判別分析 ロジスティック分析
質的データ	数量化Ⅰ類	数量化Ⅱ類

5 データの要約
——外的規準のない分析

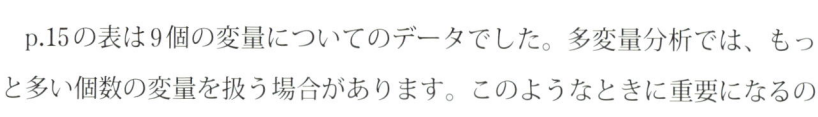

　p.15の表は9個の変量についてのデータでした。多変量分析では、もっと多い個数の変量を扱う場合があります。このようなときに重要になるのが、データの要約です。

　千手観音やムカデであれば、一度に多くの数値の組を見ても、その状況を一度に掌握することができるかもしれません。しかし、人間が把握できる変量の組は、せいぜい変量が3個までです。3個の数値の組を理解するにはそれなりの立体感覚が必要で、万人に期待できるのは平面に散布図を書くことができる変量が2個の場合までかもしれません。

　そこで、変量の個数が多いデータを、少ない変量にまとめて理解する手法が重要になってきます。

　データを要約する手法には［主成分分析］、［因子分析］、［数量化Ⅲ類］などの分析手法があります。これらの分析では、予測や判別はしませんから、1個の変量を基準にすることはありません。データを要約する分析は、**外的基準のない分析**です。

量的データのとき

● 主成分分析

　AからFの算数、国語、理科、社会の4科目の成績をまとめて、1つの平面グラフで表現することを考えてみましょう。4科目の点数のままでは平面に表すことが困難ですから、各人の点数の情報をなるべく取りこぼさないように、4科目の点数を表す変量から2個の新しい合成変量を作り出します。このとき用いられるのが**主成分分析**です。

　合成変量は、4科目の点数を表す変量の1次関数の形をしています。合

成変量は2個あって、それぞれ（第1主成分得点）、（第2主成分得点）と呼ばれます。

(第1主成分得点)
$= a \times$(算数の点数)$+ b \times$(国語の点数)
$+ c \times$(理科の点数)$+ d \times$(社会の点数)$+ e$

(第2主成分得点)
$= a' \times$(算数の点数)$+ b' \times$(国語の点数)
$+ c' \times$(理科の点数)$+ d' \times$(社会の点数)$+ e'$

与えられた資料からある計算方法によって、aからe'までの係数を求めることが主成分分析の計算目標となります。

これらの係数を求めた後は、4変量で表された個体を、2変量で表します。4変量のデータが2変量に要約されたわけです。

	算数	国語	理科	社会
A	4	3	4	8
B	7	8	6	3
⋮	⋮	⋮	⋮	⋮

$\Rightarrow$

	第1主成分	第2主成分
A	5.2	4.3
B	6.1	7.5
⋮	⋮	⋮

このとき、4変量のデータと要約された2変量のデータの傾向を比べることで、第1主成分、第2主成分の意味するところを解釈することができる場合があります。

例えば、算数、理科の点数が高い人が、第1主成分得点が高いようであれば、第1主成分は「理系センス」とでも解釈できるでしょう。また、算数、国語の点数が高い人が、第2主成分得点が高いようであれば、第2主成分は「読み書きそろばん基礎学力」とでも解釈できるでしょう。

●因子分析

一口に学力といいますが、学力にはいろいろな要素が含まれているでしょう。算数、国語、理科、社会の4科目の成績を調べて、学力がどのような因子から構成されているのかを調べるときに用いるのが**因子分析**です。

算数と理科は理系科目、国語と社会は文系科目と分類されます。そこで、理系センスを表す変量（理系因子と名付ける）と文系センス（文系因子と名付ける）を表す変量を新たに設定し、各科目の点数がこの2個の新変量の1次式で表されるとします。

(算数の得点)＝a_1×(理系因子)＋b_1×(文系因子)＋(算数因子)

(国語の得点)＝a_2×(理系因子)＋b_2×(文系因子)＋(国語因子)

(理科の得点)＝a_3×(理系因子)＋b_3×(文系因子)＋(理科因子)

(社会の得点)＝a_4×(理系因子)＋b_4×(文系因子)＋(社会因子)

与えられた資料からa_1からb_4の係数を求めることが因子分析の計算目標になります。理系因子、文系因子は各個体によってそれぞれ異なった値を持ちます。式の最後に書かれた項（算数因子、国語因子、理科因子、社会因子）も各個体によって異なった値を持ちます。

いままで出てきた1次式では、最後の項も個体によらない定数でしたが、因子分析の場合は異なります。

最後の項の値が、a×(理系因子)＋b×(文系因子) に比べて大きいようであれば、有効な因子分析とはいえません。科目の点数が、理系因子、文系因子の2つで表されるとき、因子分析が有効であるといえます。

主成分分析と因子分析を混同する人がいます。上の例では、どちらも4変量の資料を2変量で要約しているところは同じです。

主成分分析と因子分析の違いの1つは、下図のように矢印の向きの違いで表されます。

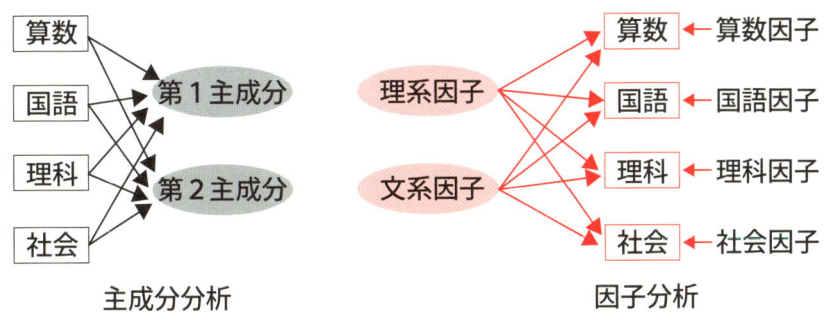

主成分分析では、4科目の点数を用いて第1主成分・第2主成分を合成したのに対し、因子分析では、はじめに2個の意味づけされた因子（変量）と4変量に関する独自な変量を仮定して、4科目の点数を2個の因子で表すところです。

質的データのとき

●数量化Ⅲ類

数量化Ⅲ類は、質的データに対して主成分分析を行なったものと考えることができます。

例えば、AからFの6人に対して、アからカまでの酒の銘柄について好き嫌いを聞いたとします。

	ア	イ	ウ	エ	オ	カ
A		○	○		○	
B	○			○		
C		○		○		○
D		○	○			○
E		○			○	
F	○	○		○		

○は好きを表す

このデータからある計算によって、A〜F、ア〜カに数値の組を与えます。

A(0.5, 0.4), B(−03, 0.2), ……, ア(−0.1, 0.8), ……

といった具合です。これを酒の銘柄について、人についてそれぞれ座標平面にまとめることで、A～Fの酒の趣向、ア～カの味やブランドイメージなどを分析します。

上の表では、タテ軸が人で、ヨコ軸が酒でしたが、これ以外のカテゴリーでも構いません。

数量化Ⅲで扱うデータは、上のようにカテゴリーの表に対して○がついているようなデータであれば、どんな表でも分析することができます。

第 2 章

統計・確率の準備

　この章では統計の用語と確率変数の公式について確認をしていきます。
　統計用語についてひととおり知っている人は、第3章以降から読み始めて、用語の理解が不確かであると感じたときにこの章に戻ってくるという読み方でもよいでしょう。
　確率変数については、定義から始めて、期待値・分散について成り立つ公式を、具体例を挙げながら紹介しています。ここで確認した公式は、第4章で解説する回帰分析における推定・検定を理解するときに大活躍します。

1 1変量の統計用語

多変量の話に入る前に、1変量のデータにおける用語、統計量をおさらいしておきます。

出席番号1から10の10人の小学生が算数の小テスト（10点満点）を受けました。結果は、

番号	1	2	3	4	5	6	7	8	9	10
点数	4	7	2	7	5	7	2	4	3	9

これを例にとって統計量を実際に求めていきましょう。具体例のあとで、文字を用いて公式を確認します。

● 個体

統計の対象となっている一人一人の生徒のことを個体といいます。

● 変量

個体の持つ数値を変量といいます。変量を文字で置く場合、xの下に添え字をつけて表します。番号iの人の点数をx_iと文字で表すと、

$$x_1=4,\ x_2=7,\ \cdots,\ x_9=3,\ x_{10}=9$$

● サイズ

データに含まれる個体数です。10人のデータなのでサイズは10となります。また、サイズを表す文字ではよくnを用います。

$$n=10$$

● 平均

すべての点数を足して、サイズの10で割ります。

$$\frac{4+7+2+7+5+7+2+4+3+9}{10} = 5$$

変量 x の平均を $\bar{x}$ で表します。変量 x の値が $x_1, \cdots, x_n$ のとき、

$$\bar{x} = \frac{x_1 + x_2 + \cdots + x_n}{n} = \frac{\sum_{i=1}^{n} x_i}{n}$$

$[\sum_{i=1}^{n} x_i$ は、x_i の i を1から n まで変化させ、総和をとる記号です$]$

● 中央値（メジアン）

データを小さい方から順に並べたときの、真ん中の個体の値。

データのサイズが奇数の場合は、真ん中の個体の値をとり、

データのサイズが偶数の場合は、真ん中の2つの平均の値をとります。

この場合、データのサイズが10で偶数なので、5番目と6番目の値の平均をとります。

$$2, 2, 3, 4, 4, 5, 7, 7, 7, 9$$

5番目の4と6番目の5の平均をとって、$\frac{4+5}{2} = 4.5$

● 度数分布表

資料を変量の値により、例えば、2.5未満、2.5以上4.5未満、4.5以上6.5未満、6.5以上8.5未満、8.5以上のものに振り分けて集計します。

階級	2.5未満	2.5〜4.5	4.5〜6.5	6.5〜8.5	8.5〜
度数	2	3	1	3	1

変量の範囲を階級、階級に含まれる個体の個数を**度数**といいます。

2.5以上4.5未満の階級に含まれる個体の個数は3個なので、階級2.5〜4.5の度数は3です。

2.5以上4.5未満の階級の範囲の平均、(2.5＋4.5)÷2＝3.5を2.5以上4.5未満の階級の**階級値**といいます。

● ヒストグラム

度数分布表をもとに、ヨコ軸に階級、タテ軸に度数をとった柱状グラフをヒストグラムと言います。サイズが大きくて、階級を細かくとる場合、ヒストグラムは一般に曲線に近づきます。

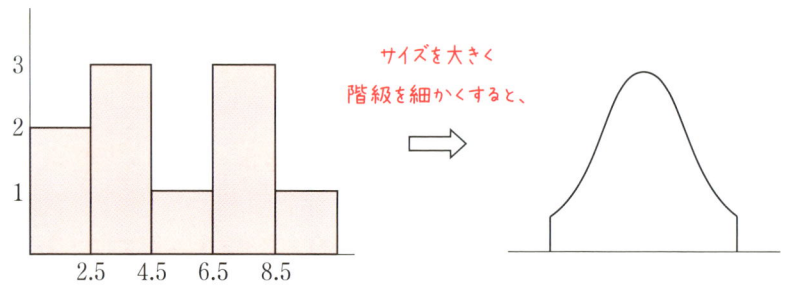

● 最頻値（モード）

個体ベースで考えたとき、変量7を持つ個体の個数が3個で最大なので最頻値は7です。

また、階級ベースで考えたとき、度数が最大になるのは、2.5以上4.5未満の階級と6.5以上8.5未満の階級です。いずれも度数が3で最大なので、最頻値は階級値をとって、3.5と7.5。

平均、中央値（メジアン）、最頻値（モード）は、データを代表する値です。この3つのうちどれを用いればデータの特徴を一言で伝えることができるかは、データの種類により異なります。

● 偏差

平均との差。変量が7であれば、平均の5を引き、7−5=2で、偏差は2。
　　変量x_iに対する偏差は$x_i - \bar{x}$

● 偏差平方和、変動

偏差を2乗して総和をとります。これを偏差平方和、偏差2乗和、または変動といいます（平方とは2乗のこと、aの平方はa^2）。

手計算をする場合は次のような表にまとめるとよいでしょう。

x_i	4	7	2	7	5	7	2	4	3	9	
$x_i - \bar{x}$	−1	2	−3	2	0	2	−3	−1	−2	4	
$(x_i - \bar{x})^2$	1	4	9	4	0	4	9	1	4	16	52

（和）

これより変動は52です。変量xの変動はS_xやS_{xx}で表します。変量xの値が$x_1, \cdots, x_n$のとき、変動は

$$S_x = (x_1 - \bar{x})^2 + (x_2 - \bar{x})^2 + \cdots + (x_n - \bar{x})^2 = \sum_{i=1}^{n}(x_i - \bar{x})^2$$

1変量の資料を扱うときはS_xで十分ですが、多変量の資料を扱う場合は、S_{xy}（後述）という記号とのバランスをとってS_{xx}を用います。

● 分散

偏差の2乗の平均です。変動をサイズで割って求めます。

この例での分散は、$\dfrac{52}{10} = 5.2$

変量xの分散はσ_x^2やs_{xx}で表します。変量xの値が$x_1, \cdots, x_n$のとき、

$$\sigma_x^2 = \frac{(x_1 - \bar{x})^2 + (x_2 - \bar{x})^2 + \cdots + (x_n - \bar{x})^2}{n} = \frac{1}{n}\sum_{i=1}^{n}(x_i - \bar{x})^2$$

● 標準偏差

分散の平方根をとったものが標準偏差です。

この例の標準偏差は、$\sqrt{5.2} = 2.280$

変量 x の標準偏差は σ_x で表します。変量 x の値が $x_1, \cdots, x_n$ のとき、

$$\sigma_x = \sqrt{\frac{(x_1-\overline{x})^2+(x_2-\overline{x})^2+\cdots+(x_n-\overline{x})^2}{n}} = \sqrt{\frac{1}{n}\sum_{i=1}^{n}(x_i-\overline{x})^2}$$

分散や標準偏差はデータの散らばり具合を表す量です。平均から離れた値が多いほど、分散・標準偏差は大きくなります。

下の2つのヒストグラムを見てください。この2つは同じサイズのデータをヒストグラムに表したものです。ヨコ軸の目盛の間隔は左右で一致しています。

このとき、分散、標準偏差が大きいのはどちらのヒストグラムでしょうか。グラフが横に広がっている右のグラフの方が"ちらばり"が大きく、分散・標準偏差の値は大きくなります。

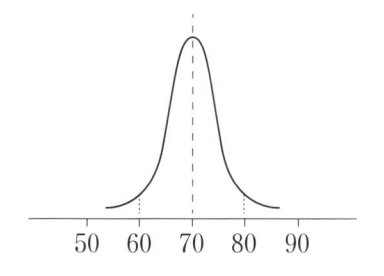

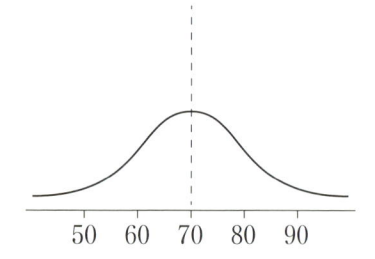

ここでExcelを用いて、これらの値を求めてみましょう。

Excelには、統計量を求める関数やそれらがパッケージになった分析ツールが用意されています。ここでは分析ツールの中にある**「基本統計量」**を用いて、資料が

　　　4, 7, 2, 7, 5, 7, 2, 4, 3, 9

のとき、Excel上で紹介した統計量を求めてみましょう。

「Microsoft Excel 2010」の場合で解説します。

1　1変量の統計用語

Step1　4, 7, 2, 7, 5, 7, 2, 4, 3, 9をタテに書き込む。

	A	B	C
1			
2		4	
3		7	
4		2	
5		7	
6		5	
7		7	
8		2	
9		4	
10		3	
11		9	
12			

Step2　［データ］タブをクリックし、次に［データ分析］をクリックします。すると、データ分析のウィンドウが出てきます。

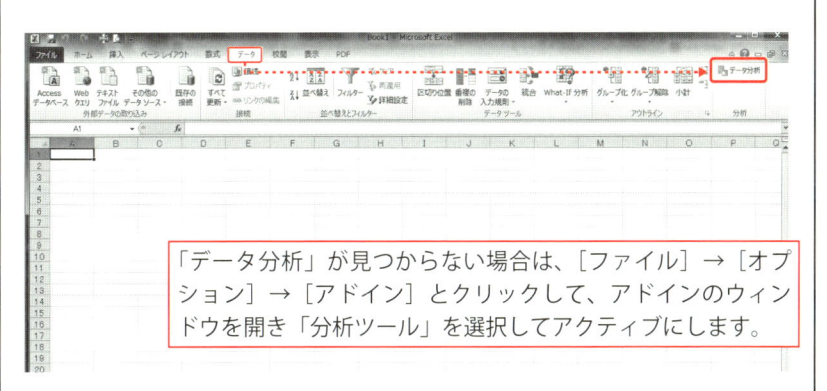

> 「データ分析」が見つからない場合は、［ファイル］→［オプション］→［アドイン］とクリックして、アドインのウィンドウを開き「分析ツール」を選択してアクティブにします。

Step3　基本統計量をダブルクリックします。

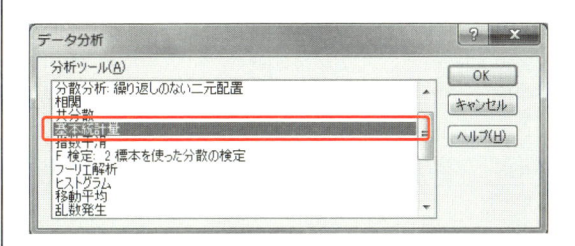

Step4 入力範囲の欄をクリックし、データの先頭のセルをクリックして、クリックし続けたままドラッグすると、データが枠で囲まれて、❶入力範囲の欄には範囲が自動的に記入されます。同じシートに結果を出したいときは、出力先の欄に適当な欄を指定します。❷統計情報のところにチェックを入れ、❸OKをクリックします。

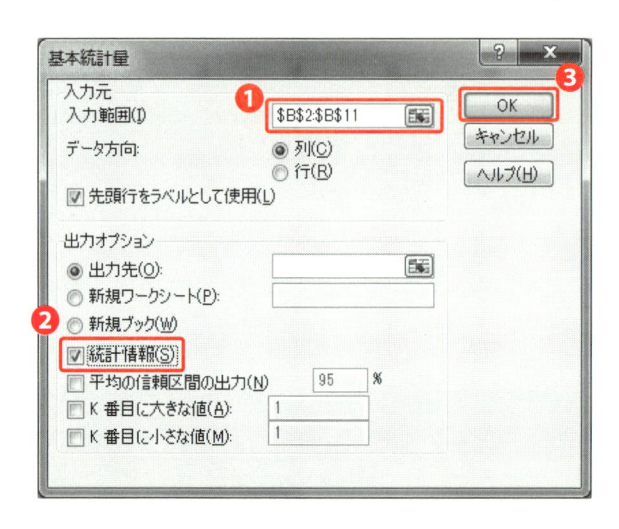

すると、下のような結果が出ます。

	列1	
平均	5	
標準誤差	0.76011695	
中央値（メジアン）	4.5	
最頻値（モード）	7	
標準偏差	2.40370085	
分散	5.777777778	
尖度	-1.174926036	
歪度	0.240014508	
範囲	7	
最小	2	
最大	9	
合計	50	
標本数	10	

ここで、合計は変量の総和、標本数は資料のサイズのことです。

Excelでは、分散、標準偏差を算出するとき、変動を「サイズ」で割るのではなく、「(サイズ)−1」(この例では9) で割って計算しています。サイズが大きいときは、結果にそれほど違いはありません。

尖度・歪度については、まだ説明していなかったので簡単に説明しておきましょう。尖度・歪度はヒストグラムの形に関する情報です。

尖度はヒストグラムの「山」のとがり具合の指標です。尖度の値が正のときは正規分布のグラフより尖っていることを、負のときは正規分布のグラフより平らになっていることを表します。ヒストグラムが正規分布のときは尖度は0になります。

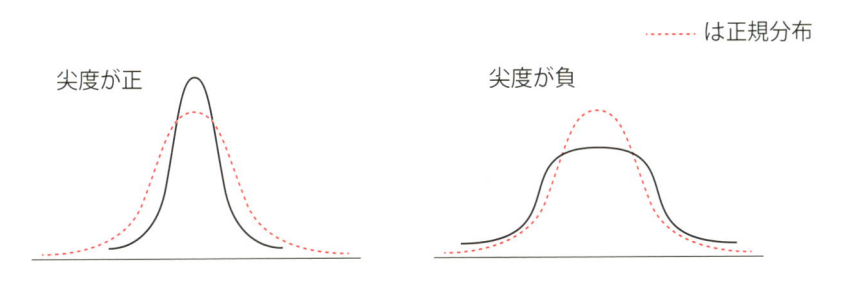

------- は正規分布

尖度が正　　　　　　　　　尖度が負

歪度はヒストグラムの非対称性の度合いを表す指標です。歪度が正のときは山の右裾が長く、負のときは左裾が長くなります。左右対称なヒストグラムのとき、歪度は0になります。

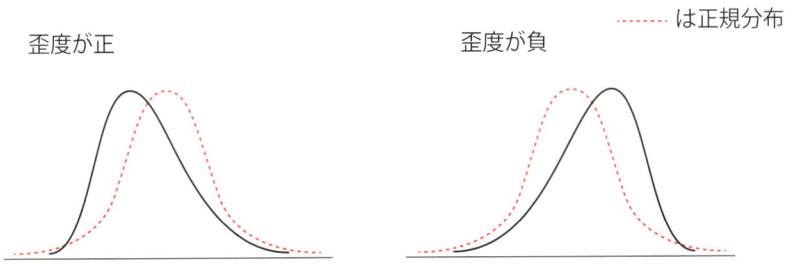

------- は正規分布

歪度が正　　　　　　　　　歪度が負

このあとの理論的な説明をするときに用いるので、偏差平方和、分散についての次の公式を説明しておきます。

$$S_x = x_1{}^2 + x_2{}^2 + \cdots + x_n{}^2 - n(\overline{x})^2 = \sum_{i=1}^{n} x_i{}^2 - n(\overline{x})^2$$

$$\sigma_x{}^2 = \overline{x^2} - (\overline{x})^2$$

ここで、$\overline{x^2}$ は変量の各値を平方して和をとってサイズで割ったもの、平均平方です。$\overline{x^2} = \dfrac{1}{n}\sum_{i=1}^{n} x_i{}^2$

[証明]

$$S_x = \sum_{i=1}^{n}(x_i - \overline{x})^2 = \sum_{i=1}^{n}\{x_i{}^2 - 2x_i\,\overline{x} + (\overline{x})^2\} = \sum_{i=1}^{n} x_i{}^2 - 2\overline{x}\sum_{i=1}^{n} x_i + \sum_{i=1}^{n}(\overline{x})^2$$

$$= \sum_{i=1}^{n} x_i{}^2 - 2\overline{x}(n\overline{x}) + n(\overline{x})^2 = \sum_{i=1}^{n} x_i{}^2 - n(\overline{x})^2$$

$\sum_{i=1}^{n} x_i$: 総和 ＝個数×平均

$\sum_{i=1}^{n}(\overline{x})^2$: 定数$(\overline{x})^2$を n個足す

$$\sigma_x{}^2 = \dfrac{S_x}{n} = \dfrac{1}{n}\left(\sum_{i=1}^{n} x_i{}^2 - n(\overline{x})^2\right) = \dfrac{1}{n}\sum_{i=1}^{n} x_i{}^2 - \dfrac{1}{n}\cdot n(\overline{x})^2 = \overline{x^2} - (\overline{x})^2$$

2変量の統計量で一番重要な共分散も定義だけ紹介しておきます。実際の計算例は次章にありますから、心配しないでください。

●共分散

2変量 x, y を持つ資料を考えます。

x の偏差と y の偏差の積の平均が共分散です。

サイズ n の資料で、変量の値が $(x_1, y_1), (x_2, y_2), \cdots, (x_n, y_n)$ であるとします。

x と y の共分散は σ_{xy} で表します。すると、

$$\sigma_{xy} = \dfrac{1}{n}\sum_{i=1}^{n}(x_i - \overline{x})(y_i - \overline{y})$$

また、共分散について次の公式が成り立ちます。

$$\sigma_{xy} = \overline{xy} - (\overline{x})(\overline{y})$$

$\overline{xy}$ は x と y の積の平均を表しています。y を x に置き換えると、$\sigma_x{}^2 = \overline{x^2} - (\overline{x})^2$ になります。分散の公式の拡張になっています。

2 確率変数の公式

確率変数と期待値

確率変数の概念を、例を挙げて説明しましょう。

立方体の6面のそれぞれに、1, 1, 2, 4, 5, 5と書かれたサイコロがあります。このサイコロを振って出る目をXとします。

このとき、Xは確率変数になります。

出る目は、1, 2, 4, 5のいずれかです。1が出る確率は、6面のうち2面ですから$\frac{2}{6}$、2が出る確率は6面のうち1面ですから$\frac{1}{6}$、……それぞれの確率は、次の表のようになります。Pは確率（probability）の頭文字です。

X	1	2	4	5
P	$\frac{2}{6}$	$\frac{1}{6}$	$\frac{1}{6}$	$\frac{2}{6}$

このように、**確率変数**とは、Xの値を具体的に決めると、それに対応する確率が決まる変数のことです。サイコロの目が2である確率が6分の1なので、$X=2$のとき表の値が6分の1になっています。記号を使うと、

$$P(X=2) = \frac{1}{6}$$

と表します。

確率変数Xに対して、**期待値**or**平均**と呼ばれる量$E(X)$が定められます。

上の確率変数Xの例でいえば、

$$E(X) = 1 \cdot \frac{2}{6} + 2 \cdot \frac{1}{6} + 4 \cdot \frac{1}{6} + 5 \cdot \frac{2}{6} = 3$$

というように表の上（Xの値）と下（確率）を掛けて和をとります。

さらに、これを用いて分散 $V(X)$ と呼ばれる量を計算します。

分散 $V(X)$ は、偏差の 2 乗に確率を掛けて求めます。

$$V(X)=(1-3)^2\cdot\frac{2}{6}+(2-3)^2\cdot\frac{1}{6}+(4-3)^2\cdot\frac{1}{6}+(5-3)^2\cdot\frac{2}{6}=3$$

公式の形でまとめておきましょう。

確率変数の分布が、

X	x_1	x_2	$\cdots$	x_n
P	p_1	p_2	$\cdots$	p_n

p_1〜p_n まで足すと 1 になる

のとき、期待値は、

$$E(X)=x_1p_1+x_2p_2+\cdots+x_np_n$$

期待値を $m=E(X)$ とおいて、分散は

$$V(X)=(x_1-m)^2p_1+(x_2-m)^2p_2+\cdots+(x_n-m)^2p_n$$

となります。

「分散」は、統計にも確率変数にも出てくる量です。偏差の 2 乗をとるところが似ていますね。統計での分散と確率変数の分散の関係については p.52 で明かしましょう。

確率変数には連続型と呼ばれ、確率の分布を関数で表し、期待値・分散を積分計算で表すものもありますが、ここでは積分を使わないで済む、上で例を挙げたような離散型のみについて説明していきます。しかし、これから紹介する公式は離散型でも連続型でも、どちらの確率変数であっても成り立ちます。

期待値と分散について、

$$E(kX)=kE(X) \qquad V(kX)=k^2\,V(X)$$

が成り立ちます。

ここで、あとあと理論的な説明をするときに用いる、
$$V(X) = E(X^2) - \{E(X)\}^2$$
という公式を説明しておきましょう。これはp.38の変動・分散の公式の確率変数バージョンになっています。

$E(X^2)$ は、確率変数 X^2 の期待値という意味です。

上の例で確かめてみます。確率変数 X が上の例であるとき、確率変数 X^2 は次のようになります。

X	1	2	4	5
P	$\frac{2}{6}$	$\frac{1}{6}$	$\frac{1}{6}$	$\frac{2}{6}$

$\Rightarrow$

X^2	1^2	2^2	4^2	5^2
P	$\frac{2}{6}$	$\frac{1}{6}$	$\frac{1}{6}$	$\frac{2}{6}$

右の表に基づいて、$E(X^2)$ を計算すれば、
$$E(X^2) = 1^2 \cdot \frac{2}{6} + 2^2 \cdot \frac{1}{6} + 4^2 \cdot \frac{1}{6} + 5^2 \cdot \frac{2}{6} = 12$$

すると、$E(X^2) - \{E(X)\}^2 = 12 - 3^2 = 3$ となり、$V(X) = 3$ と一致します。

p.42の表の場合で $V(X)$ を計算してみると、
$$V(X) = \sum_{i=1}^{n} p_i(x_i - m)^2 = \sum_{i=1}^{n}(p_i x_i^2 - 2mp_i x_i + m^2 p_i)$$
$$= \sum_{i=1}^{n} p_i x_i^2 - 2m \underbrace{\sum_{i=1}^{n} p_i x_i}_{m} + m^2 \underbrace{\sum_{i=1}^{n} p_i}_{} = E(X^2) - 2m^2 + m^2$$

前頁の表の注より「1」

$$= E(X^2) - m^2 = E(X^2) - \{E(X)\}^2$$

確率変数の和、積

2個の確率変数 X, Y から $X+Y, XY$ という確率変数を作るときのことを説明しましょう。

確率変数 X はコイン、Y はルーレットで分布を定めることにします。ただし、ルーレットは0の目が出るときはもう一度回して、1から36までの目が出るまで回すものとします。

確率変数 X は、コインを投げて表が出たときに $X=3$、裏が出たときに $X=1$ となるものとします。

確率変数 Y は、ルーレットの目が、4の倍数のときに $Y=2$ とし、4で割って2余るときに $Y=4$、奇数のときに $Y=5$ となるものとします。

ルーレットの目は1から36まであります。1から36までの中に、4の倍数は $36\div 4=9$（個）、4で割って2余る数は $36\div 4=9$（個）、奇数は $36\div 2=18$（個）あります。したがって、X の分布、Y の分布は次のようになります。

X	3	1
P	$\frac{1}{2}$	$\frac{1}{2}$

Y	2	4	5
P	$\frac{1}{4}$	$\frac{1}{4}$	$\frac{2}{4}$

$\frac{9}{36}$

期待値、分散を計算すると、

$$E(X) = 3\cdot\frac{1}{2} + 1\cdot\frac{1}{2} = 2$$

$$V(X) = (3-2)^2\cdot\frac{1}{2} + (1-2)^2\cdot\frac{1}{2} = 1$$

$$E(Y) = 2\cdot\frac{1}{4} + 4\cdot\frac{1}{4} + 5\cdot\frac{1}{2} = 4$$

$$V(Y) = (2-4)^2\cdot\frac{1}{4} + (4-4)^2\cdot\frac{1}{4} + (5-4)^2\cdot\frac{1}{2} = \frac{3}{2}$$

ここでコインを投げることと、ルーレットを回すことを同時に行なったときの確率について考えてみましょう。

コインで表が出る確率は2分の1（$P(X=3)=\frac{1}{2}$）、ルーレットで4の倍数が出る確率は4分の1（$P(Y=2)=\frac{1}{4}$）ですから、

コインで表が出てかつルーレットで4の倍数が出る確率は、

$$\frac{1}{2} \times \frac{1}{4} = \frac{1}{8}$$

となります。これを、$P(X=3, Y=2)=\frac{1}{8}$ と表します。

このようにして X, Y の値を決めたときの確率を計算すると次の表のようになります。

X \ Y	2	4	5
3	$\frac{1}{2} \times \frac{1}{4}$	$\frac{1}{2} \times \frac{1}{4}$	$\frac{1}{2} \times \frac{2}{4}$
1	$\frac{1}{2} \times \frac{1}{4}$	$\frac{1}{2} \times \frac{1}{4}$	$\frac{1}{2} \times \frac{2}{4}$

これが、確率変数 X, Y を組み合わせたときの分布です。

これをもとに $X+Y$ の分布を求め、期待値・分散を求めてみましょう。左の表には上のようにして計算した確率を書き込んであります。右の表には X と Y の和を書き込んでいきます。

X \ Y	2	4	5
3	$\frac{1}{8}$	$\frac{1}{8}$	$\frac{2}{8}$
1	$\frac{1}{8}$	$\frac{1}{8}$	$\frac{2}{8}$

(X, Y) の分布表

X \ Y	2	4	5
3	5	7	8
1	3	5	6

$X+Y$ の表

右の表の3のところは、左の表で $\frac{1}{8}$ が書かれていますから、

$$P(X+Y=3) = \frac{1}{8}$$

です。$X+Y=5$ となる場合は、右の表で2か所あり、

$$P(X+Y=5) = \frac{1}{8} + \frac{1}{8} = \frac{1}{4}$$

となります。

左右の表を見て、期待値を計算しましょう。

$$E(X+Y) = 3 \cdot \frac{1}{8} + 5 \cdot \frac{1}{4} + 7 \cdot \frac{1}{8} + 6 \cdot \frac{1}{4} + 8 \cdot \frac{1}{4} = 6$$

です。分散は、

$$V(X+Y) = (3-6)^2 \cdot \frac{1}{8} + (5-6)^2 \cdot \frac{1}{4} + (7-6)^2 \cdot \frac{1}{8}$$
$$+ (6-6)^2 \cdot \frac{1}{4} + (8-6)^2 \cdot \frac{1}{4} = \frac{5}{2}$$

ここで、

$$E(X)+E(Y)=2+4=6 \qquad V(X)+V(Y)=1+\frac{3}{2}=\frac{5}{2}$$

なので、

$$E(X+Y)=E(X)+E(Y) \qquad V(X+Y)=V(X)+V(Y)$$

が成り立っています。

　この例では、X, Y が別々の試行で与えられましたが、X, Y がはじめからいっぺんに与えられる場合もあります。

　例えば、16 枚のカードがあって、そこには 2 数の組が書かれているものとします。それぞれの枚数が、

　　$(3, 2)$…1 枚　$(3, 4)$…2 枚　$(3, 5)$…5 枚

　　$(1, 2)$…3 枚　$(1, 4)$…2 枚　$(1, 5)$…3 枚

であるとします。この 16 枚のカードから 1 枚を取り出し、カードに書かれた 2 数のうち左側の数を X、右側の数を Y として確率変数を定めます。これをまとめて表にすると、次のようになります。

$X \backslash Y$	2	4	5
3	$\frac{1}{16}$	$\frac{2}{16}$	$\frac{5}{16}$
1	$\frac{3}{16}$	$\frac{2}{16}$	$\frac{3}{16}$

(X, Y) の分布表

$X \backslash Y$	2	4	5
3	5	7	8
1	3	5	6

$X+Y$ の表

これに対して、$X+Y$ の表は上右表のようになります。

$X+Y$ の期待値、分散は、

$$E(X+Y)=3\cdot\frac{3}{16}+5\cdot\left(\frac{1}{16}+\frac{2}{16}\right)+7\cdot\frac{2}{16}+6\cdot\frac{3}{16}+8\cdot\frac{5}{16}$$

$$=\frac{96}{16}=6$$

$$V(X+Y)=(3-6)^2\cdot\frac{3}{16}+(5-6)^2\cdot\left(\frac{1}{16}+\frac{2}{16}\right)+(7-6)^2\cdot\frac{2}{16}$$

$$+(6-6)^2 \cdot \frac{3}{16} + (8-6)^2 \cdot \frac{5}{16} = \frac{52}{16} = \frac{13}{4}$$

ここで、X, Y について別個に期待値、分散を求めてみましょう。

X, Y について分布をまとめ直すと、

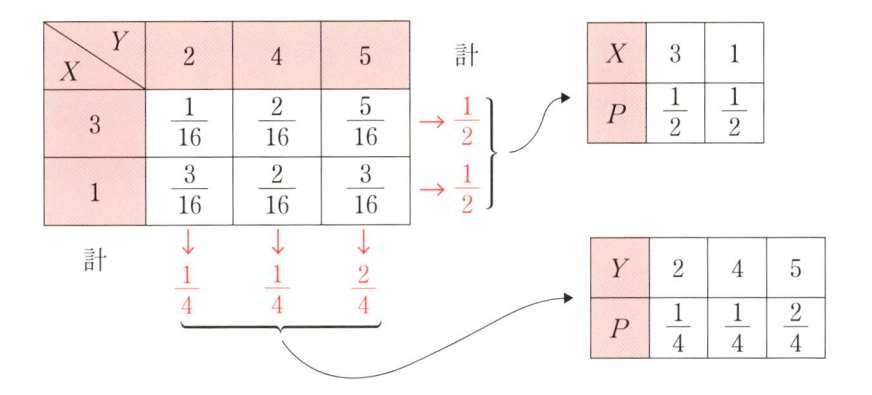

X \ Y	2	4	5	計
3	$\frac{1}{16}$	$\frac{2}{16}$	$\frac{5}{16}$	→ $\frac{1}{2}$
1	$\frac{3}{16}$	$\frac{2}{16}$	$\frac{3}{16}$	→ $\frac{1}{2}$
計	↓ $\frac{1}{4}$	↓ $\frac{1}{4}$	↓ $\frac{2}{4}$	

X	3	1
P	$\frac{1}{2}$	$\frac{1}{2}$

Y	2	4	5
P	$\frac{1}{4}$	$\frac{1}{4}$	$\frac{2}{4}$

と、p.44の表と同じになります。これをもとにして計算した期待値、$E(X)$、$E(Y)$、分散 $V(X)$、$V(Y)$ は前に計算した値と同じになり、

$$E(X)+E(Y)=6 \qquad V(X)+V(Y)=\frac{5}{2}$$

です。この例の場合には、

$$E(X+Y)=E(X)+E(Y) \qquad V(X+Y) \neq V(X)+V(Y)$$

となっています。

コインとルーレットのように、確率変数 X, Y がもともと無関係な試行からなる場合、X と Y は**独立**であるといいます。

独立であることのポイントは、X, Y を組み合わせて作った確率分布の表が、X の確率分布の表と Y の確率分布の表を掛けて得られるところです。すなわち、

$$P(X=\square 、Y=\triangle)=P(X=\square) \times P(Y=\triangle)$$

[□には3, 1、△には2, 4, 5が入る]

と確率の積の法則が成り立つところです。数学的にはこの式が成り立つことを独立であると定義します。

コインとルーレットの場合は(X, Y)の分布表を作るときに、$P(X=□, Y=△)$の欄は$P(X=□)$と$P(Y=△)$を掛けて埋めていきましたから、確率変数XとYは独立です。

一方、カードの場合は、XとYは独立になっていません。

コインとルーレットの場合とカードの場合で、p.44の表とp.47の表を見るようにXの分布は等しくなっています。Yの分布についても同様です。

XとYの分布がこのように定められたとき、XとYが独立であるためには(X, Y)の分布表はコインとルーレットの場合のときのようにならなければいけません。「コインとルーレット」と「カード」の例から、確率変数の和について観察したことをまとめると次のようになります。

期待値・分散の和の公式

$$E(X+Y) = E(X) + E(Y) \qquad V(X+Y) = V(X) + V(Y)$$

期待値の方はX, Yが独立でなくとも成り立ちますが、分散の方はX, Yが独立でなければ成り立ちません。

XとYを掛けて作った確率変数XYについても、独立の場合と独立でない場合で、期待値と分散を計算してみましょう。

[独立の場合：コインとルーレットの場合]

X \ Y	2	4	5
3	$\frac{1}{8}$	$\frac{1}{8}$	$\frac{2}{8}$
1	$\frac{1}{8}$	$\frac{1}{8}$	$\frac{2}{8}$

X, Yは独立

X \ Y	2	4	5
3	6	12	15
1	2	4	5

XYの表

これより、

$$E(XY)=6 \cdot \frac{1}{8} + 12 \cdot \frac{1}{8} + 15 \cdot \frac{1}{4} + 2 \cdot \frac{1}{8} + 4 \cdot \frac{1}{8}$$
$$+ 5 \cdot \frac{1}{4} = 8$$

$$V(XY) = (6-8)^2 \cdot \frac{1}{8} + (12-8)^2 \cdot \frac{1}{8} + (15-8)^2 \cdot \frac{1}{4}$$
$$+ (2-8)^2 \cdot \frac{1}{8} + (4-8)^2 \cdot \frac{1}{8} + (5-8)^2 \cdot \frac{1}{4} = 23.5$$

一方、

$$E(X)E(Y) = 2 \cdot 4 = 8 \quad V(X)V(Y) = 1 \cdot \frac{3}{2} = \frac{3}{2}$$

（異なる値）

ですから、

$$E(XY) = E(X)E(Y)$$

が成り立ちます。分散の方は同類の式は成り立ちません。

[独立でない場合：カードの場合]

X \ Y	2	4	5
3	$\frac{1}{16}$	$\frac{2}{16}$	$\frac{5}{16}$
1	$\frac{3}{16}$	$\frac{2}{16}$	$\frac{3}{16}$

X, Y は独立でない

X \ Y	2	4	5
3	6	12	15
1	2	4	5

XY の表

これより、

$$E(XY) = 6 \cdot \frac{1}{16} + 12 \cdot \frac{2}{16} + 15 \cdot \frac{5}{16} + 2 \cdot \frac{3}{16}$$
$$+ 4 \cdot \frac{2}{16} + 5 \cdot \frac{3}{16} = \frac{67}{8}$$

$$V(XY) = \left(6 - \frac{67}{8}\right)^2 \cdot \frac{1}{16} + \left(12 - \frac{67}{8}\right)^2 \cdot \frac{2}{16} + \left(15 - \frac{67}{8}\right)^2 \cdot \frac{5}{16}$$
$$+ \left(2 - \frac{67}{8}\right)^2 \cdot \frac{3}{16} + \left(4 - \frac{67}{8}\right)^2 \cdot \frac{2}{16} + \left(5 - \frac{67}{8}\right)^2 \cdot \frac{3}{16}$$
$$= \frac{1783}{64}$$

となり、$E(XY) \neq E(X)E(Y)$、$V(XY) \neq V(X)V(Y)$ と、期待値・分

散ともに分解の式は成り立ちません。

ここで、共分散と呼ばれるXとYとの統計量を紹介しましょう。

独立でない場合の分布で計算してみましょう。

Xの偏差とYの偏差の積に確率を掛けて総和をとります。

$E(X)=2, E(Y)=4$でしたから、

X \ Y	2	4	5
3	$\frac{1}{16}$	$\frac{2}{16}$	$\frac{5}{16}$
1	$\frac{3}{16}$	$\frac{2}{16}$	$\frac{3}{16}$

X \ Y	2	4	5
3	$(3-2)$ $\times(2-4)$ $=-2$	$(3-2)$ $\times(4-4)$ $=0$	$(3-2)$ $\times(5-4)$ $=1$
1	$(1-2)$ $\times(2-4)$ $=2$	$(1-2)$ $\times(4-4)$ $=0$	$(1-2)$ $\times(5-4)$ $=-1$

$(X-E(X))(Y-E(Y))$ の表

$$Cov(X, Y)=(-2)\cdot\frac{1}{16}+0\cdot\frac{2}{16}+1\cdot\frac{5}{16}+2\cdot\frac{3}{16}$$
$$+0\cdot\frac{2}{16}+(-1)\cdot\frac{3}{16}=\frac{3}{8}$$

とします。共分散の定義をまとめておくと、

XとYの共分散

X, Yの確率分布が、

X \ Y	y_1	y_2	$\cdots$	y_n
x_1	p_{11}	p_{12}	$\cdots$	p_{1n}
x_2	p_{21}	p_{22}	$\cdots$	p_{2n}
$\vdots$	$\vdots$	$\vdots$		$\vdots$
x_m	p_{m1}	p_{m2}	$\cdots$	p_{mn}

表中のp_{11}からp_{mn}まで総和は1

のとき、すなわち $X=x_i, Y=y_j$ となる確率が p_{ij} のとき、$\bar{x}=E(X)$, $\bar{y}=E(Y)$ とおいて、
$$Cov(X, Y)=\sum p_{ij}(x_i-\bar{x})(y_j-\bar{y})$$
［Σは (i, j) のすべての組について総和をとる］

X, Y の共分散について、つねに
$$Cov(X,Y)=E(XY)-E(X)E(Y)$$
という式が成り立ちます。X と Y が独立のときは、$E(XY)=E(X)E(Y)$ が成り立ちますから、共分散 $Cov(X,Y)$ は0になります。

<u>共分散は X と Y の独立性を表す指標</u>であると思っておけばよいでしょう。共分散が0であれば X, Y が独立で、0から離れていけば X, Y は独立から離れていきます。上の式を確認しておきましょう。

表のヨコの小計を q_i、タテの小計を r_i とします。

X \ Y	y_1	y_2	$\cdots$	y_n	計
x_1	p_{11}	p_{12}	$\cdots$	p_{1n}	q_1
x_2	p_{21}	p_{22}	$\cdots$	p_{2n}	q_2
$\vdots$	$\vdots$	$\vdots$		$\vdots$	$\vdots$
x_m	p_{m1}	p_{m2}	$\cdots$	p_{mn}	q_m
計	r_1	r_2	$\cdots$	r_n	

すると、
$$E(XY)=\sum p_{ij}x_iy_j,\ E(X)=\sum q_ix_i,\ E(Y)=\sum r_iy_i,$$
となります。これを用いて、
$$Cov(X, Y)=\sum p_{ij}(x_i-\bar{x})(y_j-\bar{y})$$
$$=\sum(p_{ij}x_iy_j-p_{ij}\bar{x}y_j-p_{ij}x_i\bar{y}+p_{ij}\bar{x}\bar{y})$$
$$=\sum p_{ij}x_iy_j-\bar{x}\sum p_{ij}y_j-\bar{y}\sum p_{ij}x_i+\bar{x}\bar{y}\sum p_{ij}$$

> p_{ij} で j を止めて i を動かして総和をとることは、
> j 列目の表のタテの総和をとることになるので r_j になる

$$= \sum p_{ij} x_i y_j - \bar{x} \sum r_j y_j - \bar{y} \sum q_i x_i + \bar{x}\,\bar{y} \underbrace{\sum p_{ij}}_{\text{表の総和は1}}$$
$$= E(XY) - \bar{x} E(Y) - \bar{y} E(X) + \bar{x}\,\bar{y}$$
$$= E(XY) - E(X)E(Y) - E(Y)E(X) + E(X)E(Y)$$
$$= E(XY) - E(X)E(Y)$$

共分散を使うと、X, Y が独立であるか否かにかかわらず、次のように $V(X+Y)$ を和の形で表すことができます。

$$V(X+Y) = V(X) + V(Y) + 2Cov(X, Y)$$

証明します。

$$V(X+Y) = E((X+Y)^2) - \{E(X+Y)\}^2$$
$$= E(X^2 + 2XY + Y^2) - \{E(X) + E(Y)\}^2$$
$$= E(X^2) + 2E(XY) + E(Y^2) - \{E(X)\}^2 - 2E(X)E(Y) - \{E(Y)\}^2$$
$$= \underline{E(X^2) - \{E(X)\}^2} + 2\underline{\{E(XY) - E(X)E(Y)\}} + E(Y^2) - \{E(Y)\}^2$$
$$= \underline{V(X)} + V(Y) + 2\underline{Cov(X, Y)}$$

分散という用語は統計でも確率変数でも出てきました。なぜ、同じ用語を用いているのか説明してみましょう。

いま、$x_1, x_2, \cdots, x_n$ という数が書かれた n 個の玉が箱の中に入っていて、その中から1個玉を取り出します。このとき、玉に書かれた数を確率変数 X とします。

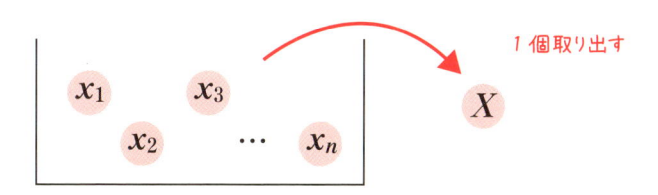

硬くいえば、「変量xを持つサイズnの資料から等確率で個体を取り出し、その変量を確率変数Xとする」ということです。

このとき、$E(X)$, $V(X)$を計算してみましょう。特定の個体1個を取り出す確率は$\dfrac{1}{n}$ですから、

$$E(X) = x_1 \cdot \dfrac{1}{n} + x_2 \cdot \dfrac{1}{n} + \cdots + x_n \cdot \dfrac{1}{n} = \dfrac{x_1 + x_2 + \cdots + x_n}{n} = \overline{x}$$

また、この式の値をmとして、

$$V(X) = (x_1 - m)^2 \cdot \dfrac{1}{n} + (x_2 - m)^2 \cdot \dfrac{1}{n} + \cdots + (x_n - m)^2 \cdot \dfrac{1}{n}$$
$$= \dfrac{(x_1 - m)^2 + (x_2 - m)^2 + \cdots + (x_n - m)^2}{n} = \sigma_x{}^2$$

確率変数の分散$V(X)$は、統計の分散$\sigma_x{}^2$に等しくなりました。それで、統計でも確率変数でも同じ分散という単語を用いているのです。確率変数の期待値$E(X)$は、統計の平均$\overline{x}$に等しくなりました。ですから、確率変数のときも$E(X)$を平均と呼ぶ場合があります。

2変量の場合も同様にして、確率変数の共分散$Cov(X,Y)$と統計の共分散σ_{xy}が一致することが確かめられます。

記号をまとめておくと次のようになります。

	平均	分散	共分散
統計	$\overline{x}$	$\sigma_x{}^2$	σ_{xy}
確率変数	$E(X)$	$V(X)$	$Cov(X,Y)$

ですから、$Cov(X,Y) = E(XY) - E(X)E(Y)$ の統計バージョンは、

$$\sigma_{xy} = \overline{xy} - \overline{x}\,\overline{y}$$

になります。

第3章

相関分析

2個の変量の関係が強いか弱いかを判断するのが相関分析です。

変量が量的データであるか質的データであるかによって、分析の仕方が異なります。分析の仕方は次の表の通りです。

量的データと量的データ	ピアソンの積率相関係数
量的データと質的データ	相関比
質的データと質的データ	クラメールの連関係数

特に、質的データのうち、ともに順序尺度であるときは、スピアマンの順位相関係数を用いることもできます。

相関分析は、散布図とともに、すべての分析法の基盤となるものです。相関分析をして、強い相関が認められないものについて、回帰分析をしても意味のある結果は得られません。分析を実践するとき、第4章以降で述べる分析法で行き詰まった場合には、相関分析に立ち戻って分析のプランを立て直すのがよいでしょう。

1 ピアソンの積率相関係数
——量的データどうしの関連性を測る

2個の変量が量的データである場合を考えます。

計算の前に散布図を参考にして、変量 x, y についての関連性を読み取ってみましょう。以下の散布図ではプロットした点が多くて、黒雲のように見えています。

図1

図2

図3

---**散布図**---
データを座標平面にまとめた図。資料に $x=4, y=3$ となる個体があれば、$(4, 3)$ の位置（図2のA）に点を打つ。

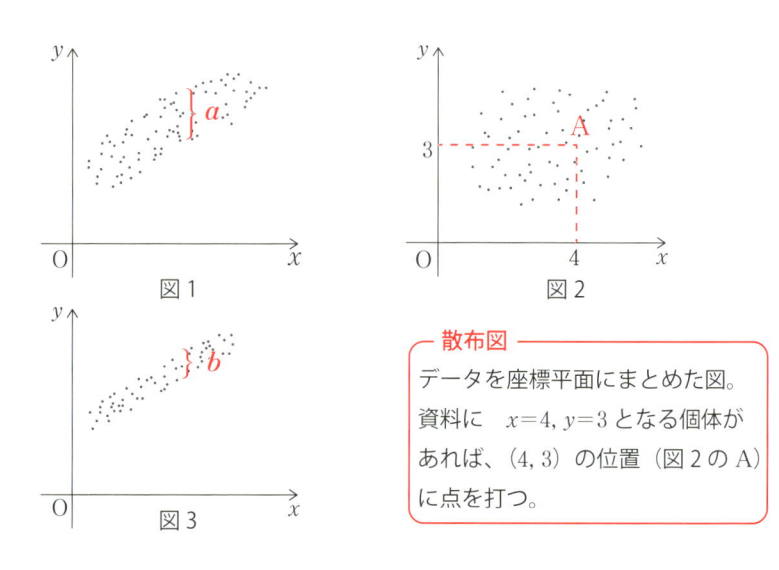

図1では x が大きくなればなるほど、y も大きくなっていることが読み取れるでしょう。x と y は関連性がありそうです。

図2では、プロットした点が全体に渡っているので、図1ほど x と y との関連性が強くないことがわかります。図3は図1と同じように x が大きくなればなるほど、y も大きくなる特徴がありますが、x の値に対応する y の範囲（図中の b）は図1の場合の範囲（図中の a）よりも短く、限定されています。図1のときより図3の方が x と y の関連性が強いと考えられます。

いま散布図から導き出したような観察を1つの数値として表現する、**相関係数**と呼ばれる指標を紹介しましょう。特に、ピアソンが提唱した指標なので、**ピアソンの積率相関係数**と呼ばれることがあります。単に相関係数という場合、ピアソンの積率相関係数を指しています。

例えば、A〜Fの6人が算数と国語の小テストを受けた結果について相関係数を計算してみましょう。

算数の点数をx、国語の点数をyとすると、結果は次のようにまとまります。

	A	B	C	D	E	F
x	2	4	8	3	3	4
y	5	3	7	5	6	4

このx, yについて相関係数を計算してみましょう。相関係数を計算するには、各変量の標準偏差のほかに、2変量についての共分散という指標を計算し、それらを組み合わせます。例題で示してみましょう。

はじめに、変量x, yについて、それぞれ平均$\bar{x}, \bar{y}$を計算しておきます。

$$\bar{x} = \frac{2+4+8+3+3+4}{6} = 4, \quad \bar{y} = \frac{5+3+7+5+6+4}{6} = 5$$

相関係数を手計算するには、次のような表を用意しておきます。

ア x_i	イ y_i	ウ $x_i - \bar{x}$	エ $y_i - \bar{y}$	オ $(x_i - \bar{x})^2$	カ $(y_i - \bar{y})^2$	キ $(x_i - \bar{x})(y_i - \bar{y})$
2	5	-2	0	4	0	0
4	3	0	-2	0	4	0
8	7	4	2	16	4	8
3	5	-1	0	1	0	0
3	6	-1	1	1	1	-1
4	4	0	-1	0	1	0
				和 22	10	7

ウにはxの偏差(xの値から平均を引いた数)、オにはウの欄に書かれた数の2乗が書かれています。エにはyの偏差、カには偏差の2乗、キにはxの偏差とyの偏差の積が書かれています。

標準偏差σ_x, σ_yを計算しておきます。

xの分散$\sigma_x{}^2$は、xの偏差の2乗和平均ですから、オの欄の平均をとって、

$$\sigma_x{}^2 = \frac{4+0+16+1+1+0}{6} = \frac{22}{6} \quad 標準偏差は\sigma_x = \sqrt{\frac{22}{6}} = 1.91$$

yの分散$\sigma_y{}^2$は、yの偏差の2乗和平均ですから、カの欄の平均をとって、

$$\sigma_y{}^2 = \frac{0+4+4+0+1+1}{6} = \frac{10}{6} \quad 標準偏差は\sigma_y = \sqrt{\frac{10}{6}} = 1.29$$

相関係数を計算するには、これらの他にx, yの共分散σ_{xy}と呼ばれる量を計算しておきます。xの分散$\sigma_x{}^2$は、偏差の2乗和平均でした。σ_{xy}は、偏差の積の平均です。x, yの共分散σ_{xy}は、キの欄の平均をとって、

$$\sigma_{xy} = \frac{0+0+8+0+(-1)+0}{6} = \frac{7}{6}$$

相関係数をrとすると、

$$r = \frac{\sigma_{xy}}{\sigma_x \sigma_y} = \frac{\dfrac{7}{6}}{\sqrt{\dfrac{22}{6}}\sqrt{\dfrac{10}{6}}} = \frac{\dfrac{7}{6}}{\dfrac{\sqrt{220}}{6}} = \frac{7}{\sqrt{220}} = 0.472$$

と計算します。

うまく6がキャンセルされました。はじめからキャンセルした形で求めることもできます。このときは、共分散の代わりに、共分散をサイズで割る前の偏差の積和S_{xy}、偏差平方和S_{xx}, S_{yy}を用います。

$S_{xy} = 7, S_{xx} = 22, S_{yy} = 10$を用いて、

$$r = \frac{S_{xy}}{\sqrt{S_{xx} S_{yy}}} = \frac{7}{\sqrt{22 \times 10}} = \frac{7}{\sqrt{220}} = 0.472$$

と計算できます。

2変量の共分散の定義を数学の記号を用いて書いておきましょう。

> **σ_{xy}の定義**
>
> 2変量x, yを持つサイズnの資料について、変量(x, y)の値が$(x_1, y_1), (x_2, y_2), \cdots, (x_n, y_n)$のとき、偏差積和$S_{xy}$、共分散$\sigma_{xy}$は、
>
> $$S_{xy} = \sum_{i=1}^{n}(x_i - \overline{x})(y_i - \overline{y}) \quad \sigma_{xy} = \frac{\sum_{i=1}^{n}(x_i - \overline{x})(y_i - \overline{y})}{n}$$

これを用いて相関係数は、次のように計算できます。

> **相関係数**
>
> σ_x：xの標準偏差　　σ_y：yの標準偏差
>
> σ_{xy}：x, yの共分散、つまり(xの偏差)×(yの偏差) の平均
>
> r：相関係数
>
> $$r = \frac{\sigma_{xy}}{\sigma_x \sigma_y} \text{ または } r = \frac{S_{xy}}{\sqrt{S_{xx} S_{yy}}}$$

相関係数rは、-1から1までの値をとります。-1未満、1より大きい値はとりえません（理由は、拙著『意味がわかる統計学』参照）。

こうして計算した相関係数から、資料全体の傾向としてどのようなことを読み取ることができるかをまとめておきましょう。

> **相関係数の読み方**
>
> 相関係数の値が、
>
> 正のとき、$\begin{cases} x\text{が大きくなればなるほど、}y\text{も大きくなる。} \\ \text{散布図は右肩上がり。} \end{cases}$

負のとき、$\begin{cases} x が大きくなればなるほど、y は小さくなる。 \\ 散布図は右肩下がり。 \end{cases}$

相関係数の絶対値が

　　1に近いほど、散布図は直線に近づく。

　　0に近いほど、散布図は面的な広がりを持つ。

確認の意味で問題を解いてみましょう。

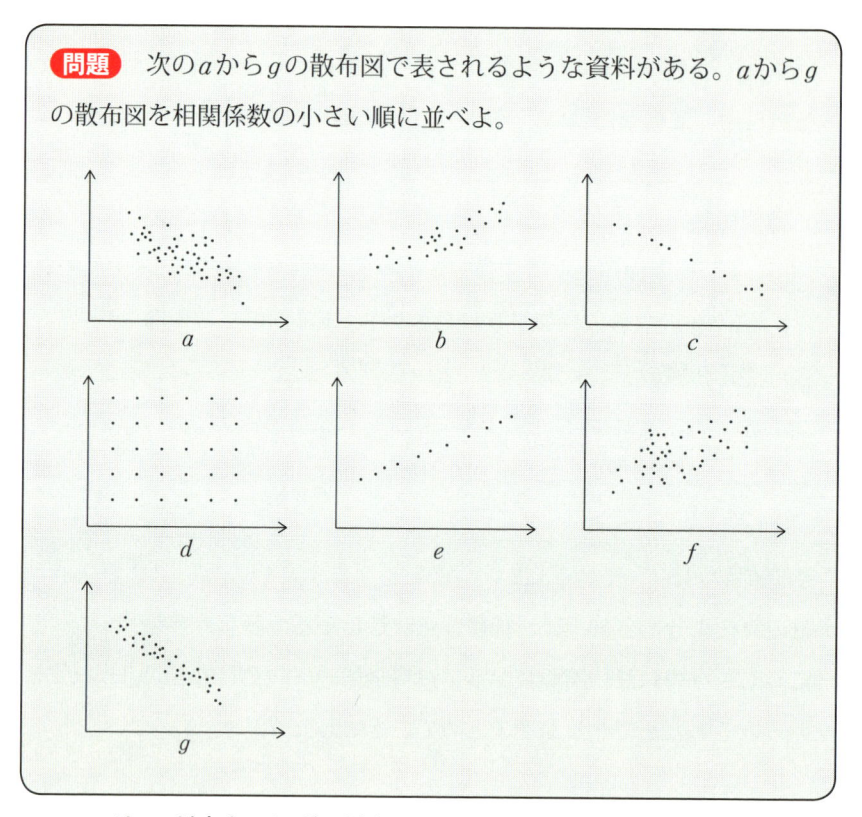

問題 次の a から g の散布図で表されるような資料がある。a から g の散布図を相関係数の小さい順に並べよ。

a, c, g は、x が大きいほど y が小さいので、相関係数は負の値になります。直線の形に近い順に c, g, a ですから、相関係数はこの順に -1 に近くなります。

b, e, f は、x が大きいほど y が大きいので、相関係数は正の値になります。

直線の形に近い順に e, b, f ですから、相関係数はこの順に1に近くなります。

d は点が面的に広がっているので、x, y の相関関係は強くないと考えられます。相関係数は0に近いはずです。

相関係数の小さい順に並べると次のようになります。

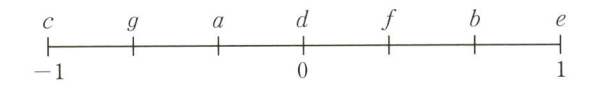

$$\begin{array}{c|ccccccc} & c & g & a & d & f & b & e \\ \hline & -1 & & & 0 & & & 1 \end{array}$$

なぜ「相関係数の読み方」のような読み取りができるか、簡単に説明してみましょう。

まずは、相関係数の符号（正か負か）の読み取りから。

相関係数の公式 $r = \dfrac{\sigma_{xy}}{\sigma_x \sigma_y}$ で、分母は常に正ですから、相関係数の符号は、分子の共分散 σ_{xy} の符号に等しくなります。ですから、σ_{xy} の符号について調べてみましょう。

σ_{xy} は、(x の偏差)×(y の偏差) の平均でした。

個体ごとに (x の偏差)×(y の偏差) の値を調べてみましょう。

i 番目のデータ (x_i, y_i) について、(x の偏差)×(y の偏差) は、

$$(x_i - \overline{x})(y_i - \overline{y})$$

と表されます。

ここで散布図を用意して、この式の符号を調べてみます。散布図には、$\overline{x}$、$\overline{y}$ のところに区切りを入れておきます。

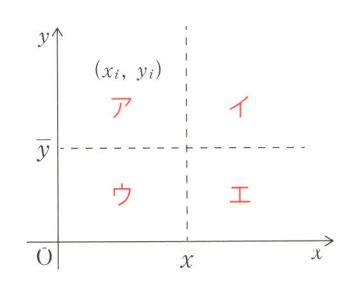

(x_i, y_i)がアのところにプロットされたとしましょう。

x_iは$\bar{x}$より小さいですから、$x_i - \bar{x}$の値は負です。y_iは$\bar{y}$より大きいですから、$y_i - \bar{y}$の値は正です。$(x_i - \bar{x})(y_i - \bar{y})$の値は負になります。同様にイ、ウ、エのところに$(x_i, y_i)$がプロットされるときの$(x_i - \bar{x})(y_i - \bar{y})$の値を調べると、表のようになります。

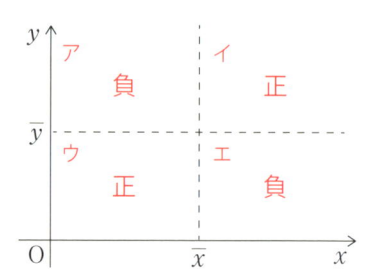

	$x_i - \bar{x}$	$y_i - \bar{y}$	$(x_i - \bar{x})(y_i - \bar{y})$
ア	負	正	負
イ	正	正	正
ウ	負	負	正
エ	正	負	負

σ_{xy}は、(xの偏差)×(yの偏差)の平均でしたから、ア、エのところにプロットされる個体が多ければσ_{xy}の値は負になりやすく、イ、ウのところにプロットされる個体が多ければσ_{xy}の値は正になりやすいことがわかりました。

相関係数の値が正のときは右肩上がりの散布図になるといいましたが、相関係数の値が正であることはイ、ウのところに多く分布していることを示しているわけです。そのことを右肩上がりとわれわれが認識しているのです。

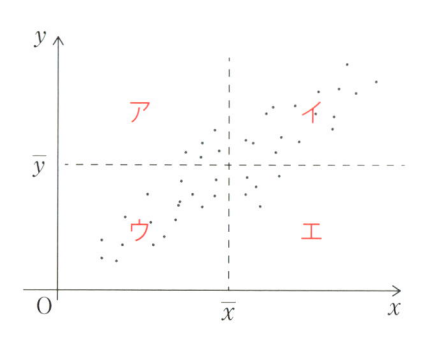

相関係数についていくつかコメントしておきましょう。

1　相関係数は単位によらず一定

相関係数は変量をとるときの単位を変えても一定です。

例えば、x, yの2個の変量の単位がcmであるとします。yの方だけ単位をmに換算しても、そうして計算する相関係数は変わりません。なぜなら、yの単位をcmからmに換えると数値は100分の1倍になります（例えば370cmは3.7m）。σ_{xy}もσ_yも100分の1倍になりますが、相関係数の式では、σ_{xy}とσ_yは分母と分子にありますから、キャンセルされて一定になるのです。

これを一般化すれば、変量を一律に一定倍しても相関係数は変わらないということがわかります。

また、$\sigma_x, \sigma_y, \sigma_{xy}$は、$x, y$の偏差をもとに計算しています。偏差は変量に一律に一定の値を足しても変化しません。ということは、$\sigma_x, \sigma_y, \sigma_{xy}$も変化せず、相関係数も変わりません。

変量に一律に一定の値を足しても、偏差が変化しないことは次のように説明できます。

例えば、クラスの平均点が60点のテストで68点を取った人がいるとします。この人の偏差は68−60＝8点です。ここで、クラス全員に10点をボーナス点としてあげることにします。すると68点の人は78点になりますが、平均点も60点から70点に10点アップしますから、この人の偏差は、78−70＝8点と変わりません。

変量に一律に一定値を足しても、一律に一定倍しても相関係数は変化しません。

式を使ってまとめておくと、

「2変量x, yの相関係数と、$X=ax+b, Y=cy+d$（a, b, c, dは定数）で定められた2個の変量X, Yの相関係数は等しい」

となります。

このことがわかると、散布図とその相関係数の関係について、先ほどの説明よりも詳しく解説することができます。

下の図2は、図1のy軸の目盛を$\bar{y}$を中心に一定倍した散布図です。点がビニールシートの上にプロットされていて、$y=\bar{y}$を固定して上下に引っ張るところをイメージするとよいでしょう。

片方の偏差を一定倍しても2変量の相関係数は変わりませんから、図1の散布図と図2の散布図の相関係数は一致します。見た目では、図2の方が直線から遠ざかった図形になっていますが、だからといって相関係数が小さくなるということではないのです。

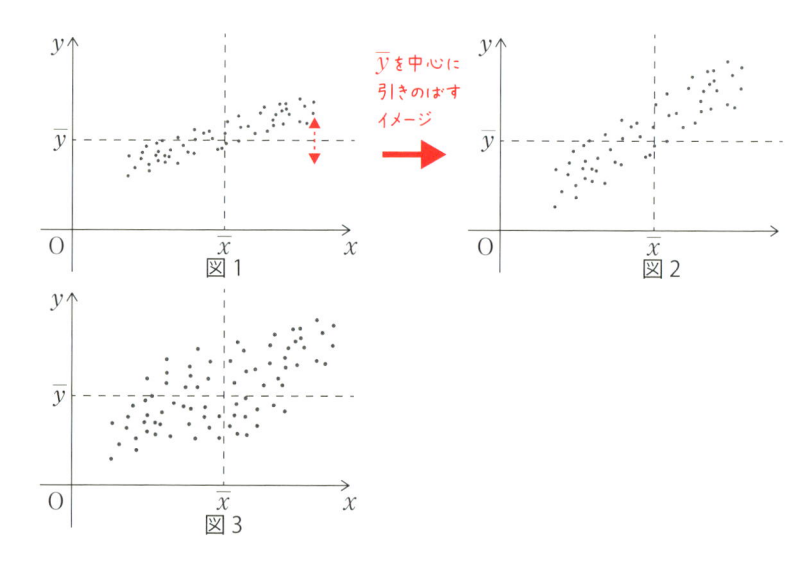

図1

図2

図3

一方、図3の散布図は図1の散布図よりも、$\bar{x}$、$\bar{y}$あたりに点が広く分布しています。ですから、図3の散布図は図1の散布図よりも相関係数が小さくなります。正の相関係数があるとき、散布図が直線から丸に近づくと、相関係数は小さくなるのです。直線に近いとき相関係数の絶対値は1に近いとまとめましたが、直線から遠いときとは、散布図の点の分布が丸に似た広がりを持つということなのです。

相関係数が1から−1まで小さくなっていくとき、それに対応する散布図を表すと次のようになります。

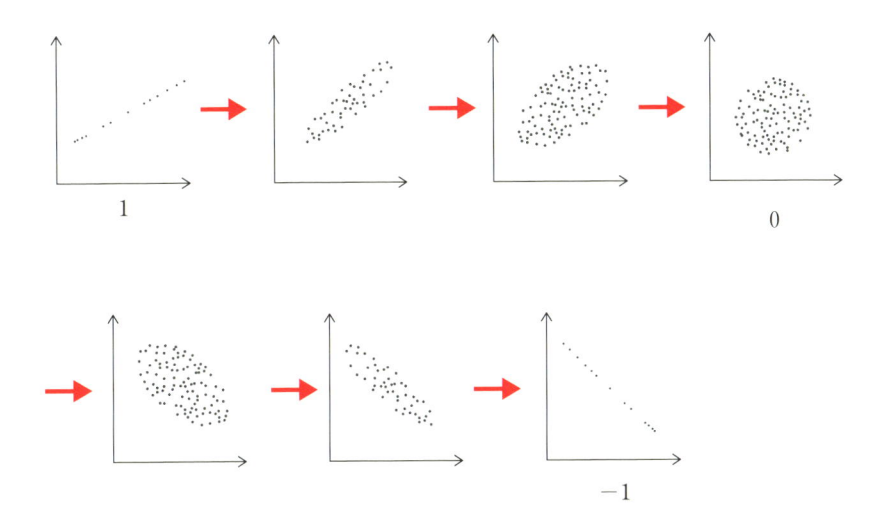

2　相関係数は直線の傾きとは関係ない

次の2つの散布図を見てください。どちらも直線上に点が分布しています。左の散布図の方が傾きは大きいですが、どちらも正の傾きの直線状に分布しているので、相関係数は1になります。分布している直線の傾きが大きいか小さいかは、相関係数には反映されません。

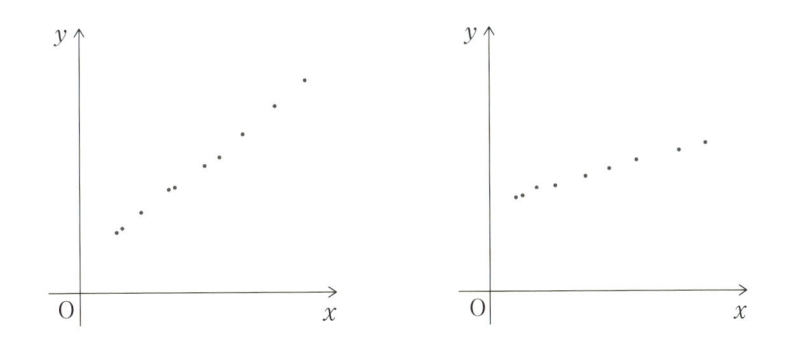

3 2次の関係は見落としてしまう

次のような散布図のデータを考えてみましょう。左の散布図には、放物線上に点がプロットされています。yの値はxの値の2次関数として書くことができます。また、右の散布図では円周上に等間隔に点がプロットされています。xとyには$(x-3)^2+(y-2)^2=1$という関係があります。

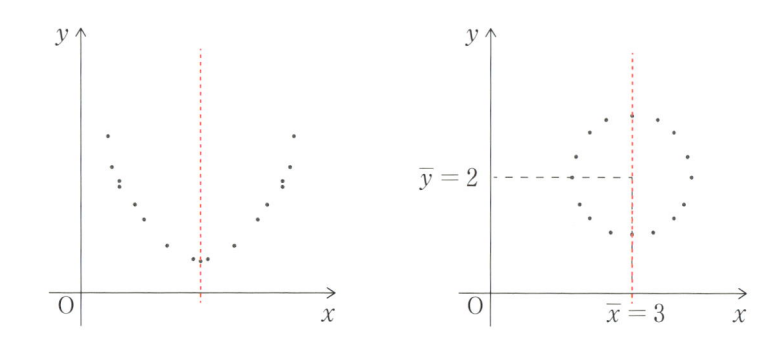

どちらもxとyの関係は式で表すことができるのですから、xとyには密接な関係があるといってよいでしょう。相関係数が2変量の関係性の強弱を表す指標であるならば、上のどちらの図の場合でも相関係数は1に近くなければなりません。しかし、上図の相関係数を計算するとどちらも0になってしまいます（アカ破線に関して対称なので）。相関係数を用いる関係性の判定では、変量に2次の関係がある場合でも、2変量には関係がないと判断してしまうのです。相関係数は、データの分布がどれだけ直線に近いかを測る指標なので2次の関係を見落としてしまうわけです。

このようなことを防ぐには、相関係数を計算するだけでなく、散布図を参考にして2個の変量の関係を考察する癖を身につけていなければなりません。

4　相関係数と因果関係

　変量 x と y の相関係数が高いことと、x と y の間に因果関係があることは別の問題です。相関係数が高いことから言及できることは、2つに関連性があるということのみです。

　ある小学生の集団について、テストの結果と身長の相関係数を計算したら、1に近い数字が出たとします。だからといって身長を伸ばすために、テストで高い点を取ろうと勉強するのは、お門違いです。高い点数を取ったからといって、身長が伸びるわけではありません。実は、このテストは小学1年生から6年生まで同じ問題を解くテストだったのです。学年の高い生徒の方がよい成績が出ますから、相関係数は大きくなって当たり前なのでした。

　しかし、次のような例もあります。

　私立大医学部の入学金とその大学を受験する学生の偏差値には、負の相関関係があることが知られています。ある大学が入学金を低くしたら、受験生の偏差値が上がったといいます。これなどは、負の相関関係の裏にある種のメカニズムが働いているからでしょう。入学金の金額が、偏差値を動かす要因足り得るという意味で、私大医学部の入学金と偏差値は因果関係があるといえます。

　また、景気の指数とサザエさんの視聴率は、負の相関関係があるそうです。しかし、サザエさんの視聴率が低くなることが、景気を下支えすることはありませんし、景気を悪くすることで、サザエさんの視聴率を上げようとはしません。一方が一方を動かす要因になっているとは到底思えません。この2つについて負の相関関係があるということは、この2つの他に元になる要因があって、景気の指数とサザエさんの視聴率はそれに動かされていると考えるのがよいでしょう。

　相関係数が高いことは、裏に何らかのメカニズムがあることを暗示して

いますが、相関係数が高いということだけで、安易に因果関係に結びつけるのは相関係数の危険な使い方です。因果関係を結論づけるためには、現象の背景についてよく吟味をしなければなりません。

　この注意は、ピアソンの積率相関係数のみならず、これから述べる相関比・クラメールの連関係数・スピアマンの順位相関係数などの関連性の指標についてもあてはまる注意です。

2 相関比
——量的データと質的データの関連性を測る

量的データどうしの関連性を測るには、ピアソンの積率相関係数を用いました。量的データと質的データの場合には、相関比という指標を用いて変量の関連性を測ります。

例えば、15人に、年齢と好きなタレント（トシ、アキ、ヒロの3人から選ぶ）を聞くアンケートの結果について考えてみましょう。年齢が量的データ、好きなタレントが質的データに当たります。

アンケートの結果は、

年齢	18	25	28	29	32	34	36	37	38	38	38	40	48	53	61
好き	ヒ	ヒ	ヒ	ト	ト	ト	ヒ	ト	ト	ア	ヒ	ト	ア	ア	ア

ト…トシ、ア…アキ、ヒ…ヒロ

でした。これを散布図にすると、次の左図ようになります。

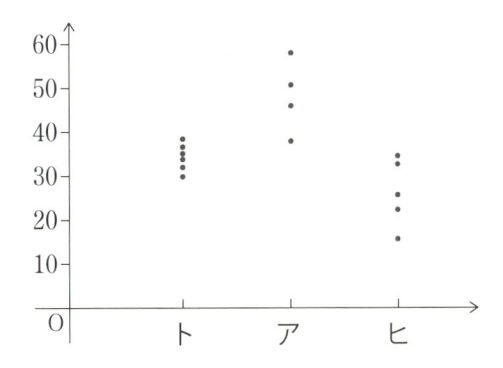

2変量の一方が質的データの場合、上の図のように個体を表す点は何本かの直線上に分布します。トシ、アキ、ヒロの順序は入れ替えても構いません。

年齢と好きなタレントに関する相関比を計算してみましょう。

はじめに元のデータをタレントごとにまとめ直します。好きな人が同じ人どうしでグループを作るわけです。タレントを好きだといった人の年齢を書き込むと次のようになります。

トシ	29, 32, 34, 37, 38, 40
アキ	38, 48, 53, 61
ヒロ	18, 25, 28, 36, 38

トシ、アキ、ヒロのそれぞれに関して「偏差の2乗和」を計算します。「偏差の2乗和」は変動と呼ばれ、分散の公式の分子に当たります。

トシ、アキ、ヒロに x, y, z の変数を割り当てて、

$$\bar{x} = \frac{29+32+34+37+38+40}{6} = 35$$

$$\bar{y} = \frac{38+48+53+61}{4} = 50$$

$$\bar{z} = \frac{18+25+28+36+38}{5} = 29$$

変量、偏差、偏差の2乗を表にすると、次のようになります。

x_i	$x_i - \bar{x}$	$(x_i - \bar{x})^2$
29	-6	36
32	-3	9
34	-1	1
37	2	4
38	3	9
40	5	25
	S_x	84

y_i	$y_i - \bar{y}$	$(y_i - \bar{y})^2$
38	-12	144
48	-2	4
53	3	9
61	11	121
	S_y	278

z_i	$z_i - \bar{z}$	$(z_i - \bar{z})^2$
18	-11	121
25	-4	16
28	-1	1
36	7	49
38	9	81
	S_z	268

変量 x, y, z についての変動をそれぞれ S_x, S_y, S_z とすると、表から、$S_x = 84, S_y = 278, S_z = 268$

これらの和を S_w として、

$$S_w = S_x + S_y + S_z = 84 + 278 + 268 = 630$$

と計算します。S_wはグループの内部で計算した変動の和なので**級内変動**といいます。

次に、資料全体の変動を計算します。資料全体の平均mは、

$$m = \frac{35 \times 6 + 50 \times 4 + 29 \times 5}{15} = 37$$

変量と偏差の2乗を表にまとめると、

x_i	$x_i - m$	$(x_i - m)^2$
29	-8	64
32	-5	25
34	-3	9
37	0	0
38	1	1
40	3	9
		108

y_i	$y_i - m$	$(y_i - m)^2$
38	1	1
48	11	121
53	16	256
61	24	576
		954

z_i	$z_i - m$	$(z_i - m)^2$
18	-19	361
25	-12	144
28	-9	81
36	-1	1
38	1	1
		588

$S = 108 + 954 + 588 = 1650$

資料全体の変動をSとすると、$S = 1650$

相関比η^2（ηの2乗で表します）は、

$$\eta^2 = 1 - \frac{S_w}{S} = 1 - \frac{630}{1650} = 0.618$$

と計算できます。

相関比の計算の仕方は他にもあります。上では級内変動と全変動を用いて計算しましたが、級間変動とよばれる量を用いてもかまいません。

級間変動とは、「グループに属する個体の変量を、すべてグループの平均で置き換えて計算した全変動」のことです。

トシが好きな人（x）の平均年齢は35、アキが好きな人（y）の平均年齢は50、ヒロが好きな人（z）の平均年齢は29です。

ですから、35歳の人が6人、50歳の人が4人、29歳の人が5人として全変動を計算するわけです。このとき各グループの年齢の総和は置き換える前と変わりませんから、資料全体の年齢の総和も変わらず、資料全体の平均も変わらず37になります。

$\bar{x}$	$\bar{x}-m$	$(\bar{x}-m)^2$
35	-2	4
35	-2	4
35	-2	4
35	-2	4
35	-2	4
35	-2	4
		24

$\bar{y}$	$\bar{y}-m$	$(\bar{y}-m)^2$
50	13	169
50	13	169
50	13	169
50	13	169
		676

z_i	z_i-m	$(z_i-m)^2$
29	-8	64
29	-8	64
29	-8	64
29	-8	64
29	-8	64
		320

($m = 37$)

$$S_B = 24 + 676 + 320 = 1020$$

このときの全変動（級間変動）を S_B とすると、

$$S_B = (35-37)^2 \times 6 + (50-37)^2 \times 4 + (29-37)^2 \times 5 = 1020$$

となります。級間変動 S_B を用いると、相関比 η^2 は、

$$\eta^2 = \frac{S_B}{S} = \frac{1020}{1650} = 0.618$$

となります。先ほど計算した値と一致しています。

実は、級内変動 S_W、級間変動 S_B、全変動 S には、

$$S_W + S_B = S$$

という等式が成り立っています。この等式は、グループの個数、グループに含まれる個体の個数によらず常に成り立つ等式です（理由はp.75）。

S_W、S_B、S のうち2つがわかれば、残りの1つの値がわかることを意味していますから、相関比 η^2 を計算するには、S_W、S_B を計算してもよく、そのときは、

$$\eta^2 = \frac{S_B}{S} = \frac{S_B}{S_W + S_B} = \frac{1020}{630 + 1020} = 0.618$$

と相関比を計算することができます。

> **相関比**
> S_w：級内変動、S_B：級間変動、S：全変動、η^2：相関比
> $$\eta^2 = 1 - \frac{S_w}{S} = \frac{S_B}{S} = \frac{S_B}{S_w + S_B}$$

変動は偏差の2乗和ですから、変動の値はつねに0以上になります。S_w, S_Bの値は0以上ですから、

$$0 = \frac{0}{S_w + S_B} \leqq \frac{S_B}{S_w + S_B} \leqq \frac{S_w + S_B}{S_w + S_B} = 1$$

となり、相関比η^2は0と1の間に値を持つことがわかります。

相関比の値が大きければ大きいほど2変量の関連性が強いと考えられます。極端な場合の例を挙げて実感してみましょう。

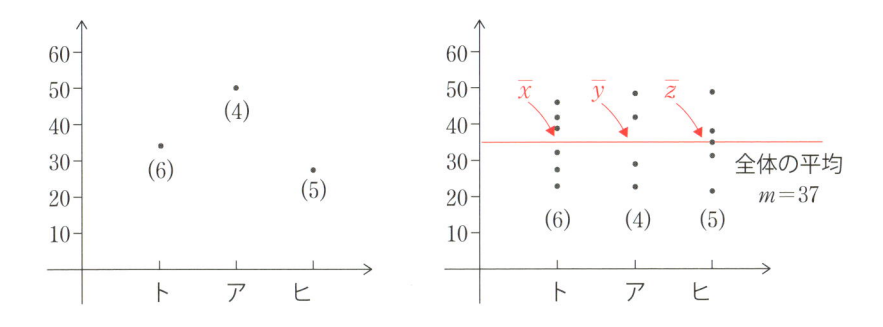

左上の散布図は、グループごとに変量の値が一定になっている場合です。散布図では1点で表されていますが、グループには複数の個体があるとします。重なって一つに見えているわけです。

トシが好きな人(x)はすべて35歳、アキが好きな人(y)はすべて50歳、ヒロが好きな人(z)がすべて29歳です。

このとき、x, y, zの平均はそれぞれ35, 50, 29であり、xの変動は、

$$S_x = (35-35)^2 + (35-35)^2 + \cdots\cdots + (35-35)^2 = 0$$

同様に変動はそれぞれ$S_x=0, S_y=0, S_z=0$となり、級内変動S_wは、
$$S_w = S_x + S_y + S_z = 0 + 0 + 0 = 0$$
となります。このときの相関比を計算すると、
$$\eta^2 = 1 - \frac{S_w}{S} = 1 - \frac{0}{S} = 1$$
となり、相関比としての最大値をとっています。

散布図からわかるように、個体の年齢がわかれば、その個体の属するグループが決まります。年齢が35歳の人はトシが好きな人です。年齢を選べばグループが決まってしまうわけですから、年齢とグループは非常に強い関連性があるといえます。

これが、相関比が1になるときのモデルケースです。

一方、右の散布図は、各グループの平均が等しく、全体の平均にも等しくなっている場合です。

トシが好きな人(x)、アキが好きな人(y)、ヒロが好きな人(z)のそれぞれの平均が37歳であるとします。このとき、全体の平均年齢も37歳になります。ですから、級間変動S_Bは、
$$S_B = 6(37-37)^2 + 4(37-37)^2 + 5(37-37)^2 = 0$$
となります。相関比を計算すると、
$$\eta^2 = \frac{S_B}{S} = \frac{0}{S} = 0$$
となります。

この散布図の場合は、個体の年齢がわかっても、グループについての情報は得られません。年齢とグループの関連性は弱いと考えられます。これが、相関比が0のときのモデルケースです。

このように相関比は、級内変動S_wに比べて、
  級間変動S_Bが大きいときに大きく
  級間変動S_Bが小さいときに小さく

なります。

<u>$S_w + S_B = S$を証明しておきます。</u>

データがn個、m個、k個の3つのグループに分かれているとします。それぞれのグループの変量を

$$x_1, x_2, \cdots, x_n, y_1, y_2, \cdots, y_m, z_1, z_2, \cdots, z_k$$

n コ　　　　m コ　　　　k コ

とします。それぞれのグループの平均を$\overline{x}$, $\overline{y}$, $\overline{z}$、データ全体の平均をMとします。すると、全変動S、級内変動S_w、級間変動S_Bは、

$$S = \sum_{i=1}^{n}(x_i-M)^2 + \sum_{i=1}^{m}(y_i-M)^2 + \sum_{i=1}^{k}(z_i-M)^2$$

$$S_w = \sum_{i=1}^{n}(x_i-\overline{x})^2 + \sum_{i=1}^{m}(y_i-\overline{y})^2 + \sum_{i=1}^{k}(z_i-\overline{z})^2$$

$$S_B = n(\overline{x}-M)^2 + m(\overline{y}-M)^2 + k(\overline{z}-M)^2$$

ここで$S=$の右辺の第1項は

$$\begin{aligned}
\sum_{i=1}^{n}(x_i-M)^2 &= \sum_{i=1}^{n}\{(x_i-\overline{x})+\underbrace{(\overline{x}-M)}_{\color{red}{i によらない定数}}\}^2 \\
&= \sum_{i=1}^{n}\{(x_i-\overline{x})^2 + 2(x_i-\overline{x})(\overline{x}-M) + (\overline{x}-M)^2\} \\
&= \sum_{i=1}^{n}(x_i-\overline{x})^2 + \sum_{i=1}^{n}2(x_i-\overline{x})(\overline{x}-M) + \sum_{i=1}^{n}(\overline{x}-M)^2 \\
&= \sum_{i=1}^{n}(x_i-\overline{x})^2 + 2(\overline{x}-M)\underbrace{\sum_{i=1}^{n}(x_i-\overline{x})}_{\color{red}{0 になる}} + n(\overline{x}-M)^2 \\
&= \sum_{i=1}^{n}(x_i-\overline{x})^2 + n(\overline{x}-M)^2
\end{aligned}$$

$\sum_{i=1}^{n}x_i - \sum_{i=1}^{n}\overline{x} = (x_1 + \cdots + x_n) - n\overline{x} = 0$

これを用いると、

$$\begin{aligned}
S &= \sum_{i=1}^{n}(x_i-M)^2 + \sum_{i=1}^{m}(y_i-M)^2 + \sum_{i=1}^{k}(z_i-M)^2 \\
&= \sum_{i=1}^{n}(x_i-\overline{x})^2 + n(\overline{x}-M)^2 + \sum_{i=1}^{m}(y_i-\overline{y})^2 + m(\overline{y}-M)^2 \\
&\quad + \sum_{i=1}^{k}(z_i-\overline{z})^2 + k(\overline{z}-M)^2 = S_w + S_B
\end{aligned}$$

3 クラメールの連関係数
——質的データと質的データの場合

　質的データで表される2変量の関連性の強さを調べるときに用いるのが**クラメールの連関係数**です。

　例えば、30代、40代、50代の人からなる50人に演歌が好きであるかのアンケートをとった結果について考えてみましょう。

　50人のそれぞれの個体は、30代、40代、50代のいずれであるか、また演歌が好きであるか好きでないか、という2個の変量（カテゴリー）を持つと考えます。どちらも質的データです。

　アンケートをまとめた結果は、次の表のようになりました。

実測度数

好悪＼年代	30代	40代	50代	計
好き	3	7	15	イ 25
嫌い	12	8	5	25
計	15	ア 15	20	50

　このように2つの項目をタテ・ヨコにしてまとめた表を**クロス集計表**といいます。

　アは40代の人が15人いたことを表し、イは演歌が好きな人が25人いたことを表しています。

　このデータに関してクラメールの連関係数を計算してみましょう。

　まず、2つの項目について、アンケート結果をまとめ直します。

　30代、40代、50代の人たちの全体（50人）に対する割合は、

$$30代 \quad \frac{15}{50}=0.3 \qquad 40代 \quad \frac{15}{50}=0.3 \quad 50代 \quad \frac{20}{50}=0.4$$

です。一方、演歌を好きな人、嫌いな人の割合は、

$$好き \quad \frac{25}{50}=0.5 \qquad 嫌い \quad \frac{25}{50}=0.5$$

となります。

これをもとに新しくクロス集計表を作ります。

新しいクロス集計表では、世代と好き嫌いの答え方が無関係である(独立である)として人数を計算します。

30代の人の割合は0.3、好きな人の割合は0.5です。30代の人は50×0.3(人)、そのうち好きな人の割合は、全体での割合と同じと考えて0.5だとします。つまり、30代で好きと答えた人の人数を、

$$50\times 0.3\times 0.5=7.5(人)$$

と見積もるわけです。この7.5(人)のことを**期待度数**といいます。他の欄も同様にして、期待度数を計算して新しくクロス集計表を作ります。世代と好き嫌いの答え方が無関係であるとしたときの各欄の割合を計算すると表1のようになり、この各欄に50を掛けると表2のようになります。

独立であるとしたときの割合

表1

好悪\年代	30代	40代	50代	計
好き	0.3×0.5	0.3×0.5	0.4×0.5	0.5
嫌い	0.3×0.5	0.3×0.5	0.4×0.5	0.5
計	0.3	0.3	0.4	1

⇩ 各欄に50を掛ける

期待度数

表2

好悪\年代	30代	40代	50代	計
好き	7.5	7.5	10	25
嫌い	7.5	7.5	10	25
計	15	15	20	50

0.3×0.5×50

もとのクロス集計表に書かれた数を**実測度数**といいます。

ここで、各欄に関して、実測度数と期待度数を見比べて、

$$\frac{(実測度数-期待度数)^2}{期待度数}$$

を計算し総和をとります。

$\dfrac{(実測度数-期待度数)^2}{期待度数}$

年代＼好悪	30代	40代	50代
好き	$\dfrac{(3-7.5)^2}{7.5}$	$\dfrac{(7-7.5)^2}{7.5}$	$\dfrac{(15-10)^2}{10}$
嫌い	$\dfrac{(12-7.5)^2}{7.5}$	$\dfrac{(8-7.5)^2}{7.5}$	$\dfrac{(5-10)^2}{10}$

（12が実測度数、7.5が期待度数）

総和をとったものをχ^2(カイの2乗で表します)とおくと、

$$\chi^2 = \frac{(3-7.5)^2}{7.5} + \frac{(7-7.5)^2}{7.5} + \frac{(15-10)^2}{10} + \frac{(12-7.5)^2}{7.5}$$
$$+ \frac{(8-7.5)^2}{7.5} + \frac{(5-10)^2}{10} = 10.467$$

となります。

資料のサイズをn(この場合は50)、クロス集計表の短い方の長さをk(この場合は、好きと嫌いで2)とします。クラメール相関係数をr_cとすると、

$$r_c = \sqrt{\frac{\chi^2}{n(k-1)}} = \sqrt{\frac{10.467}{50(2-1)}} = 0.458$$

となります。

クラメールの連関係数

χ^2：各セルについての$\dfrac{(実測度数-期待度数)^2}{期待度数}$の総和

n：資料のサイズ

k：少ない方のカテゴリーの個数
r_c：クラメールの連関係数
$$r_c = \sqrt{\frac{\chi^2}{n(k-1)}}$$

　クラメールの連関係数の値は0から1までの数をとりえます。

　クラメールの連関係数の値が大きければ大きいほど、2つの項目の関連性が強いと考えられます。極端な場合を考えて実感してみましょう。

　上のアンケートの結果で、年代によって好き嫌いがはっきり分かれる場合を考えてみましょう。例えば、実測度数は次の表のようになったとします。

実測度数

年代 好悪	30代	40代	50代	計	割合
好き	0	0	20	20	0.4
嫌い	15	15	0	30	0.6
計	15	15	20	50	
	0.3	0.3	0.4		

　30代、40代は嫌い、50代は好きと、年代によってはっきりと好き嫌いが分かれています。

　このときのクラメール連関係数を計算します。

　計の欄の数が資料全体に占める割合を求めてから、各欄の期待度数を求めます。

期待度数

好悪＼年代	30代	40代	50代
好き	6	6	8
嫌い	9	9	12

(実測度数－期待度数)²／期待度数

好悪＼年代	30代	40代	50代
好き	$\frac{(0-6)^2}{6}$	$\frac{(0-6)^2}{6}$	$\frac{(20-8)^2}{8}$
嫌い	$\frac{(15-9)^2}{9}$	$\frac{(15-9)^2}{9}$	$\frac{(0-12)^2}{12}$

この場合のχ^2, r_cを計算して

$$\chi^2 = \frac{(0-6)^2}{6} + \frac{(0-6)^2}{6} + \frac{(20-8)^2}{8}$$
$$+ \frac{(15-9)^2}{9} + \frac{(15-9)^2}{9} + \frac{(0-12)^2}{12}$$
$$= 6+6+18+4+4+12 = 50$$
$$r_c = \sqrt{\frac{\chi^2}{n(k-1)}} = \sqrt{\frac{50}{50(2-1)}} = 1$$

　この場合は、年代によって演歌の好き嫌いがはっきり分かれてしまうのですから、年代と演歌の好き嫌いは非常に強い関連性があると考えられます。クラメールの連関係数も最高値の1をとっています。

　このように、クロス統計表において縦横で見て1つの欄だけに度数が集中する場合のクラメールの連関係数は1になります。なぜそうなるか興味がある人は後ろの証明を読んでください。χ^2を$n(k-1)$で割る理由もわかるようになります。

　また、上のアンケートの結果で、年代によって好みが一定である場合を考えてみましょう。50人全体で好き嫌いが20：30＝2：3と分かれていますが、各年代でもこの比率で好き嫌いが分かれるものとします。このときの実測度数は下のようになったとします。これから期待度数を計算するともとの実測度数と同じになります。

実測度数

好悪＼年代	30代	40代	50代
好き	6	6	8
嫌い	9	9	12

この表から期待度数を計算するとこれに等しくなる

これからχ^2, r_cを計算すると、

$$\chi^2 = \frac{(6-6)^2}{6} + \frac{(6-6)^2}{6} + \frac{(8-8)^2}{8}$$
$$+ \left(\frac{9-9}{9}\right)^2 + \left(\frac{9-9}{9}\right)^2 + \left(\frac{12-12}{12}\right)^2 = 0$$

$$r_c = \sqrt{\frac{\chi^2}{n(k-1)}} = \sqrt{\frac{0}{50(2-1)}} = 0$$

この場合、年代によって好き嫌いの差がないので、年代と好き嫌いの関連性はないと考えられます。クラメールの連関係数も最低値の0になります。

クラメールの連関係数が1になる場合

サイズNの資料について、アイテムxがk個のカテゴリー（□1, □2, …, □k)を持ち、アイテムyがl個のカテゴリー（△1, △2, …, △l)を持つときのことを考えましょう。$k \leq l$であるとします。

このときクロス集計表は次頁の表のようになります。xのそれぞれのカテゴリーの集計の割合が$f_1, f_2, \cdots, f_k$で、yのそれぞれのカテゴリーの集計の割合が$g_1, g_2, \cdots, g_l$であるとします。

第3章　相関分析

x \ y	△1	△2	⋯	⋯	△ℓ	計
□1	⋯	⋯	⋯	⋯	⋯	f_1
□2	⋯	⋯	⋯	⋯	⋯	f_2
⋮						⋮
⋮						⋮
□k	⋯	⋯	⋯	⋯	⋯	f_k
計	g_1	g_2	⋯	⋯	g_ℓ	

xのカテゴリーを決めると、yのカテゴリーが1通りに決まる場合についてのクラメールの連関係数を求めてみましょう。

xのカテゴリーを□1と決めるとyのカテゴリーが△1に決まり、

xのカテゴリーを□2と決めるとyのカテゴリーが△2に決まる。というような場合について考えてみましょう。

すると、$f_1 \leqq g_1, f_2 \leqq g_2, \cdots, f_k \leqq g_k$ を満たしますが、これより、

$$1 = f_1 + f_2 + \cdots + f_k \leqq g_1 + g_2 + \cdots + g_k$$
$$\leqq g_1 + g_2 + \cdots + g_k + g_{k+1} + \cdots + g_\ell = 1$$

なので、結局、

$$f_1 = g_1, f_2 = g_2, \cdots, f_k = g_k, g_{k+1} = 0, \cdots, g_\ell = 0$$

となります。

クロス集計表を割合で表すと表1のようになります。実測度数は、表1にサイズNを掛けたもので表2のようになります。

表1　クロス集計表を割合で見た表

x \ y	△1	△2	⋯	△k	⋯	△ℓ	計
□1	f_1	0	⋯	0	⋯	0	f_1
□2	0	f_2		⋮		⋮	f_2
⋮	⋮		⋱	⋮		⋮	⋮
⋮	⋮			⋮		⋮	⋮
□k	0	⋯		f_k		0	f_k
計	f_1	f_2	⋯	f_k	⋯	0	1

表2　実測度数

x \ y	△1	△2	⋯	△k	⋯	△ℓ	計
□1	Nf_1	0	⋯	0	⋯	0	Nf_1
□2	0	Nf_2		⋮		⋮	Nf_2
⋮	⋮		⋱	⋮		⋮	⋮
⋮	⋮			⋮		⋮	⋮
□k	0	⋯		Nf_k		0	Nf_k
計	Nf_1	Nf_2	⋯	Nf_k	⋯	0	N

x, y が独立であるとすると、例えば $(\square 1, \triangle 1)$ の割合は、$f_1 g_1 = f_1{}^2$ なので期待の割合は下左表のようになり、期待度数は下右表のようになります。

期待の割合

$x \backslash y$	$\triangle 1$	$\triangle 2$	$\cdots$	$\triangle k$	$\cdots$	$\cdots$	$\triangle \ell$	計
$\square 1$	$f_1{}^2$	$f_1 f_2$	$\cdots$	$f_1 f_k$	0	$\cdots$	0	f_1
$\square 2$	$f_2 f_1$	$f_2{}^2$	$\cdots$	$f_2 f_k$	0	$\cdots$	$\vdots$	f_2
$\vdots$	$\vdots$	$\vdots$		$\vdots$	$\vdots$		$\vdots$	$\vdots$
$\square k$	$f_k f_1$	$f_k f_2$	$\cdots$	$f_k{}^2$	0	$\cdots$	0	f_k
計	f_1	f_2	$\cdots$	f_k	0	$\cdots$	0	1

期待度数

$x \backslash y$	$\triangle 1$	$\triangle 2$	$\cdots$	$\triangle k$	$\cdots$	$\cdots$	$\triangle \ell$	計
$\square 1$	$Nf_1{}^2$	$Nf_1 f_2$	$\cdots$	$Nf_1 f_k$	0	$\cdots$	0	Nf_1
$\square 2$	$Nf_2 f_1$	$Nf_2{}^2$	$\cdots$	$Nf_2 f_k$	0	$\cdots$	$\vdots$	Nf_2
$\vdots$	$\vdots$	$\vdots$		$\vdots$	$\vdots$		$\vdots$	$\vdots$
$\square k$	$Nf_k f_1$	$Nf_k f_2$	$\cdots$	$Nf_k{}^2$	0	$\cdots$	0	Nf_k
計	Nf_1	Nf_2	$\cdots$	Nf_k	0	$\cdots$	0	N

このとき、χ^2 を計算するために、$\dfrac{(\text{実測度数} - \text{期待度数})^2}{\text{期待度数}}$ を書き込んでみます。期待度数が0のところは無視して計算します。

$\dfrac{(\text{実測度数} - \text{期待度数})^2}{\text{期待度数}}$

$x \backslash y$	$\triangle 1$	$\triangle 2$	$\cdots$	$\triangle k$
$\square 1$	$\dfrac{(Nf_1 - Nf_1{}^2)^2}{Nf_1{}^2}$	$\dfrac{(0 - Nf_1 f_2)^2}{Nf_1 f_2}$	$\cdots$	$\dfrac{(0 - Nf_1 f_k)^2}{Nf_1 f_k}$
$\square 2$	$\dfrac{(0 - Nf_2 f_1)^2}{Nf_2 f_1}$	$\dfrac{(Nf_2 - Nf_2{}^2)^2}{Nf_2{}^2}$	$\cdots$	$\dfrac{(0 - Nf_2 f_k)^2}{Nf_2 f_k}$
$\vdots$	$\vdots$	$\vdots$	$\ddots$	$\vdots$
$\square k$	$\dfrac{(0 - Nf_k f_1)^2}{Nf_k f_1}$	$\dfrac{(0 - Nf_k f_2)^2}{Nf_k f_2}$	$\cdots$	$\dfrac{(Nf_k - Nf_k{}^2)^2}{Nf_k{}^2}$

χ^2 はこの表の総和をとったものです。まずは1行目（$\square 1$ の欄）の総和をとりましょう。

$$\frac{(Nf_1-Nf_1{}^2)^2}{Nf_1{}^2}+\frac{(0-Nf_1f_2)^2}{Nf_1f_2}+\cdots+\frac{(0-Nf_1f_k)^2}{Nf_1f_k}$$

$$=N(1-f_1)^2+Nf_1f_2+\cdots+Nf_1f_k$$

$$=N(1-f_1)^2+Nf_1(f_2+\cdots+f_k)$$

$$=N(1-f_1)^2+Nf_1(1-f_1)$$

$$=N\{(1-f_1)+f_1\}(1-f_1)$$

$$=N(1-f_1)$$

となりますから、1行目からk行目までの総和は、

$$\chi^2=N(1-f_1)+N(1-f_2)+\cdots+N(1-f_k)$$

$$=N(k-f_1-\cdots-f_k)=N(k-1)$$

このときのクラメールの連関係数は、

$$r_c=\sqrt{\frac{\chi^2}{N(k-1)}}=\sqrt{\frac{N(k-1)}{N(k-1)}}=1$$

となります。

　上では、xのカテゴリーを決めると、yのカテゴリーが決まる場合について、クラメールの連関係数が1になることを示しました。

　逆に、yのカテゴリーを決めると、xのカテゴリーが決まる場合（p.80の例はこの場合）についても、同様な計算でクラメールの連関係数が1になることを示すことができます。

4 スピアマンの順位相関係数
——順序尺度と順序尺度の場合

2変量がともに順序尺度のとき、2変量の相関を表すには、**スピアマンの順位相関係数**を用います。

下左表のような5人の身長・体重を2変量とする資料について、身長と体重のスピアマンの順位相関係数を求めてみましょう。

身長と体重がそれぞれ、5人のうち何位（大きい方が順位が高い）であるかを抜き出します。すると、下右表のようになります。

	身長	体重
A	180	80
B	165	72
C	185	76
D	175	68
E	170	64

	身長	体重
A	2	1
B	5	3
C	1	2
D	3	4
E	4	5

相関係数は、身長と体重の順位の差の2乗の総和から、次のようにして求めます。

$$1 - \frac{6\{(2-1)^2 + (5-3)^2 + (1-2)^2 + (3-4)^2 + (4-5)^2\}}{5(5^2 - 1)}$$

（つねに6）

$$= 1 - \frac{6 \cdot 8}{5 \cdot 24} = 1 - \frac{2}{5} = 0.6$$

となります。ここで、5はサイズ、6は資料によらない定数です。

公式は次のようです。

> **スピアマンの順位相関係数**
>
> サイズをnとし、x_i, y_iを各変量の順位とする。このとき、順位相関係数rは、
> $$r = 1 - \frac{6\{(x_1-y_1)^2+(x_2-y_2)^2+\cdots+(x_n-y_n)^2\}}{n(n^2-1)}$$

この相関係数は-1から1までの値をとります。

1に近ければ2つの順位の間に正の相関があり、-1に近ければ2つの順位の間に負の相関があると判断できます。

変量x, yの順位が一致するとき相関係数は1になり、順位が逆さまになるとき相関係数が-1になります。

これをサイズnの資料の場合で確かめてみましょう。

順位が一致するときは、$x_i - y_i = 0$になりますから、スピアマンの相関係数rは、

$$r = 1 - \frac{6(0^2+0^2+\cdots+0^2)}{n(n^2-1)} = 1$$

と1になります。

順位が逆さまになる場合は、

A_1	1	n
A_2	2	$n-1$
$\vdots$	$\vdots$	$\vdots$
A_k	k	$n+1-k$
$\vdots$	$\vdots$	$\vdots$
A_n	n	1

ですから、$x_k - y_k = (n+1-k) - k = n+1-2k$

ここで、これの2乗和を計算しておきましょう。

$$(n-1)^2 + \{(n-1)-2\}^2 + \cdots + \{(n+1-k)-k\}^2 + \cdots + (1-n)^2$$

$$= \sum_{k=1}^{n}(n+1-2k)^2 = \sum_{k=1}^{n}\{(n+1)^2 - 4k(n+1) + 4k^2\}$$

$$= \sum_{k=1}^{n}(n+1)^2 - 4(n+1)\underbrace{\sum_{k=1}^{n}k}_{} + 4\underbrace{\sum_{k=1}^{n}k^2}_{} \quad \text{総和の公式}$$

$$= n(n+1)^2 - 4(n+1)\cdot\underbrace{\frac{1}{2}n(n+1)}_{} + 4\cdot\underbrace{\frac{1}{6}n(n+1)(2n+1)}_{}$$

$$= n(n+1)\{n+1 - 2(n+1) + \frac{2}{3}(2n+1)\}$$

$$= \frac{1}{3}n(n+1)(n-1) = \frac{1}{3}n(n^2-1)$$

よって、順位が逆さまのときの相関係数 r は、

$$r = 1 - \frac{6}{n(n^2-1)} \cdot \frac{n(n^2-1)}{3} = 1 - 2 = -1$$

となります。

　上の例では、身長・体重を順位に直してスピアマンの順位相関係数をとりましたが、そのままピアソンの相関係数をとると値はいくらになるでしょうか。実は、ピアソンの相関係数を計算しても値は0.6になります。

　これは上で挙げた例が、身長の間隔、体重の間隔を等しくとってあるからです（身長は5cm、体重は4kg）。このようなときピアソンの相関係数とスピアマンの順位相関係数は等しくなります。

　身長の間隔、体重の間隔を等しくとってあるとき、順位は身長、体重の1次関数で表すことができます。ですから、身長・体重の生データに関するピアソンの相関係数と順位の表に関するピアソンの相関係数は一致します。

　スピアマンの順位相関係数として書いた上の公式で計算している値は、順位の表についてのピアソンの相関係数に一致しています。これを確かめ

ることは、数列の手ごろな計算問題になります。

　スピアマンの順位相関係数は、順位が与えられている資料について、変量の値が等間隔に並んでいるとして計算したピアソンの相関係数であるといえます。

第4章

回帰分析

　量的データからなる資料があるとき、個体の変量を予測するのが回帰分析です。2変量についての回帰分析を単回帰分析、3変量以上の回帰分析を重回帰分析といいます。

　この章では、単回帰分析の説明から始めて、Excelを用いた計算の仕方、その結果の読み方、読み方の背景にある統計の理論について説明していきます。

　重回帰分析は、単回帰分析の変量の個数が増えただけのものですから、単回帰分析でしっかりと仕組みと操作をつかんでおきましょう。

　重回帰分析の理論の解説は、記述が簡潔になるために線形代数を使いましたが、概略までは図形的な解説が施されています。

1 単回帰分析
——説明変数が1個の場合

　個体が量的データからなる2変量x, yを持つようなデータがあるとします。このデータで、個体のxの値が与えられたとき、yの値を予測する問題を考えてみましょう。つまり、xを説明変数、yを目的変数として見るわけです。

　例えば、2変量x, yの散布図が図のように与えられているものとします。散布図から判断するに、xが大きいほどyが大きいので正の相関があります。

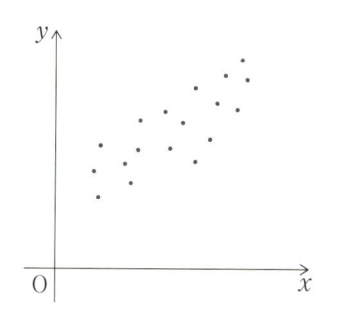

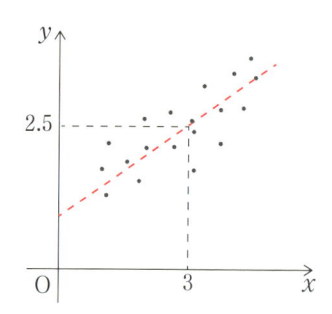

　xの値からyの値を予測するには、上右図のように直線を引いて考えます。

　この直線の式が

$$y = 0.5x + 1$$

であるとします。一般に、$y = ax + b$(a, bは定数)はxy平面上の直線を表していました。この辺の事情を忘れかけている方は『語りかける中学数学』や拙著『意味がわかる統計学』(いずれもベレ出版)を読んでみてください。自信がある方はこのまま読み進めましょう。

　もしも、ある個体のxの値が3であれば、この式に$x = 3$を代入して、

$$y = 0.5 \times 3 + 1 = 2.5$$

となりますから、y の値は2.5であると予測できます。

　上ではどのようにして直線の式を導いたか書いてありませんが、もちろん与えられた資料から、ある基準（あとでいいます）に則して数学的に一番妥当な直線を引くわけです。こうして求めた直線を**回帰直線**といいます。

　資料が与えられたときの回帰直線の求め方を具体例で紹介しましょう。
　変量 x, y を持つデータが以下のように与えられたとき、回帰直線を求めてみましょう。さらに、x が5のときの y の値を予測してみましょう。

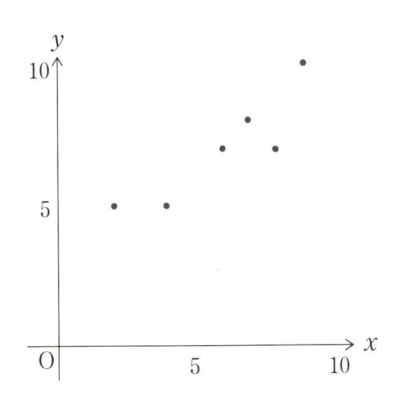

x	2	4	6	7	8	9
y	5	5	7	8	7	10

回帰直線は、以下の公式で計算することができます。

回帰直線

　　$\overline{x}$：x の平均　　　$\overline{y}$：y の平均

　　S_{xx}：x の偏差平方和　　　S_{xy}：x, y の偏差積和

回帰直線は

$$y = \frac{S_{xy}}{S_{xx}}(x - \overline{x}) + \overline{y}$$

$$= \frac{S_{xy}}{S_{xx}} x - \frac{S_{xy}}{S_{xx}} \overline{x} + \overline{y}$$

公式にしたがって計算してみましょう。

$$\bar{x} = \frac{2+4+6+7+8+9}{6} = 6 \quad \bar{y} = \frac{5+5+7+8+7+10}{6} = 7$$

x_i	y_i	$x_i - \bar{x}$ (6)	$y_i - \bar{y}$ (7)	$(x_i - \bar{x})^2$	$(y_i - \bar{y})^2$	$(x_i - \bar{x})(y_i - \bar{y})$
2	5	−4	−2	16	4	8
4	5	−2	−2	4	4	4
6	7	0	0	0	0	0
7	8	1	1	1	1	1
8	7	2	0	4	0	0
9	10	3	3	9	9	9
				S_{xx} 34	S_{yy} 18	S_{xy} 22

$S_{xx} = 34$、$S_{xy} = 22$

よって、回帰直線は、

$$y = \frac{S_{xy}}{S_{xx}}(x - \bar{x}) + \bar{y} = \frac{22}{34}(x-6) + 7 = \frac{11}{17}(x-6) + 7$$
$$y = 0.647x + 3.118$$

回帰直線の式の1次の係数を**単回帰係数**、定数項を**切片**と呼びます。上で求めた$y = 0.647x + 3.118$の単回帰係数は、0.647、切片は3.118です。

xが5のときのyの値を予測するには、この式のxに5を代入して、

$$y = 0.647 \times 5 + 3.118 = 6.353$$

となりますから、yの値は6.353と予測できます。

xが4のときのyの値を予測すると、

$$y = 0.647 \times 4 + 3.118 = 5.706 \quad \text{予測値}$$

となります。実際の資料では$x=4, y=5$ですから、**予測値**は**実測値**（実際の値）とは異なっています。予測値と実際の資料との差、5.706 − 5 = 0.706を**残差**といいます。

回帰直線の式にxの平均の6を代入すると、

$$y = 0.647 \times 6 + 3.118 = 7.000$$

となり、yの平均になります。つまり、回帰直線は(xの平均、yの平均)という点を通る直線です。

公式のxに$\bar{x}$を代入しても、
$$\frac{S_{xy}}{S_{xx}}(\bar{x}-\bar{x}) + \bar{y} = \bar{y}$$

になります。回帰直線は、「$(\bar{x}, \bar{y})$を通り、傾きが$\frac{S_{xy}}{S_{xx}}$の直線」と特徴づけられます。

　上では手計算で相関係数を求めましたが、実際にはExcelを用いると簡単に相関係数が求まります。

　Excelで回帰分析を求めるには大きく2つの方法があります。Excelの関数を用いる方法と分析ツールを用いる方法です。まずは、出力結果が簡単な関数を用いる方法を紹介しましょう。

　関数を用いる場合、資料の値が変わったときでも、それに合わせて分析結果の数値が自動的に変わるところが便利です。

回帰直線を求める手順

Step1　セルに2列に並ぶようにデータを書き込む。

	A	B	C	D
1	x	y		
2	2	5		
3	4	5		
4	6	7		
5	7	8		
6	8	7		
7	9	10		
8	説明変数	目的変数		
9				

Step2　左クリックしながらドラッグして、分析結果を出すための5×2のセルを指定する。

	A	B	C	D	E
1	x	y			
2	2	5			
3	4	5			
4	6	7			
5	7	8			
6	8	7			
7	9	10			

Step3　左上のセル（D3）に

　　＝LINEST(B2：B7, A2：A7, TRUE, TRUE)

と打ち込む。
（目的変数の先頭のセル　最後のセル）

	A	B	C	D
1	x	y		
2	2	5		
3	4	5		
4	説明変数のセル 6	目的変数のセル 7		
5	7	8		
6	8	7		
7	9	10		

［目的変数のセル、説明変数のセルの場所を書き込むときは、左クリックをしながらドラッグし、矩形で囲うことで自動的に入力できます］

Step4 [Ctrl] と [Shift] を一緒に押しながら、[Enter] を押す。

	A	B	C	D	E	F	G	H
1	x	y						
2	2	5						
3	4	5		0.647059	3.117647			
4	6	7		0.166378	1.073966			
5	7	8		0.79085	0.970143			
6	8	7		15.125	4			
7	9	10		14.23529	3.764706			
8								
9								
10	回帰係数			0.647059	3.117647		切片	
11	xの標準誤差			0.166378	1.073966		切片の標準誤差	
	決定係数			0.79085	0.970143		標準誤差	
	分散比			15.125	4		残差自由度	
	回帰の変動			14.23529	3.764706		残差の変動	

　出力の一番上の行の左が回帰係数、右が切片の値です。

　回帰直線の式は、$y=0.647x+3.118$ となります。

　他の数字については、ここでは名称だけ与えておき、おいおい説明することにしましょう。

　以上が計算による回帰直線の求め方とExcelの関数を用いた回帰直線の求め方です。

　順序が逆になりましたが、回帰直線の公式はどのような条件で導かれたものなのかを説明しておきましょう。

　求める回帰直線が $y=ax+b$ であるとします。

　資料のサイズが n であり、2変量のデータが $(x_1, y_1), (x_2, y_2), \cdots, (x_n, y_n)$ と与えられているものとします。文字で書きましたが、これらは

すべて数値が入っているとイメージしてください。

a, bはこれから求めるものなので未知数です。a, bは最終的に$x_1, y_1, x_2, y_2, \cdots, x_n, y_n$を用いた式で表されます。

i番目のデータ(x_i, y_i)に対して、y_iとax_i+bの差、すなわち、$\varepsilon_i = y_i - (ax_i+b)$を**誤差**といいます。一般には、$x_i$と$y_i$に1次式で表されるような関係があるわけではないので、これらがすべて0になるようなa, bは存在しません。しかし、ε_iが小さくなるようにa, bを選びたいわけです。

回帰直線の特徴づけを一言でいうと、

「回帰直線は、誤差(ε_i)の平方和を最小にする直線である」

となります。

この条件を満たす直線が、上で紹介した公式に一致することを確かめましょう。以下、数式が苦手な方は飛ばしてください。

これから誤差の平方和が最小になるようにa, bの値を決めていきます。誤差ε_iの平方和は、

$$\sum_{i=1}^{n} \varepsilon_i^2 = \sum_{i=1}^{n}(y_i - ax_i - b)^2$$

（ ）^{2}を展開した

$$= \sum_{i=1}^{n}(y_i^2 + a^2 x_i^2 + b^2 - 2ay_i x_i - 2by_i + 2abx_i)$$

b^2をn個足した　　　　　　　　　a, bはiによらない定数なので$\sum$の前に出せる

$$= \underbrace{\sum_{i=1}^{n} y_i^2}_{F} + \underbrace{a^2 \sum_{i=1}^{n} x_i^2}_{A} + \underbrace{nb^2}_{C} \underbrace{- 2a \sum_{i=1}^{n} x_i y_i}_{-D} \underbrace{- 2b \sum_{i=1}^{n} y_i}_{-E} + \underbrace{2ab \sum_{i=1}^{n} x_i}_{B} \quad \cdots ①$$

シグマで書かれたところは、(x_i, y_i)が与えられていますから定数になります。①を$f(a,b)$とおくと、$f(a,b)$はa, bの2次式です。この式でa, bは変数ですから、$f(a,b)$はa, bの2変数関数と見ることができます。

そこで、一般にa, bの2次式$f(a,b)$によって表される2変数関数の最小

値の求め方を説明しておきましょう。これから微分を用いて説明しますが、微分がわからない方で、2次式の平方完成までならわかるという方は、拙著『意味がわかる統計学』を参照してください。こちらでは、微分を用いず最小値を求めて、回帰直線の式を導出しています。

1変数関数 $f(x)$ の最大値、最小値を求めるときは、$f(x)$ を微分して導関数 $f'(x)$ を求め、$f'(x)=0$ となる x の値を求めました。このとき $f'(\alpha)=0$ となる α があれば、$f(\alpha)$ が極値の候補でした。

2変数関数の場合でも、微分（偏微分）を用いると最大値、最小値の候補を求めることができます（第9章 2.微積分参照）。

上の式の定数を文字 $A \sim F$ で置き換えた a, b の2次式

$$f(a,b) = Aa^2 + 2Bab + Cb^2 + 2Da + 2Eb + F \quad (A \sim F は定数) \cdots\cdots ②$$

について考えてみましょう。

はじめは b を定数と考えて、a について微分します。$f(a,b)$ で b を定数と考えて、a で微分した関数を $\dfrac{\partial}{\partial a}f(a,b)$ で表します。

$$\frac{\partial}{\partial a}f(a,b) = 2Aa + 2Bb + 2D$$

次に、a を定数と考えて、b で微分します。

$$\frac{\partial}{\partial b}f(a,b) = 2Ba + 2Cb + 2E$$

$f(a,b)$ が極値となるような (a, b) のとき、

$$\frac{\partial}{\partial a}f(a,b) = 0, \quad \frac{\partial}{\partial b}f(a,b) = 0$$

が成り立ちます。ですから、

$$Aa + Bb + D = 0 \quad \cdots\cdots ③ \qquad Ba + Cb + E = 0 \cdots\cdots ④$$

これを a, b について解きます。

③×C − ④×B より、　　　　*b を消去*

$$(Aa + Bb + D)C - (Ba + Cb + E)B = 0$$

$$\therefore \quad (AC-B^2)a = BE-CD \quad \therefore \quad a = \frac{BE-CD}{AC-B^2} \cdots\cdots ⑤$$

①と②を比べて、

$$A = \sum_{i=1}^{n} x_i^2,\ B = \sum_{i=1}^{n} x_i,\ C = n,\ D = -\sum_{i=1}^{n} x_i y_i,$$

$$E = -\sum_{i=1}^{n} y_i,\ F = \sum_{i=1}^{n} y_i^2 \quad \cdots\cdots ⑥$$

これを⑤に代入して、

$$a = \frac{BE-CD}{AC-B^2} = \frac{n\sum_{i=1}^{n} x_i y_i - (\sum_{i=1}^{n} x_i)(\sum_{i=1}^{n} y_i)}{n\sum_{i=1}^{n} x_i^2 - (\sum_{i=1}^{n} x_i)^2} \quad \cdots\cdots ⑦$$

ここで、分子は

$$n\sum_{i=1}^{n} x_i y_i - (\sum_{i=1}^{n} x_i)(\sum_{i=1}^{n} y_i)$$

$$= n^2 \left(\underbrace{\frac{\sum_{i=1}^{n} x_i y_i}{n}}_{\overline{xy}} - \underbrace{\frac{\sum_{i=1}^{n} x_i}{n}}_{\overline{x}} \underbrace{\frac{\sum_{i=1}^{n} y_i}{n}}_{\overline{y}} \right) = n^2 \sigma_{xy} = n S_{xy}$$

$\sigma_{xy} = \overline{xy} - \overline{x}\,\overline{y}$ (p.54)

分母は、

$$n\sum_{i=1}^{n} x_i^2 - (\sum_{i=1}^{n} x_i)^2 = n^2 \left(\underbrace{\frac{\sum_{i=1}^{n} x_i^2}{n}}_{\overline{x^2}} - \underbrace{\left(\frac{\sum_{i=1}^{n} x_i}{n}\right)^2}_{(\overline{x})^2} \right) = n^2 \sigma_x^2 = n S_{xx}$$

$\sigma_x^2 = \overline{x^2} - (\overline{x})^2$

なので、⑦は $a = \dfrac{nS_{xy}}{nS_{xx}} = \dfrac{S_{xy}}{S_{xx}}$

④に、これと⑥を代入して、b が求まります。

$$\left(\sum_{i=1}^{n} x_i\right) \frac{S_{xy}}{S_{xx}} + nb - \sum_{i=1}^{n} y_i = 0 \quad \therefore \quad b = -\left(\frac{\sum_{i=1}^{n} x_i}{n}\right) \frac{S_{xy}}{S_{xx}} + \frac{\sum_{i=1}^{n} y_i}{n}$$

$$b = -\overline{x} \frac{S_{xy}}{S_{xx}} + \overline{y}$$

2 回帰分析の精度を測る
──決定係数

　回帰直線で目的変数の変量を予測する場合、当たりやすい場合と当たりにくい場合があります。例えば、次の2つの散布図を比べてみましょう。資料の個数が多く、打点の様子が雲の様に見えています。2つの散布図で回帰直線の式が一致したとしてみましょう。どちらが回帰直線による予測の精度が高くなるでしょうか。

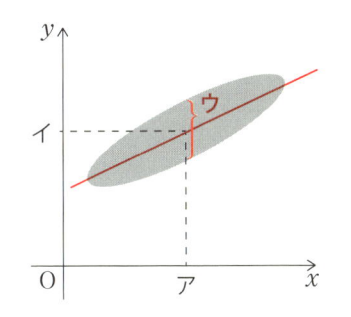

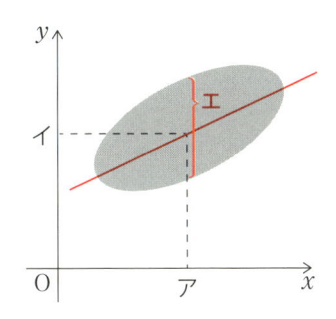

　回帰直線上でxの値をアとしてとったとき、yの値はどちらの場合もイになりますから、yの予測値はイになります。

　左の散布図ではyはウの範囲にありますが、右の散布図ではyはエの範囲にあります。ウの方が狭いので、yの予測値とyの実測値の誤差は、左の散布図の方が少なくて済みそうです。

　左は分布が直線に近い分、右の散布図の場合よりも予測の精度が上がると考えればよいわけです。相関係数は、散布図が直線に近いかどうかを測る指標でした。ですから、相関係数は予測の精度を測る指標の1つになります。

　その他に、回帰直線の精度を測る指標としてよく使われる、**決定係数**と

呼ばれる指標を紹介しましょう。先ほどの例で説明します。

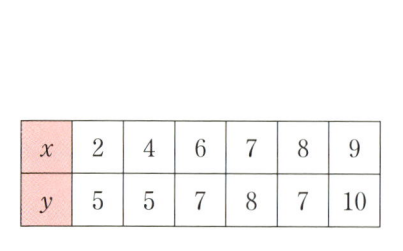

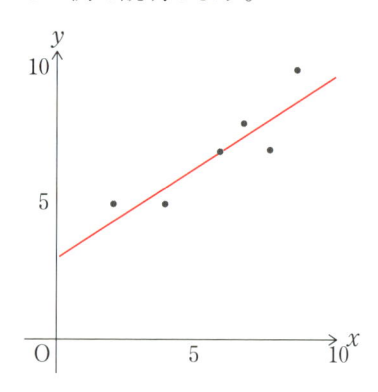

x	2	4	6	7	8	9
y	5	5	7	8	7	10

表に書かれた値は、実際に観測した値ということで実測値と呼ばれます。

この資料についての回帰直線を求めると、$y=0.647x+3.118$ になりました。

(x_i, y_i) に対する予測値を $\widehat{y}_i$、予測値 $\widehat{y}_i$ と実際の値 y_i との差を**残差**といい、e_i で表します。すると、

$$\widehat{y}_i = \frac{S_{xy}}{S_{xx}}(x_i - \overline{x}) + \overline{y}$$

$$e_i = \widehat{y}_i - y_i = \frac{S_{xy}}{S_{xx}}(x_i - \overline{x}) + \overline{y} - y_i$$

と表されます。

誤差と残差は混同しやすいです。どちらも $y_i - ax_i - b$ を計算していますが、誤差は回帰直線を求める前のもので、残差は回帰直線を求めた後のものです。残差 e_i は誤差 ε_i の推定値であるといえます。

決定係数は次の公式で与えられます。

決定係数

S_{yy}：y の偏差の平方和　　S_e：残差の平方和　　R^2：決定係数

2 回帰分析の精度を測る

決定係数は、

$$R^2 = 1 - \frac{S_e}{S_{yy}} \quad \cdots\cdots ①$$

これにしたがって決定係数を計算してみましょう。

x_i	y_i	$(y_i-\bar{y})^2$	$\hat{y_i}$	e_i	e_i^2
2	5	4	$\frac{75}{17}$	$-\frac{10}{17}$	$\frac{100}{289}$
4	5	4	$\frac{97}{17}$	$\frac{12}{17}$	$\frac{144}{289}$
6	7	0	$\frac{119}{17}$	$\frac{0}{17}$	$\frac{0}{289}$
7	8	1	$\frac{130}{17}$	$-\frac{6}{17}$	$\frac{36}{289}$
8	7	0	$\frac{141}{17}$	$\frac{22}{17}$	$\frac{484}{289}$
9	10	9	$\frac{152}{17}$	$-\frac{18}{17}$	$\frac{324}{289}$

$$y = \frac{11}{17}(x-6)+7$$

$$y = \frac{11x+53}{17}$$

$$S_{yy} = 18 \qquad S_e = \frac{1088}{289} = 3.764706$$

$$R^2 = 1 - \frac{S_e}{S_{yy}} = 1 - \frac{3.764706}{18} = 0.79085$$

となります。

決定係数は0から1までの値をとります。

残差は予測値と実測値の差ですから、残差の平方和S_eが小さければ小さいほど、回帰直線がよくあてはまっていると考えられます。

残差の平方和S_eが小さいとき、$\frac{S_e}{S_{yy}}$が小さくなり、R^2の値は1に近くなります。

つまり、R^2が1に近いほど、回帰直線による予測がよく当たることになります。

なお、決定係数が具体的にどの範囲であれば回帰直線に信頼がおけるかという基準は、分析データを扱う分野によって異なりますから、ここでは一概に言及できません。物理学、経済学、社会学、心理学、データマイニ

ング、…など、各分野によって基準があるでしょう。

　Excelを用いて決定係数を求めるには、LINESTという関数を用います。使い方は回帰係数、切片を求めるときと同じです。左列の上から3番目に決定係数が出力されます。

　決定係数がR^2と書かれるのは、つねに決定係数がxとyの相関係数Rの2乗に等しいからです。はじめに回帰直線の精度を測る指標として相関係数を紹介しましたが、単回帰分析のとき、相関係数と決定係数は本質的に同じものです。しかし、相関係数の2乗である決定係数が上のような意味を持っていることは、覚えておいてよいでしょう。
　決定係数の表し方は、他にもいくつかあって、

　　　　S_{yy}：yの偏差平方和、$S_{\hat{y}}$：$\hat{y}$（予測値）の偏差平方和

とすると、

$$R^2 = \frac{S_{\hat{y}}}{S_{yy}} \quad \cdots\cdots ②$$

と表されます。実は、$S_{yy}, S_{\hat{y}}, S_e$の間には、

$$S_{yy} = S_{\hat{y}} + S_e \quad \cdots\cdots ③$$

という関係があります。実際、2頁前の表からの偏差平方和を計算すると、$S_{\hat{y}} = 14.235$ですから、$S_{\hat{y}} + S_e = 14.235 + 3.764$ は、$S_{yy} = 18$に等しくなります（丸めた分誤差は出ますが）。

　この関係があるからこそ、S_eがS_{yy}のうちでどれだけの割合を占めているかを測るという発想が出てくるわけです。①にこれを用いて、

$$R^2 = 1 - \frac{S_e}{S_{yy}} = \frac{S_{yy} - S_e}{S_{yy}} = \frac{S_{\hat{y}}}{S_{yy}}$$

となり、①から②が導けます。

[③の式の証明]

資料のサイズがnであり、2変量のデータが$(x_1, y_1), (x_2, y_2), \cdots, (x_n, y_n)$と与えられているとき、回帰直線の式が$y=ax+b$であるとします。$x_i$の平均を$\bar{x}$, y_iの平均を$\bar{y}$とします。

予測値$\hat{y}_i = ax_i + b$の平均は、

$$\frac{\sum_{i=1}^{n} \hat{y}_i}{n} = \frac{\sum_{i=1}^{n}(ax_i+b)}{n} = a\frac{\sum_{i=1}^{n} x_i}{n} + \frac{\sum_{i=1}^{n} b}{n} = a\bar{x}+b = \bar{y}$$

(赤書き込み: $\sum b = nb$、n個のbを足した)

予測値$\hat{y}_i$の平均は、y_iの平均に等しくなります。

残差$e_i = \hat{y}_i - y_i = ax_i + b - y_i$の平均は、

$$\frac{\sum_{i=1}^{n} e_i}{n} = \frac{\sum_{i=1}^{n}(\hat{y}_i - y_i)}{n} = \frac{\sum_{i=1}^{n} \hat{y}_i}{n} - \frac{\sum_{i=1}^{n} y_i}{n} = \bar{y} - \bar{y} = 0$$

今までS_eを残差の平方和と書いてきましたが、残差の平均が0なので、S_eは残差の偏差の平方和、すなわち変動であるといえます。すると③の式は3項とも変動になり、③は変動についての等式であることになります。

よって、平方和は、

$$S_{yy} = \sum_{i=1}^{n}(y_i - \bar{y})^2, \ S_{\hat{y}} = \sum_{i=1}^{n}(\hat{y}_i - \bar{y})^2$$

$$S_e = \sum_{i=1}^{n}(e_i - 0)^2 = \sum_{i=1}^{n}(\hat{y}_i - y_i)^2$$

となります。

$$\begin{aligned}
S_{yy} &= \sum_{i=1}^{n}(y_i - \bar{y})^2 = \sum_{i=1}^{n}\{(y_i - \hat{y}_i) + (\hat{y}_i - \bar{y})\}^2 \\
&= \sum_{i=1}^{n}\{(y_i - \hat{y}_i)^2 + 2(y_i - \hat{y}_i)(\hat{y}_i - \bar{y}) + (\hat{y}_i - \bar{y})^2\} \\
&= \sum_{i=1}^{n}(\hat{y}_i - y_i)^2 + 2\sum_{i=1}^{n}(y_i - \hat{y}_i)(\hat{y}_i - \bar{y}) + \sum_{i=1}^{n}(\hat{y}_i - \bar{y})^2 \\
&= S_e + 2\sum_{i=1}^{n}(y_i - \hat{y}_i)(\hat{y}_i - \bar{y}) + S_{\hat{y}} \quad \cdots\cdots ④
\end{aligned}$$

第2項目の項を変形していきます。

$$\widehat{y}_i - \overline{y} = (ax_i + b) - (a\overline{x} + b) = a(x_i - \overline{x})$$

ですから、

$$(y_i - \widehat{y}_i)(\widehat{y}_i - \overline{y}) = \{(y_i - \overline{y}) - (\widehat{y}_i - \overline{y})\}(\widehat{y}_i - \overline{y})$$
$$= \{(y_i - \overline{y}) - a(x_i - \overline{x})\}a(x_i - \overline{x})$$
$$\sum_{i=1}^{n}(y_i - \widehat{y}_i)(\widehat{y}_i - \overline{y}) = a\sum_{i=1}^{n}(y_i - \overline{y})(x_i - \overline{x}) - a^2\sum_{i=1}^{n}(x_i - \overline{x})^2$$
$$= a(S_{xy} - aS_{xx}) = 0 \qquad a = \frac{S_{xy}}{S_{xx}}$$

となり、④の第2項は0になります。④より、

$$S_{yy} = S_{\widehat{y}} + S_e$$

が成り立ちます。

3 回帰直線の精度を測る
──分散分析

前節で、決定係数を調べると回帰直線の精度がわかると述べました。これから、そもそも回帰直線の式を採用するのが妥当であるか否かを判定する目安になる指標を紹介しましょう。

Excelでデータを回帰分析にかけるには、2通りがあります。p.93でExcelの関数を用いた方法を説明しました。今度は、Excelの分析ツールを用いた方法を紹介しましょう。

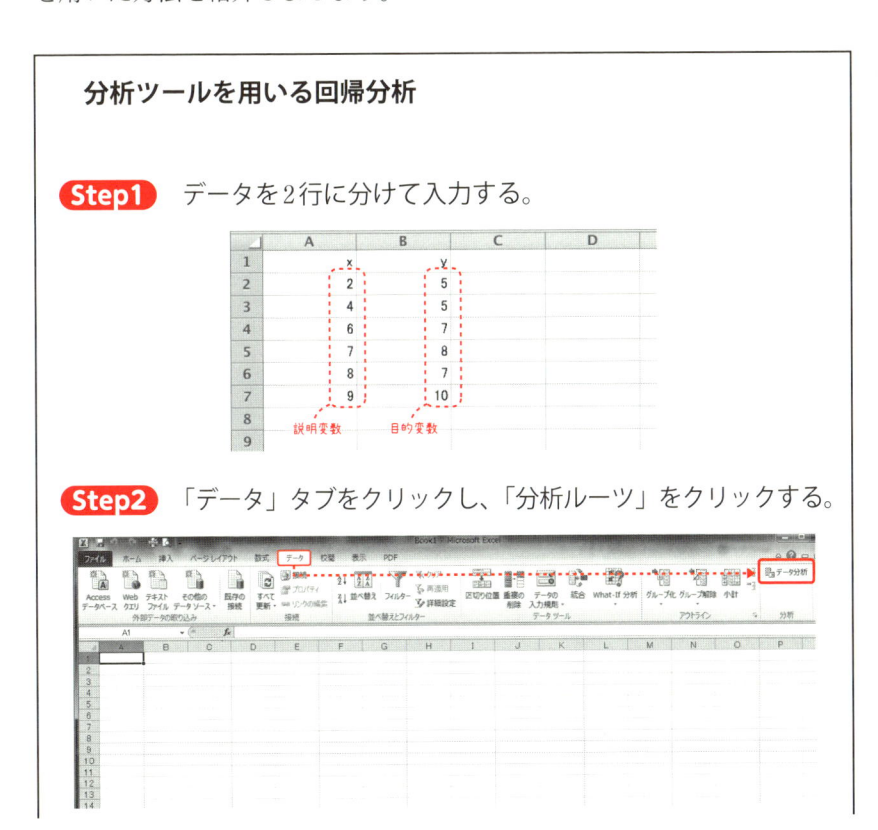

分析ツールを用いる回帰分析

Step1 データを2行に分けて入力する。

	A	B	C	D
1	x	y		
2	2	5		
3	4	5		
4	6	7		
5	7	8		
6	8	7		
7	9	10		

（説明変数／目的変数）

Step2 「データ」タブをクリックし、「分析ルーツ」をクリックする。

第4章　回帰分析

Step3　「分析ツール」のウィンドウから回帰分析を選択する。

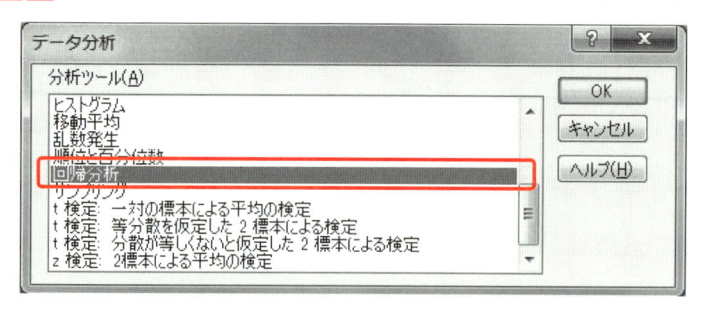

Step4　「回帰分析」のウィンドウに❶目的変数（y）の範囲、説明変数（x）の範囲、❷出力先の冒頭のセルを指定して、❸OKをクリックする（xとyを間違えないこと）。

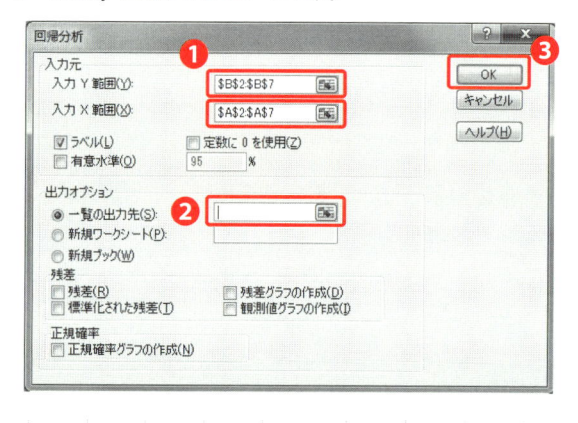

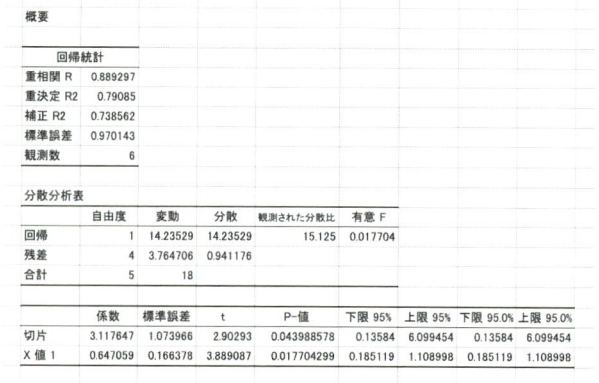

概要

回帰統計	
重相関 R	0.889297
重決定 R2	0.79085
補正 R2	0.738562
標準誤差	0.970143
観測数	6

分散分析表

	自由度	変動	分散	観測された分散比	有意 F
回帰	1	14.23529	14.23529	15.125	0.017704
残差	4	3.764706	0.941176		
合計	5	18			

	係数	標準誤差	t	P-値	下限 95%	上限 95%	下限 95.0%	上限 95.0%
切片	3.117647	1.073966	2.90293	0.043988578	0.13584	6.099454	0.13584	6.099454
X 値 1	0.647059	0.166378	3.889087	0.017704299	0.185119	1.108998	0.185119	1.108998

回帰直線の精度を測る方法の1つは、決定係数の値を調べることでした。ここでは、この出力結果のうち分散分析表を用いて、回帰分析の結果が採用すべきものであるか否かの判定をする方法を紹介しましょう。

分散分析表の数値の中で、一番重要なのが有意Fの値です。分散分析表の他の値は有意Fの値を導くための途中式であるといえます。

有意Fの値から回帰直線を採用するか否かを判定する次の目安を覚えておきましょう。

有意Fの欄の値をpとするとき、
　　　$p > 0.05$　　　回帰直線は却下
　　　$p < 0.05$　　　回帰直線は採用

となります。実用上はこれさえ覚えておけば足りますが、分散分析を知らないという方のために、有意Fの欄に書かれた数字の求め方となぜ上の様な判断をするのかについて説明しましょう。

それには、「検定」の考え方にまで遡らなければなりません。

検定の考え方

例えば、小学生10万人に向けて「1か月のおこづかいはいくらですか」というアンケートをとったときのことを考えます。アンケートの結果をヒストグラムにまとめると次のようになったとします。

アカ網部の部分に含まれる人、すなわち1万円以上の人が5000人（全体の5%）であるとします。

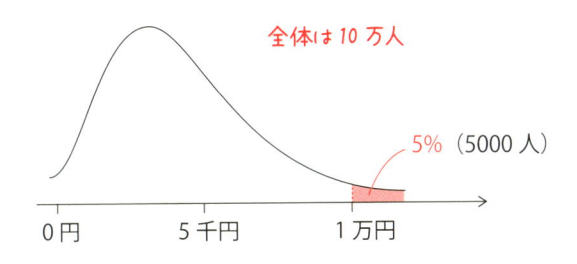

さてここであらためて、ウェブなどで顔が見えない人（Aとする）に向けて、「1か月のおこづかいはいくらですか」という質問をしたとします。そこで、「5万円」という回答を得たとします。この回答者が小学生であるか否かと聞かれたら、まず小学生ではないと考えるのではないでしょうか。小学生のおこづかいにしては高すぎるからです。回答が「2万円」だったらどうでしょう。これも小学生であることが疑わしい。「1万5千円」だったらどうでしょう。

　「高すぎるおこづかい」「妥当なおこづかい」の区切りはどこで付けたらよいでしょうか。アンケートの結果から1万円以上のおこづかいをもらっている小学生は全体の5%であり、「そうはありえない」ことなので、1万円を区切りにしようというのが、統計学での検定の考え方なのです。

　論理の流れを追うと次のようになります。

　　おこづかい5万円のAが小学生であると仮定する。
　　　⟶　小学生のおこづかいのアンケート結果から、
　　　　　5万円は高い方の5%に含まれる
　　　⟶　Aは小学生でないだろう。

　検定とは、ある仮定のもとでは低い確率でしか起こらないことが実際に起こったときに、ある仮定が誤りであったのではないかと考える思考方法のことです。上の例の「ある仮定」とは、「Aが小学生である」という仮定です。のちに否定され、無に帰することになるので、**帰無仮説**と呼びH_0で表します。

　検定の考え方を、もう少し統計学の言葉に乗せて説明しましょう。

　アンケートをとった10万人の小学生の中から無作為に選んだ1人のおこづかいの額がX円だとします。このとき、Xを確率変数と見なすことができます。

X の分布のグラフ（拙著『意味がわかる統計学』では、相対度数分布グラフと呼んでいました）は、上のアンケート結果のヒストグラムに等しくなります。

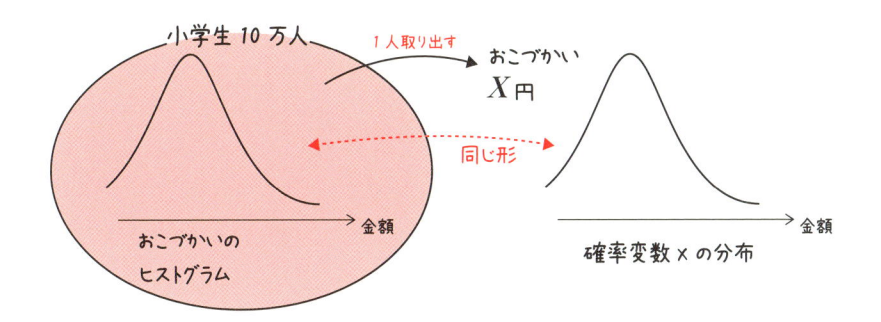

[図：小学生10万人のおこづかいのヒストグラムから1人取り出しておこづかい X 円。同じ形の確率変数 X の分布]

このとき、帰無仮説 H_0 は、

　　H_0：Aが小学生であるとする。

Aのおこづかいの額 X は、

　　上の右図のような相対度数分布グラフに従う。

となります。

このとき、Aのおこづかいの金額が1万円以上であることが観測され、上側5％のところにある場合は、Aが小学生であることを疑ってかかるわけです。

小学生であっても5％はおこづかいが1万以上の場合があるのだから、それだけでAが小学生でない可能性があると疑うのは厳しいのではないかという意見があるかもしれませんが、統計学ではそういう考え方をするものと思ってください。

検定とは、「ある仮定」のもとでの確率変数 X の分布を計算しておき、観測された値が分布の端の方、具体的には5％でしか起こりえない範囲に入るようであれば、「ある仮定」を疑い否定することなのです。

上の例では、確率変数 X は実際の資料から分布が与えられていましたが、以下の例では計算によって分布を求めることになります。

さて、話は分析結果の分散分析表に戻ります。

分散分析表

	自由度	変　動 (ウ)	分　散 (オ)	分散比	有意F
回　帰	(ア) 1	14.23529	14.23529	15.125	0.017704
残　差	(イ) 4	3.764706	0.941176	(キ)	(ク)
合　計	5	18			
		(エ)	(カ)		

分散分析では検定の考え方を用いています。

分散検定では、

　　　「資料には回帰直線が当てはまらない。」

という仮定を帰無仮説とします。

これはいい換えれば、

　　　「x_iの値とは無関係にy_iの値が決まる」

ということです。

このもとで、分散比と呼ばれる値を理論的に計算し、分散比の分布を割り出します。理論的に計算した分散比の分布が、下左図のようになったとします。

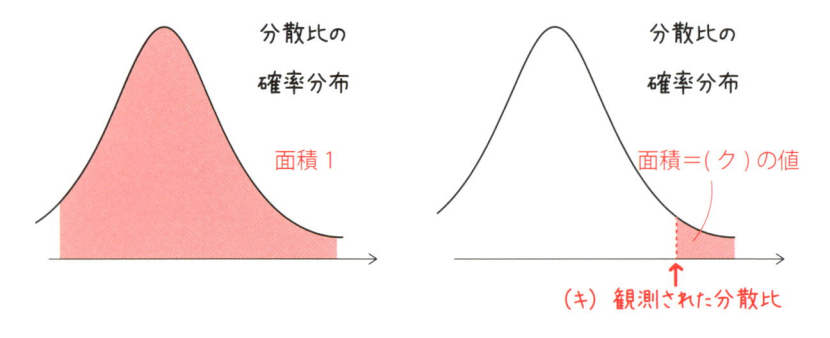

分散比の確率分布　　面積1

分散比の確率分布　　面積＝(ク)の値

(キ) 観測された分散比

実際のデータから分散比を計算します。

Excelの分析結果の「観測された分散比(キ)」には、データから計算した分散比が書かれています。

　これに対して、(ク)の有意Fに書かれた値には、観測された分散比より分散比が多くなる場合の確率、すなわちグラフとヨコ軸で挟まれた部分の面積を1にしたときのアカ網部の割合が書かれます。

　有意Fに書かれた値が0.05より小さくなる場合には、5%の確率でしか起こらないようなことが起こったとして、帰無仮説を否定(統計学の用語では棄却)します。この場合「帰無仮説」は、「回帰直線が当てはまらない」でしたから、これを否定するということは「回帰直線が当てはまる」となります。

　有意Fに書かれた値が0.05より大きくなる場合には、「回帰直線が当てはまらない」という帰無仮説は採用(統計学の用語では採択)されます。

　このような検定の考え方で、

　有意Fの欄の値をpとするとき、

　　　　$p > 0.05$　　　回帰直線は却下(棄却)
　　　　$p < 0.05$　　　回帰直線は採用(採択)

という判断基準が出てきました。

　分散分析表の他の欄についても、資料からどのような計算式で導かれているのかを説明しておきましょう。

　(ア)、(イ)の欄は、回帰($\widehat{y_i}$)、残差(e_i)の自由度が入ります。

　自由度とは、独立に動くことができる変数の個数のことです。例えば、x, y, zは3個の変数で、これらの間に何の関係式もない場合には自由度は3ですが、x, y, zの間に$x+y+z=7$という関係式があると、xとyを決めたときにzの値が決まります($x=1, y=2$のとき、$z=4$)から、自由度は2です。自由度については、このようなイメージを持っていればよいでしょ

う。

では、回帰($\widehat{y}_i$)、残差(e_i)の自由度はどう考えればよいでしょうか。これは実際に計算してみないと結論を出すことはできないのです。長い説明が必要ですから後回しにして、今は回帰と残差の自由度の計算の仕方だけを天下り的に紹介します。

分散分析表

	自由度	変動	分散	分散比	有意F
回　帰	(ア) 1	(ウ) 14.23529	(オ) 14.23529	15.125	0.017704
残　差	(イ) 4	(エ) 3.764706	(カ) 0.941176	(キ)	(ク)
合　計	5	18			

資料のサイズをn、説明変数の個数をpとおきます。

(ア)の欄には、説明変数の個数pが入ります。単回帰分析の場合、
　　説明変数の個数は1個ですから、$p=1$です。

(イ)の欄には、$n-p-1$が入ります。この例では、$n=6$ですから、
　　$n-p-1=6-1-1=4$です。

(ウ)には、予測値$\widehat{y}_i$の変動、すなわち偏差平方和

$$S_{\widehat{y}} = \sum_{i=1}^{n}(\widehat{y}_i - \overline{y})^2 = 14.235 \text{ が入ります。}$$

(エ)には、残差$e_i = \widehat{y}_i - y_i$の変動、すなわち偏差平方和

$$S_e = \sum_{i=1}^{n}(e_i - 0)^2 = \sum_{i=1}^{n}(\widehat{y}_i - y_i)^2 = 3.764 \text{ が入ります。}$$

p.102の③からわかるように、$S_{\widehat{y}} + S_e = S_{yy}$という関係がありますから、変動の合計（(ウ)と(エ)の合計）のところには、yの変動が書かれています。

(オ)、(カ)には、変動を自由度で割ったそれぞれの分散が入ります。

$$(オ)=(ウ)\div(ア)=\frac{S_{\hat{y}}}{p}=\frac{14.235}{1}=14.235$$

$$(カ)=(エ)\div(イ)=\frac{S_e}{n-p-1}=\frac{3.764}{4}=0.941$$

(キ)の欄には、(オ)と(カ)の比

$$(オ)\div(カ)=\frac{\dfrac{S_{\hat{y}}}{p}}{\dfrac{S_e}{n-p-1}}=\frac{14.235}{0.941}=15.125$$

が入ります。これが観測された分散比の値です。

では帰無仮説「回帰直線は当てはまらない」という仮定のもとで、理論的に計算した分散比の分布はどうなるでしょうか。計算してみましょう。

分散比の分布があるということは、何かを確率変数として見て分布を導き出しているわけです。何を確率変数として見ているのでしょうか。それは、誤差です。

回帰直線が $y=ax+b$ であるとします。

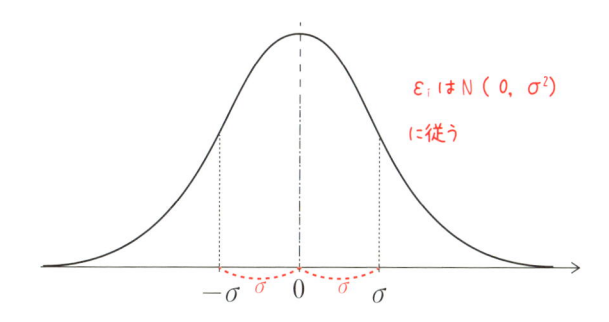

ε_i は $N(0, \sigma^2)$ に従う

ここで、平均が0、分散が σ^2 の正規分布 $N(0, \sigma^2)$ に従う確率変数 $\varepsilon_1, \varepsilon_2, \cdots, \varepsilon_n$ を用いて、確率変数 $Y_1, Y_2, \cdots, Y_n$ を

$$Y_1=ax_1+b+\varepsilon_1,\ Y_2=ax_2+b+\varepsilon_2,\ \cdots,\ Y_n=ax_n+b+\varepsilon_n$$

とします。

「回帰直線が当てはまらない」ということは「y_iの値がx_iの値によらずに決まる」といい換えられます。回帰直線の式は、$y=ax+b$という形をしていましたから、「y_iの値がx_iの値によらず決まる」ということは、xの係数aが0になるということです。

つまり、帰無仮説のもとでは、$\varepsilon_1, \varepsilon_2, \cdots, \varepsilon_n$と$Y_1, Y_2, \cdots, Y_n$の関係が

$$Y_1=b+\varepsilon_1,\ Y_2=b+\varepsilon_2,\ \cdots,\ Y_n=b+\varepsilon_n$$

となるわけです。

(キ)の欄の分散比Tは

$$T=\frac{\dfrac{S_{\hat{y}}}{p}}{\dfrac{S_e}{n-p-1}} \quad \cdots\cdots ①$$

と計算しました。こうしてまとめて書かれるとイメージが湧きませんが、データから導かれた式ですから、中身は具体的なデータ$(x_1, y_1), (x_2, y_2), \cdots, (x_n, y_n)$の式になっています。

$(x_1, y_1), (x_2, y_2), \cdots, (x_n, y_n)$に対して分散比を計算したように、$(x_1, Y_1), (x_2, Y_2), \cdots, (x_n, Y_n)$から分散比を計算します。①の中の$y_i$を$Y_i$で置き換えればよいだけです。$Y_1, Y_2, \cdots, Y_n$で書かれた分散比の式を$T$とおきます。

$Y_1, Y_2, \cdots, Y_n$が確率変数ですから、Tも確率変数の式になります。そこで、確率変数Tの分布を調べましょう。

実は、Tの分布は先人によって詳しく調べられていて、F分布と呼ばれる分布になります。$\varepsilon_1, \varepsilon_2, \cdots, \varepsilon_n$はすべて、平均が0、分散が$\sigma^2$の正規分布$N(0, \sigma^2)$に従うという仮定がうまく効いています。

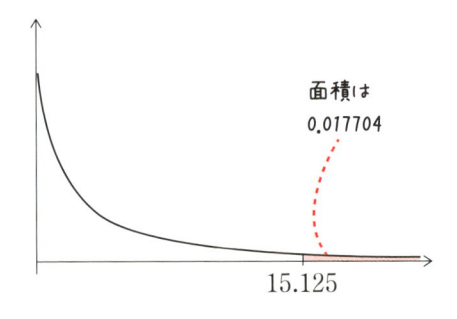

面積は 0.017704

15.125

F分布にはパラメータが2つあり、この場合自由度$(p, n-p-1)$のF分布になります。自由度$(p, n-p-1)$のF分布を$F(p, n-p-1)$と書きます。

　例えば、自由度$(1, 4)$の$F(1, 4)$分布は、前頁図のような分布のグラフになります。分散分析表からわかるように、このグラフで15.125以上の部分、15.125より右のアカ網部の面積は、アカ網部全体の面積を1とすると、0.017704になります。

4 回帰係数、切片、予測値の推定

　分析ツールで得た結果の最後の表は、回帰係数と切片の推定に用います。推定についても簡単に説明しておきます。

　推定とは、**母集団**のデータをつぶさに調べることができないとき、母集団から**標本**を取り出して変量を調べ、そこから母集団の変量の分布を予想することです。

　推定には2種類あり、ピンポイントでズバリ値をいい当てるのが**点推定**、ある幅を持った範囲で予想するのが**区間推定**です。区間推定の結果のいい方は、「○○の値は95％の確率でこの区間の中にあります」などとなります。Excelの分析結果で用いているのは区間推定です。

　例えば、母集団が1万人の男性であるとし、その身長を変量として考えます。1万人全員を調べることができないとき、1万人の中から100人をサンプル（標本）に選んで変量を調べます。この100人の平均が175cm、標準偏差が5cmであるとします。

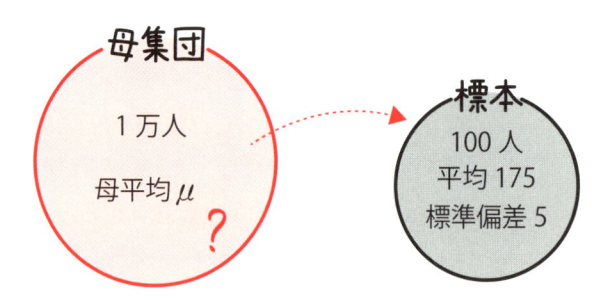

母集団
1万人
母平均 μ
?

標本
100人
平均 175
標準偏差 5

　このとき、母集団の平均、母平均μを推定してみましょう。

　母平均μを点推定するには、標本の平均である175cmを採用します。これが妥当であることを説明する理論的背景がいくつかありますが、感覚的

にも納得がいくことでしょう。わざわざ175cm以外の値を予想する理由はありません。理論的背景を説明するまでもないでしょう。

次に区間推定をしてみましょう。

母集団の母平均μを確率的に捉えたとき、その分布が正規分布であることを仮定すると、その分布は、標本として100人をとったことから、平均175、標準偏差$\frac{5}{\sqrt{100}}$の正規分布になると考えられます（なぜ、$\sqrt{100}$で割るかは、拙著『意味がわかる統計学』を参照）。

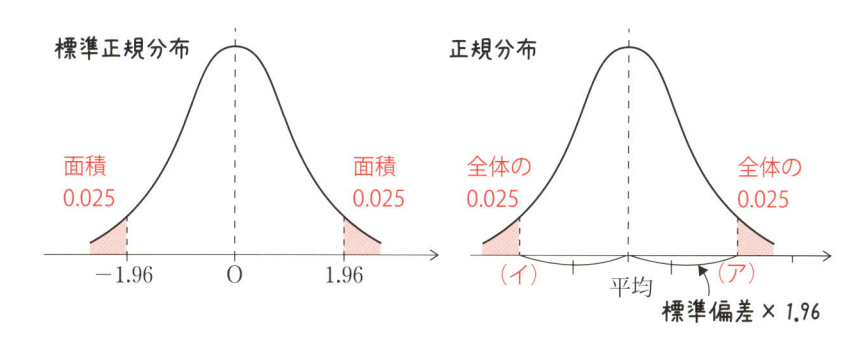

標準正規分布が上左図のようになっていますから、

確率変数の分布が正規分布であるとき、上右図のように、

（平均）＋（標準偏差）×1.96以上になることが［図の（ア）］2.5%（0.025）の確率で起こり、

（平均）－（標準偏差）×1.96以下になることが［図の（イ）］2.5%（0.025）の確率で起こると考えられます。

つまり、

（平均）－（標準偏差）×1.96以上、（平均）＋（標準偏差）×1.96以下であることが、95%（＝100－2.5－2.5）の確率で起こると考えられます。

このことを用いると母平均μは、95%の確率で

$$175 - 1.96 \times \frac{5}{\sqrt{100}} = 174.02 \text{cm 以上、}$$

$$175 + 1.96 \times \frac{5}{\sqrt{100}} = 175.98 \text{cm 以下}$$

に存在すると考えられます。これを

母平均μの95％の信頼区間は、［174.02, 175.98］である。

174.02 以上、175.98 以下

と表現します。

ここで1.96とは、標準正規分布表から得た値で、母集団の変量に正規分布を仮定したとき95％の信頼区間を得るために必要な範囲の定数です。99％の信頼区間を得たい場合は、1.96を2.58に置き換えて計算します。すると信頼区間の幅は大きくなります。99％の確率で当てるためには範囲を広げなければいけないわけです。

推定の基本がわかったところで、上の結果を読んでみましょう。

係数の欄から、回帰係数は0.647、切片は3.117です。回帰直線は$y=0.647x+3.117$と求まります。ただこれは回帰係数と切片を点推定しただけといえます。データの取り方には確率的なところがありますから、それを考慮すると回帰係数も切片もある幅を持って推定することになります。区間推定するわけです。

区間推定をするためには、ある確率的な設定のもと（のちに詳しく解説）で切片の分布を考えます。その分布は、**t分布**と呼ばれる分布になることが計算からわかります。その分布が下図のようになったと考えます。グラフは対称的です。

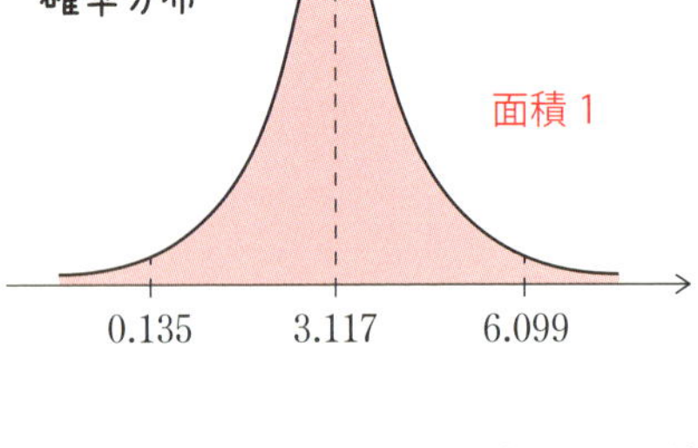
回帰係数の
確率分布
面積 1
0.135
3.117
6.099

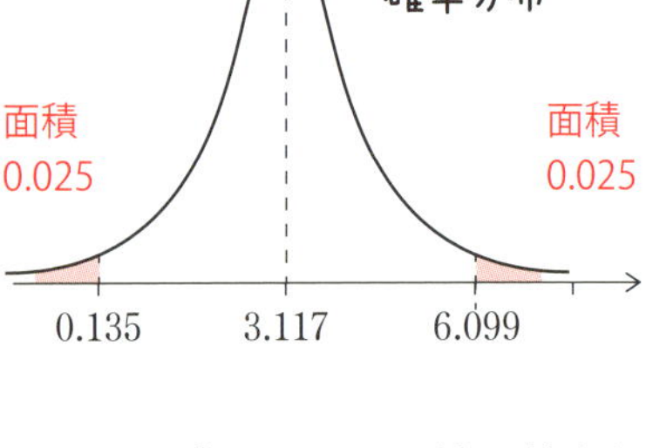
回帰係数の
確率分布
面積
0.025
面積
0.025
0.135
3.117
6.099

切片、下限95％の欄に書かれた値0.135は、グラフとヨコ軸で挟まれた

部分の面積を1としたとき、アカ網部の面積が0.025であることを示しています。

上限95％の欄に書かれた値6.099は、アカ太線の面積を1としたとき、アカ網部の面積が0.025であることを示しています。

グラフが対称ですから、0.135と6.099の平均(0.135＋6.099)÷2は3.117で、ちょうど切片の点推定の値になります。

1－0.025－0.025＝0.95ですから、切片の値は3.117を中心に0.135から6.099の範囲に95％の確率で分布しているといえます。つまり、切片の95％信頼区間は0.135以上、6.099以下です。

同様に、回帰係数の値は0.647を中心に0.185から1.108の範囲に95％の確率で分布している、つまり95％信頼区間は［0.185, 1.108］です。

切片の95％信頼区間の下限0.135は次のように計算したものです。

切片の値を確率的に捉えたとき、その分布は自由度4のt分布になります。この自由度は残差の自由度に一致します。自由度4のt分布は次のように分布しています。

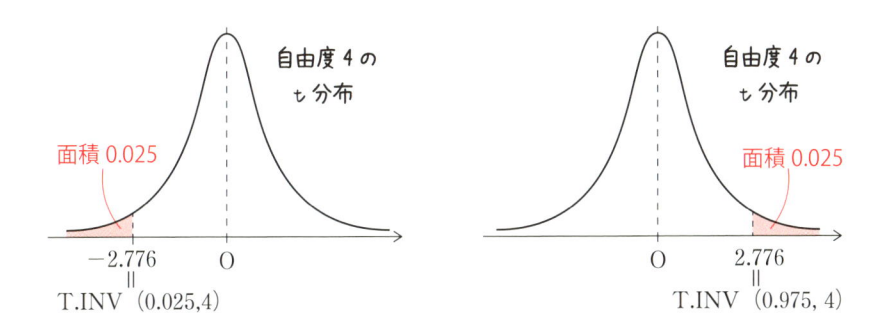

2.776の値は、t分布の表で自由度4, $\alpha=0.025$の欄を読めばわかります。Excelの関数を用いて計算してもかまいません。

セルに「＝T.INV(0.025, 4)」と書き込んで、Enterキーを押すと、「－2.77645」と返ってきます。これから$t_{4(0.025)}$の値が2.77645であること

がわかります。Excelでマイナスがついて返ってくるのは、T.INV(α, 4)が左側の面積を表しているからです。「＝T.INV(0.975, 4)」とすれば、「2.77645」が返ってきます。

※ 0.975 ← 1−0.025

切片の下限95％の値は、これと表の切片の係数、切片の標準誤差の値を用いて、

（係数）$-t_{4(0.025)}\times$（標準誤差）
$= 3.1176 - 2.7764 \times 1.0739 = 0.1359$

となります。他の95％の欄も同様にして求めたものです

予測値の区間推定

a, bの区間推定は結果の表を読めばよいのでした。実用上有用なのは予測値の区間推定です。予測値の信頼区間を求めてみましょう。

$(x_1, y_1), (x_2, y_2), \cdots, (x_n, y_n)$が与えられとき、回帰直線が$y=ax+b$と求まったとします。予測値の推定区間を求めるには、回帰統計の欄にある標準誤差(7行前の標準誤差とは別物）を用います。これを$\hat{\sigma}$とおきます。

これは、分散分析表の残差の分散（不偏分散）V_eの平方根で、与えられた資料$(x_1, y_1), (x_2, y_2), \cdots, (x_n, y_n)$から回帰係数$a$、切片$b$を求め、

$$\hat{\sigma} = \sqrt{V_e} = \sqrt{\frac{S_e}{n-2}} = \sqrt{\frac{\sum_{i=1}^{n}(y_i - ax_i - b)^2}{n-2}}$$

と計算します。

すると、x_iに対応する予測値$\hat{y}_i$の95％信頼区間は、

$$[ax_i + b - t_{n-2(0.025)}\hat{\sigma}\sqrt{\frac{1}{n} + \frac{(x_i - \bar{x})^2}{S_x^2}},$$

$$ax_i + b + t_{n-2(0.025)}\hat{\sigma}\sqrt{\frac{1}{n} + \frac{(x_i - \bar{x})^2}{S_x^2}}]$$

となります。

p.106の表の場合について、推定区間を求めてみましょう。

サイズ$n=6$、Excelの結果から、回帰係数$a=0.647$、切片$b=3.117$、標

準誤差 $\widehat{\sigma} = 0.970$、計算すると x の平均 $\overline{x} = 6$、x の変動 $S_x{}^2 = 34$（p.92）でしたから、例えば $x_i = 5$ のときに対応する $\widehat{y_i}$ の95％信頼区間は、

$$ax_i + b \pm t_{4(0.025)} \widehat{\sigma} \sqrt{\frac{1}{n} + \frac{(x_i - \overline{x})^2}{S_x{}^2}}$$

$$= 0.647 \times 5 + 3.117 \pm 2.7764 \times 0.970 \times \sqrt{\frac{1}{6} + \frac{(5-6)^2}{34}}$$

$$= 6.352 \pm 1.193$$

$$= 5.159,\ 7.545$$

より、[5.159, 7.545] と求まります。

$\widehat{a},\ \widehat{b},\ \widehat{y_i}$ の区間推定の理論的背景

区間推定をするためには、ある確率的な設定をしていると書きました。これからどういう確率的な設定のもとで区間推定を行なったのか、その背景を説明しましょう。

n 個のデータ $(x_1, y_1), (x_2, y_2), \cdots, (x_n, y_n)$ とそこから求めた回帰直線の式 $y = ax + b$ があるとします。

正規分布 $N(0, \sigma^2)$ に従う確率変数 $\varepsilon_1, \varepsilon_2, \cdots, \varepsilon_n$ を用いて、確率変数 $Y_1, Y_2, \cdots, Y_n$ を

$$\underline{Y_1} = ax_1 + b + \underline{\varepsilon_1},\ \underline{Y_2} = ax_2 + b + \underline{\varepsilon_2},\ \cdots,\ \underline{Y_n} = ax_n + b + \underline{\varepsilon_n}$$

とおきます。—を引いた文字は確率変数になっています。

ここで $x_1, x_2, \cdots, x_n$ は観測値ですから定数で、a, b は資料から公式によって計算できるので定数です。

このとき (x_i, Y_i) に関して、回帰係数と切片を計算しましょう。それを、$\widehat{a}, \widehat{b}$ とします。$\overline{Y} = \dfrac{Y_1 + Y_2 + \cdots + Y_n}{n}$ とおくと、公式より、

$$\widehat{a} = \frac{S_{xY}}{S_{xx}},\quad \widehat{b} = \overline{Y} - \overline{x}\,\widehat{a} = \overline{Y} - \overline{x}\frac{S_{xY}}{S_{xx}}$$

となります。式の中では、実測値 $y_1, y_2, \cdots, y_n$ の代わりに、

確率変数 $Y_1, Y_2, \cdots, Y_n$ が使われています。x と Y の偏差の積の総和

S_{xY} を具体的に書くと、

$$S_{xY} = \sum_{i=1}^{n}(x_i-\overline{x})(Y_i-\overline{Y}) = \sum_{i=1}^{n}(x_i-\overline{x})Y_i - \sum_{i=1}^{n}(x_i-\overline{x})\overline{Y}$$
$$= \sum_{i=1}^{n}(x_i-\overline{x})Y_i - \overline{Y}\underbrace{\sum_{i=1}^{n}(x_i-\overline{x})}_{=0} = \sum_{i=1}^{n}(x_i-\overline{x})Y_i$$

となります。

$S_{xY}, \widehat{a}, \widehat{b}$ も確率変数 $Y_1, Y_2, \cdots, Y_n$ の1次式です。1次式なので、確率変数 $S_{xY}, \widehat{a}, \widehat{b}$ の期待値 E と分散 V が簡単に計算できます。

$$E(Y_i) = E(ax_i+b+\varepsilon_i) = ax_i+b+E(\varepsilon_i) = ax_i+b$$
$$V(Y_i) = V(ax_i+b+\varepsilon_i) = V(\varepsilon_i) = \sigma^2 \qquad {\color{red}\varepsilon_i は N(0,\ \sigma^2) に従う}$$
$${\color{red}ax_i+b は定数}$$
$$E(\overline{Y}) = E\left(\frac{Y_1+Y_2+\cdots+Y_n}{n}\right) = \frac{1}{n}E(Y_1+Y_2+\cdots+Y_n)$$
$$= \frac{1}{n}\{E(Y_1)+E(Y_2)+\cdots+E(Y_n)\}$$
$${\color{red}E(X+Y) = E(X)+E(Y)}$$
$$= \frac{1}{n}(ax_1+b+ax_2+b+\cdots+ax_n+b)$$
$$= \frac{1}{n}\{a(x_1+x_2+\cdots+x_n)+nb\}$$
$$= a\left(\frac{x_1+x_2+\cdots+x_n}{n}\right)+b = a\overline{x}+b$$
$$V(\overline{Y}) = V\left(\frac{Y_1+Y_2+\cdots+Y_n}{n}\right) = \frac{1}{n^2}V(Y_1+Y_2+\cdots+Y_n)$$
$$= \frac{1}{n^2}\{V(Y_1)+V(Y_2)+\cdots+V(Y_n)\}$$
$${\color{red}X, Y が独立のとき}$$
$$= \frac{1}{n^2}\cdot n\sigma^2 = \frac{\sigma^2}{n} \qquad {\color{red}V(X+Y) = V(X)+V(Y)}$$
$${\color{red}x_i-\overline{x} は定数なので}$$
$${\color{red}E の前に出せる}$$
$$E(S_{xY}) = E\left(\sum_{i=1}^{n}(x_i-\overline{x})Y_i\right) = \sum_{i=1}^{n}(x_i-\overline{x})E(Y_i)$$
$$= \sum_{i=1}^{n}(x_i-\overline{x})(ax_i+b) = a\sum_{i=1}^{n}(x_i-\overline{x})x_i + b\underbrace{\sum_{i=1}^{n}(x_i-\overline{x})}_{=0}$$

$$= a\sum_{i=1}^{n}(x_i-\overline{x})x_i - a\overline{x}\sum_{i=1}^{n}(x_i-\overline{x}) = a\sum_{i=1}^{n}(x_i-\overline{x})(x_i-\overline{x})$$

‖ 0

$$= a S_{xx}$$

総和が0なので係数はbでも$a\overline{x}$でよい

$$V(S_{xY}) = V\left(\sum_{i=1}^{n}(x_i-\overline{x})Y_i\right) = \sum_{i=1}^{n}(x_i-\overline{x})^2 V(Y_i)$$
$$= \sigma^2 \sum_{i=1}^{n}(x_i-\overline{x})^2 = \sigma^2 S_{xx}$$

$$E(\widehat{a}) = E\left(\frac{S_{xY}}{S_{xx}}\right) = \frac{aS_{xx}}{S_{xx}} = a$$

$$V(\widehat{a}) = V\left(\frac{S_{xY}}{S_{xx}}\right) = \frac{V(S_{xY})}{(S_{xx})^2} = \frac{\sigma^2 S_{xx}}{(S_{xx})^2} = \frac{\sigma^2}{S_{xx}}$$

$$E(\widehat{b}) = E(\overline{Y} - \overline{x}\widehat{a}) = E(\overline{Y}) - \overline{x}E(\widehat{a}) = a\overline{x} + b - a\overline{x} = b$$

$$Cov(\overline{Y}, S_{xY}) = Cov\left(\frac{Y_1+Y_2+\cdots+Y_n}{n}, \sum_{i=1}^{n}(x_i-\overline{x})Y_i\right)$$

$$= \frac{1}{n}Cov(Y_1+Y_2+\cdots+Y_n,$$

$Cov(aX, Y) = aCov(X, Y)$

$$(x_1-\overline{x})Y_1 + (x_2-\overline{x})Y_2 + \cdots + (x_n-\overline{x})Y_n)$$

$$\cdots\cdots ☆$$

ここで

$$Cov(X_1+X_2, W_1+W_2)$$
$$= Cov(X_1, W_1) + Cov(X_2, W_1) + Cov(X_1, W_2) + Cov(X_2, W_2)$$

という展開公式と、Y_iと$Y_j (i \neq j)$は独立なので、$Cov(Y_i, Y_j) = 0$であることを用います。すると、

$$☆ = \frac{1}{n}\{Cov(Y_1, (x_1-\overline{x})Y_1) + \cdots + Cov(Y_n, (x_n-\overline{x})Y_n)\}$$

$$= \frac{1}{n}\{(x_1-\overline{x})Cov(Y_1, Y_1) + \cdots + (x_n-\overline{x})Cov(Y_n, Y_n)\}$$

$Cov(Y_i, Y_i) = V(Y_i)$

$$= \frac{1}{n}\left(\sum_{i=1}^{n}(x_i-\overline{x})\right)\sigma^2 = 0$$

$$V(\widehat{b}) = V\left(\overline{Y} - \overline{x}\frac{S_{xY}}{S_{xx}}\right) \quad \textcolor{red}{V(X+Y) = V(X) + V(Y) + 2Cov(X, Y)}$$
$$\textcolor{red}{V(aX) = a^2 V(X)}$$
$$= V(\overline{Y}) + \left(\frac{\overline{x}}{S_{xx}}\right)^2 V(S_{xY}) - 2\frac{\overline{x}}{S_{xx}}\underbrace{Cov(\overline{Y}, S_{xY})}_{\textcolor{red}{=0}}$$
$$= \frac{\sigma^2}{n} + \frac{\sigma^2 \overline{x}^2}{S_{xx}} = \sigma^2\left(\frac{1}{n} + \frac{\overline{x}^2}{S_{xx}}\right)$$

となります。

$\widehat{a}, \widehat{b}$ は、正規分布で表される確率変数 $Y_1, Y_2, \cdots, Y_n$ の1次式ですから、正規分布になります。上の結果から、

$\widehat{a}$ は、平均が a、分散が $\dfrac{\sigma^2}{S_{xx}}$（標準偏差 $\dfrac{\sigma}{\sqrt{S_{xx}}}$）の正規分布 $N\left(a, \dfrac{\sigma^2}{S_{xx}}\right)$ に従います。よって、$\widehat{a}$ を標準化した変数 $\dfrac{\widehat{a}-a}{\dfrac{\sigma}{\sqrt{S_{xx}}}}$ は、標準正規分布 $N(0, 1)$ に従います。

$\widehat{b}$ は、平均が b、分散が $\sigma^2\left(\dfrac{1}{n} + \dfrac{\overline{x}^2}{S_{xx}}\right)$（標準偏差 $\sigma\sqrt{\dfrac{1}{n} + \dfrac{\overline{x}^2}{S_{xx}}}$）の正規分布 $N\left(b, \sigma^2\left(\dfrac{1}{n} + \dfrac{\overline{x}^2}{S_{xx}}\right)\right)$ に従います。よって、$\widehat{b}$ を標準化した $\dfrac{\widehat{b}-b}{\sigma\sqrt{\dfrac{1}{n} + \dfrac{\overline{x}^2}{S_{xx}}}}$ は、標準正規分布 $N(0, 1)$ に従います。

ところが、σ の値は資料からは計算できません。

そこで σ の代わりに、回帰統計の欄に書かれた標準誤差 $\widehat{\sigma}$ を用います。これは、与えられた資料 $(x_1, y_1), (x_2, y_2), \cdots, (x_n, y_n)$ から回帰係数 a、切片 b を求め、

$$\widehat{\sigma}^2 = \frac{S_e}{n-2} = \frac{\sum_{i=1}^{n}(y_i - ax_i - b)^2}{n-2}$$

と計算しました。

上の標準正規分布 $N(0, 1)$ になる確率変数の σ を $\widehat{\sigma}$ で置き換えると、

$\dfrac{\widehat{a}-a}{\dfrac{\widehat{\sigma}}{\sqrt{S_{xx}}}}$ は、自由度 $n-2$ の t 分布に従い、$\dfrac{\widehat{b}-b}{\widehat{\sigma}\sqrt{\dfrac{1}{n}+\dfrac{\overline{x}^2}{S_{xx}}}}$ は、自由度 $n-2$ の t 分布に従うことがわかります。

これから、$\widehat{a}, \widehat{b}$ の区間推定をしたわけです。

それぞれの分母は表から読み取ることができます。

$\dfrac{\widehat{\sigma}}{\sqrt{S_{xx}}}$ は傾きの標準誤差に、$\widehat{\sigma}\sqrt{\dfrac{1}{n}+\dfrac{\overline{x}^2}{S_{xx}}}$ は切片の標準誤差のところ（p.106）に書かれています。確かめてみると、

$$\dfrac{\widehat{\sigma}}{\sqrt{S_{xx}}} = \dfrac{0.9701}{\sqrt{34}} = 0.1663$$

$$\widehat{\sigma}\sqrt{\dfrac{1}{n}+\dfrac{\overline{x}^2}{S_{xx}}} = 0.9701 \times \sqrt{\dfrac{1}{6}+\dfrac{6^2}{34}} = 0.9701 \times \sqrt{1.2254} = 1.074$$

となります。

また、確率変数 $Y_1, Y_2, \cdots, Y_n$ によって推定された回帰直線の式 $y = \widehat{a}x + \widehat{b}$ に対応する x_i の予測値 $\widehat{Y_i}$ は、

$$\widehat{Y_i} = \widehat{a}x_i + \widehat{b} = \dfrac{S_{xY}}{S_{xx}}x_i + \overline{Y} - \overline{x}\dfrac{S_{xY}}{S_{xx}} = \overline{Y} + (x_i - \overline{x})\dfrac{S_{xY}}{S_{xx}}$$

これも $Y_1, Y_2, \cdots, Y_n$ の1次式で、期待値、分散は、

$$E(\widehat{Y_i}) = E(\widehat{a}x_i + \widehat{b}) = x_i E(\widehat{a}) + E(\widehat{b}) = ax_i + b$$

$$V(\widehat{Y_i}) = V\left(\overline{Y} + \underbrace{(x_i - \overline{x})\dfrac{S_{xY}}{S_{xx}}}_{\text{定数}}\right)$$

$$= V(\overline{Y}) + \dfrac{(x_i - \overline{x})^2}{S_{xx}^2}V(S_{xY}) + 2\dfrac{x_i - \overline{x}}{S_{xx}}\underbrace{Cov(\overline{Y}, S_{xY})}_{0}$$

$$= \dfrac{\sigma^2}{n} + \dfrac{(x_i - \overline{x})^2}{S_{xx}^2}\sigma^2 S_{xx} = \sigma^2\left(\dfrac{1}{n} + \dfrac{(x_i - \overline{x})^2}{S_{xx}}\right)$$

と計算できます。

このことから、$\widehat{a}, \widehat{b}$ のときの推定と同様にして、$\dfrac{\widehat{Y_i} - (ax_i + b)}{\widehat{\sigma}\sqrt{\dfrac{1}{n} + \dfrac{(x_i - \overline{x})^2}{S_{xx}}}}$ が $n-2$ の t 分布に従うことがわかります。

予測値$\widehat{Y_i}$の単純平均は、$\dfrac{\widehat{Y_1}+\widehat{Y_2}+\cdots+\widehat{Y_n}}{n}=\widehat{a}\,\overline{x}+\widehat{b}$

予測値$\widehat{Y_1},\ \widehat{Y_2},\ \cdots,\ \widehat{Y_n}$の変動$S_{\widehat{Y}}$とその期待値は、

$$\begin{aligned}
S_{\widehat{Y}} &= \sum_{i=1}^{n}(\widehat{Y_i}-\widehat{a}\,\overline{x}-\widehat{b})^2 = \sum_{i=1}^{n}(\widehat{a}\,x_i+\widehat{b}-\widehat{a}\,\overline{x}-\widehat{b})^2 \\
&= \widehat{a}^2\sum_{i=1}^{n}(x_i-\overline{x})^2 = \left(\dfrac{S_{xY}}{S_{xx}}\right)^2\sum_{i=1}^{n}(x_i-\overline{x})^2 = \dfrac{(S_{xY})^2}{S_{xx}}
\end{aligned}$$

$$\begin{aligned}
E(S_{\widehat{Y}}) &= E\left(\dfrac{(S_{xY})^2}{S_{xx}}\right) = \dfrac{1}{S_{xx}}E\left((S_{xY})^2\right) = \dfrac{1}{S_{xx}}\{V(S_{xY})+(E(S_{xY}))^2\} \\
&= \dfrac{1}{S_{xx}}\{\sigma^2 S_{xx}+(aS_{xx})^2\} = \sigma^2+a^2 S_{xx}
\end{aligned}$$

となります。

5 重回帰分析
——説明変数が2個以上の場合

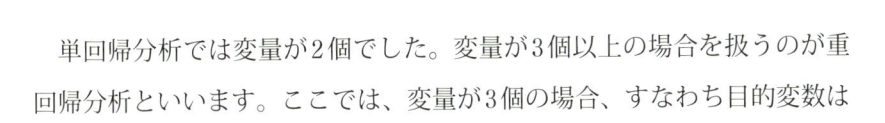

　単回帰分析では変量が2個でした。変量が3個以上の場合を扱うのが重回帰分析といいます。ここでは、変量が3個の場合、すなわち目的変数は1個、説明変数が2個の場合で説明しましょう。

　重回帰分析を直感的に理解するために、変量が3個の場合の図による表現について説明しておきましょう。

　2変量のデータは座標平面に点を打つ要領で散布図にまとめることができました。

　3変量の場合は、平面に対して鉛直方向を加えて、空間座標に点を打つ要領で散布図にまとめます。タテ、ヨコ、高さの3方向（ディメンション）を考えるので3D散布図と呼んでもよいでしょう。

　具体的には、xy平面の原点を通り、平面に垂直な方向にz軸をとります。

　点を打つ要領は、例えば点Pの座標が$(x, y, z) = (5, 3, 2)$であれば、xの目盛が5, yの目盛が3となるようにxy平面上で$(5, 3)$の点をとり、その真上に2進んだところに点をとればよいのです。こうするとPのzの目盛が2になり、$(5, 3, 2)$がPを表す点となります。

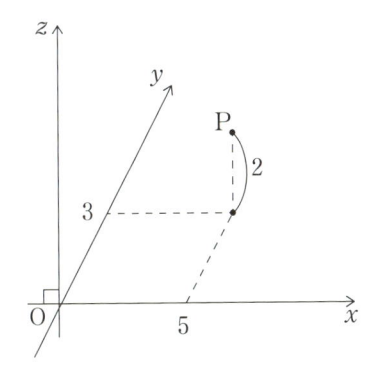

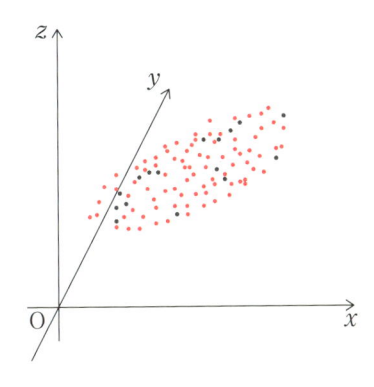

このようにして3変量を持つ個体に対応する点を打ってデータを3D散布図にまとめることができます。3D散布図は平面に描かれますが、空間中に点が打たれている様子を表しています。3D散布図を見るときは、点が雲のように分布しているところをイメージするとよいでしょう。

　$y=ax+b$（a, bは定数）という式は、座標平面上で直線を表していました。それでは、$z=ax+by+c$（a, b, cは定数）という式は、xyz座標空間中で何を表しているでしょうか。

　一般に、この$z=ax+by+c$という式はxyz空間中にある平面を表しています。空間中にある平面とはどんなものかといえば、空中に浮かんでいる下敷きをイメージするとよいでしょう。

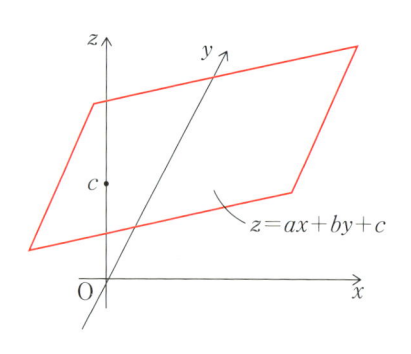

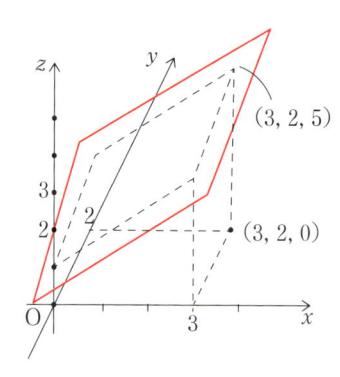

　例えば、$z=x+0.5y+1$という式は、上右図のような平面を表します。

　例えば、$x=3, y=2$のとき、$z=3+0.5\times2+1=5$なので、$(x, y, z)=(3, 2, 5)$に点を打ちます。他にもx, yの値を適当に決め、それに対するzの値を計算し、(x, y, z)をプロットすると、そうしてプロットした点はすべて1つの平面上にあります。

　具体的な(x, y)の値を代入して、そのときのzを計算し、(x, y, z)に対応する点をプロットするという操作を、無数の(x, y)に関して繰り返して描くと、平面$z=x+0.5y+1$になります。

なお、本当はこの平面は四方に無限に伸びていますが、図には描けないので限定した領域で描いています。

x, y, z の3変量について重回帰分析をすることを考えましょう。

z を目的変数、x, y を説明変数とします。すなわち、x, y の値が与えられたとき、z の値を予測するときのことを考えます。

このときの重回帰分析の目標は、

$$z = ax + by + c \quad (a, b, c は定数)$$

という x, y の1次式（回帰平面）を求めることです。

つまり、3変量のデータを表す、雲のように分布する点全体を、エイ、ヤァと1つの平面で代表して表そうというわけです。

この式を求めたあとは単回帰分析のときと同じで、この式を予測式として用います。x, y の具体的な値をこの式に代入し z を求めることで、z の予測をします。

では、さっそく重回帰分析によって、回帰直線を求め、z の値を予測してみましょう。はじめに Excel を用いて計算してしまいましょう。そしてあとで、回帰直線の数学的条件付けを追いかけましょう。

x	3	2	4	4	5	6
y	1	4	2	5	4	2
z	3	4	4	7	7	5

求め方は単回帰分析のときとほとんど同じです。

異なるのは説明変数が書かれている範囲の入力の仕方です。3変量に関する重回帰分析の場合、説明変数は2行にわたって書き込まれます。ですから、説明変数の範囲を入力するとき、左上のセルと右下のセルを入力します。

回帰係数を求める手順

Step1 セルに3列に並ぶようにデータを書き込む。

Step2 ドラッグして、分析結果を出す5×3のセルを指定する。

Step3 左上（この例ではG2）のセルに

"=LINEST(B2：C7, D2：D7, TRUE, TRUE)"

　　　　　　目的変数の範囲　説明変数の範囲

と打ち込む。

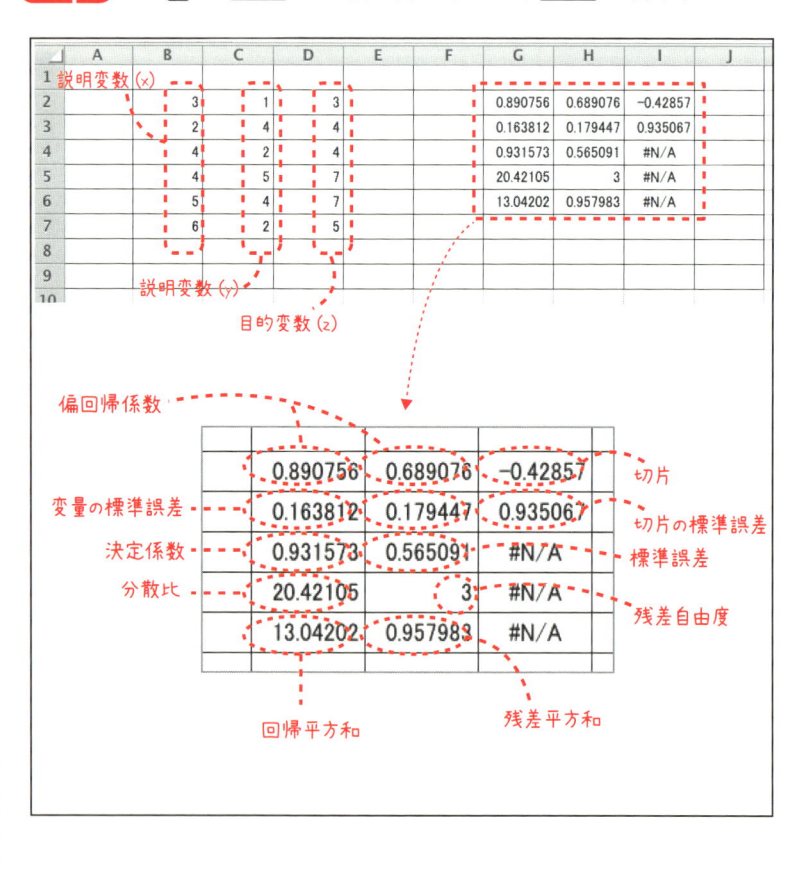

Step4 [Ctrl] と [Shift] を一緒に押しながら、[Enter] を押す。

	A	B	C	D	E	F	G	H	I	J
1	説明変数(x)									
2		3	1	3			0.890756	0.689076	−0.42857	
3		2	4	4			0.163812	0.179447	0.935067	
4		4	2	4			0.931573	0.565091	#N/A	
5		4	5	7			20.42105	3	#N/A	
6		5	4	7			13.04202	0.957983	#N/A	
7		6	2	5						
8										
9	説明変数(y)									
10			目的変数(z)							

偏回帰係数

0.890756	0.689076	−0.42857
0.163812	0.179447	0.935067
0.931573	0.565091	#N/A
20.42105	3	#N/A
13.04202	0.957983	#N/A

変量の標準誤差 — 0.163812　0.179447　0.935067 — 切片の標準誤差
決定係数 — 0.931573　0.565091　#N/A — 標準誤差
分散比 — 20.42105　3　#N/A — 残差自由度
　　　　13.04202　0.957983　#N/A

回帰平方和　　　残差平方和　　　切片

これより回帰式は、
$$z = 0.689x + 0.890y - 0.429$$
になります。xの係数0.689やyの係数0.89を**偏回帰係数**、-0.429を切片といいます。

分析データでは左側に変量xに対応する値が書かれているにもかかわらず、分析結果では変量xについての偏回帰係数は右側に出力されることに注意しましょう。

重回帰分析は分析ツールを用いてもできます。
説明変数を代入するとき、2列をまるごと矩形で囲めばよいのです。
すると、次のようになります。

概要

回帰統計	
重相関 R	0.96518
重決定 R2	0.931573
補正 R2	0.885954
標準誤差	0.565091
観測数	6

分散分析表

	自由度	変動	分散	観測された分散比	有意 F
回帰	2	13.04202	6.521008	20.42105263	0.0179
残差	3	0.957983	0.319328		
合計	5	14			

	係数	標準誤差	t	P-値	下限 95%	上限 95%	下限 95.0%	上限 95.0%
切片	-0.42857	0.935067	-0.45833	0.677876308	-3.40437	2.547228	-3.40437	2.547228
X 値 1	0.689076	0.179447	3.840002	0.031149429	0.117996	1.260155	0.117996	1.260155
X 値 2	0.890756	0.163812	5.437685	0.012210317	0.369434	1.412078	0.369434	1.412078

この表に書かれた数字の意味を説明していきましょう。

「補正R^2」の欄には、**自由度調整済み決定係数**と呼ばれる指標が書かれ

ています。決定係数は回帰直線の精度を表すといいましたが、重回帰分析を考える場合、決定係数が大きくても、そのことが必ずしも回帰直線の精度が良好であることを示すわけではなくなってきます。というのは、説明変数を増やすと、その説明変数が妥当であるか否かにかかわらず、決定係数が増加する傾向にあるからです。

ですから、決定係数の値だけから、回帰式がよく当てはまるかどうかを判定するのは、都合がよくありません。そこで、重回帰分析の精度を評価するには、決定係数の代わりに、決定係数を調整した「自由度調整済み決定係数$\widehat{R}^2$」を用います。

「自由度調整済み決定係数$\widehat{R}^2$」は、次の公式で計算されます。

自由度調整済み決定係数 $\widehat{R}^2$

n：データのサイズ　　p：説明変数の個数
S_e：残差の平方和　　S_y：yの偏差平方和

$$\widehat{R}^2 = 1 - \frac{\dfrac{S_e}{n-p-1}}{\dfrac{S_y}{n-1}}$$

上の例では決定係数R^2は0.931ですが、これを補正して算出した自由度調整済み決定係数$\widehat{R}^2$は0.885と決定係数よりも少なくなっています。

重回帰分析の原理にしたがって、回帰平面を求めてみましょう。

単回帰分析のとき、回帰直線は、誤差の平方和を最小にするような直線であったように、重回帰分析のときでも、回帰平面は誤差の平方和を最小にする平面です。

ですから、式も変量が1個増えただけで本質的な部分はそれほど変わりません。単回帰分析のときは変量が2個でしたが、重回帰分析では変量が

増えますから、線形代数を用いたほうが見通しよく説明できます。線形代数を用いて重回帰分析の原理を説明してみましょう。

3変量(x_i, y_i, z_i)を持つサイズnの資料について、x, yを説明変数、zを目的変数として重回帰分析を施しましょう。

求める回帰平面の式を

$$z = ax + by + c$$

とおきます。(x_i, y_i)に対する予測値は$\hat{z}_i = ax_i + by_i + c$です。

誤差ε_i、誤差の平方和$f(a, b, c)$は、

$$\varepsilon_i = z_i - \hat{z}_i = z_i - ax_i - by_i - c$$

$$f(a, b, c) = \sum_{i=1}^{n} \varepsilon_i^2 = \sum_{i=1}^{n}(z_i - ax_i - by_i - c)^2 \quad \cdots\cdots ①$$

（Σはすべてiを1からnまで変化させて、総和をとることを表す）

$f(a, b, c)$が極値をとるとき、

$$\frac{\partial f}{\partial a} = 0、\frac{\partial f}{\partial b} = 0 \cdots\cdots ② \quad \frac{\partial f}{\partial c} = 0 \cdots\cdots ③$$

（p.264参照）

が成り立ちます。③より、

$(x-a)^n$をxで微分すると$n(x-a)^{n-1}$

$$-\sum_{i=1}^{n} 2(z_i - ax_i - by_i - c) = 0$$

$$\therefore \sum_{i=1}^{n} z_i - a\sum_{i=1}^{n} x_i - b\sum_{i=1}^{n} y_i - nc = 0$$

$$\therefore \frac{\sum_{i=1}^{n} z_i}{n} - a\frac{\sum_{i=1}^{n} x_i}{n} - b\frac{\sum_{i=1}^{n} y_i}{n} - c = 0$$

$$\therefore c = \bar{z} - a\bar{x} - b\bar{y} \quad \cdots\cdots ④$$

最後の式を①に代入してcを消去すると、

$$f(a, b, c) = \sum_{i=1}^{n}(z_i - ax_i - by_i - c)^2 = \sum_{i=1}^{n}\{(z_i - \bar{z}) - a(x_i - \bar{x}) - b(y_i - \bar{y})\}^2$$

これをあらためて$f(a,b)$とおきます。ここで$f(a,b)$を、行列を用いて表してみましょう。

$$\boldsymbol{z} = \begin{pmatrix} z_1 - \bar{z} \\ z_2 - \bar{z} \\ \vdots \\ z_n - \bar{z} \end{pmatrix}, \boldsymbol{x} = \begin{pmatrix} x_1 - \bar{x} & y_1 - \bar{y} \\ x_2 - \bar{x} & y_2 - \bar{y} \\ \vdots & \vdots \\ x_n - \bar{x} & y_n - \bar{y} \end{pmatrix}, \boldsymbol{a} = \begin{pmatrix} a \\ b \end{pmatrix}, \boldsymbol{e} = \begin{pmatrix} \varepsilon_1 \\ \varepsilon_2 \\ \vdots \\ \varepsilon_n \end{pmatrix}$$

とおくと、n次元列ベクトル$\boldsymbol{z} - \boldsymbol{xa}$の第$i$成分は、

$z_i - \bar{z} - a(x_i - \bar{x}) - b(y_i - \bar{y})$ となり、誤差 ε_i に等しくなるので、

$$e = z - xa$$

となります。よって、誤差の平方和 $f(a, b)$ は、

$$f(a,\ b) = \sum_{i=1}^{n} \varepsilon_i^2 = (\varepsilon_1\ \ \varepsilon_2\ \ \cdots\ \ \varepsilon_n) \begin{pmatrix} \varepsilon_1 \\ \varepsilon_2 \\ \vdots \\ \varepsilon_n \end{pmatrix} = {}^t e e = {}^t(z - xa)(z - xa)$$

行列としての積

$$= ({}^t z - {}^t a {}^t x)(z - xa) = {}^t z z - {}^t a {}^t x z - {}^t z x a + {}^t a {}^t x x a$$

$$= {}^t z z - 2 {}^t a {}^t x z + {}^t a {}^t x x a$$

と表されます。

${}^t a {}^t x z$ と ${}^t z x a$ はどちらもベクトル z と xa の内積 $z \cdot xa$ に等しい
${}^t a {}^t x z = {}^t z x a = z \cdot xa$

$$\frac{\partial f}{\partial a} = \begin{pmatrix} \dfrac{\partial f}{\partial a} \\ \dfrac{\partial f}{\partial b} \end{pmatrix} \quad \text{\color{red}(p.297参照)}$$

とおくと、f が極値のときは、②より $\dfrac{\partial f}{\partial a} = \mathbf{0}$(ゼロベクトル)となります。

$$\frac{\partial f}{\partial a} = \frac{\partial}{\partial a}({}^t z z - 2 {}^t a {}^t x z + {}^t a {}^t x x a) = -2 {}^t x z + 2 {}^t x x a$$

(p.299参照)

なので、f が極値となるような a(すなわち、a, b)は、

$$-2 {}^t x z + 2 {}^t x x a = 0 \quad \therefore\ ({}^t x x) a = {}^t x z \quad \therefore\ a = ({}^t x x)^{-1} ({}^t x z) \quad \cdots\cdots ⑤$$

ここで、x の偏差平方和を S_{xx} とし、x, y の偏差の積和を S_{xy} とすると、

$${}^t x x = \begin{pmatrix} x_1 - \bar{x} & x_2 - \bar{x} & \cdots & x_n - \bar{x} \\ y_1 - \bar{y} & y_2 - \bar{y} & \cdots & y_n - \bar{y} \end{pmatrix} \begin{pmatrix} x_1 - \bar{x} & y_1 - \bar{y} \\ x_2 - \bar{x} & y_2 - \bar{y} \\ \vdots & \vdots \\ x_n - \bar{x} & y_n - \bar{y} \end{pmatrix}$$

$$= \begin{pmatrix} \sum_{i=1}^{n}(x_i - \bar{x})^2 & \sum_{i=1}^{n}(x_i - \bar{x})(y_i - \bar{y}) \\ \sum_{i=1}^{n}(x_i - \bar{x})(y_i - \bar{y}) & \sum_{i=1}^{n}(y_i - \bar{y})^2 \end{pmatrix} = \begin{pmatrix} S_{xx} & S_{xy} \\ S_{xy} & S_{yy} \end{pmatrix}$$

$$
{}^t\boldsymbol{xz} = \begin{pmatrix} x_1-\overline{x} & x_2-\overline{x} & \cdots & x_n-\overline{x} \\ y_1-\overline{y} & y_2-\overline{y} & \cdots & y_n-\overline{y} \end{pmatrix} \begin{pmatrix} z_1-\overline{z} \\ z_2-\overline{z} \\ \vdots \\ z_n-\overline{z} \end{pmatrix} = \begin{pmatrix} \sum_{i=1}^{n}(x_i-\overline{x})(z_i-\overline{z}) \\ \sum_{i=1}^{n}(y_i-\overline{y})(z_i-\overline{z}) \end{pmatrix}
$$

$$
= \begin{pmatrix} S_{xz} \\ S_{yz} \end{pmatrix}
$$

となりますから、⑤より a, b は、

$$
\begin{pmatrix} a \\ b \end{pmatrix} = \boldsymbol{a} = ({}^t\boldsymbol{xx})^{-1}({}^t\boldsymbol{xz}) = \begin{pmatrix} S_{xx} & S_{xy} \\ S_{xy} & S_{yy} \end{pmatrix}^{-1} \begin{pmatrix} S_{xz} \\ S_{yz} \end{pmatrix}
$$

となります。

この式にしたがって、回帰分析をしてみましょう。

x	y	z	$x_i-\overline{x}$	$y_i-\overline{y}$	$z_i-\overline{z}$	$(x_i-\overline{x})^2$	$(y_i-\overline{y})^2$	$(x_i-\overline{x})(y_i-\overline{y})$	$(x_i-\overline{x})(z_i-\overline{z})$	$(y_i-\overline{y})(z_i-\overline{z})$
3	1	3	-1	-2	-2	1	4	2	2	4
2	4	4	-2	1	-1	4	1	-2	2	-1
4	2	4	0	-1	-1	0	1	0	0	1
4	5	7	0	2	2	0	4	0	0	4
5	4	7	1	1	2	1	1	1	2	2
6	2	5	2	-1	0	4	1	-2	0	0
						⑩	⑫	-1	⑥	⑩
						S_{xx}	S_{yy}	S_{xy}	S_{xz}	S_{yz}

$\overline{x}=4,\ \overline{y}=3,\ \overline{z}=5$

これより、$S_{xx}=10,\ S_{yy}=12,\ S_{xy}=-1,\ S_{xz}=6,\ S_{yz}=10$

よって、偏回帰係数は、

$$
\begin{pmatrix} a \\ b \end{pmatrix} = \begin{pmatrix} S_{xx} & S_{xy} \\ S_{xy} & S_{yy} \end{pmatrix}^{-1} \begin{pmatrix} S_{xz} \\ S_{yz} \end{pmatrix} = \begin{pmatrix} 10 & -1 \\ -1 & 12 \end{pmatrix}^{-1} \begin{pmatrix} 6 \\ 10 \end{pmatrix}
$$

$$
= \frac{1}{10\cdot 12-(-1)^2} \begin{pmatrix} 12 & 1 \\ 1 & 10 \end{pmatrix} \begin{pmatrix} 6 \\ 10 \end{pmatrix} = \frac{1}{119} \begin{pmatrix} 82 \\ 106 \end{pmatrix} = \begin{pmatrix} 0.689 \\ 0.891 \end{pmatrix}
$$

$$
c = \overline{z} - a\overline{x} - b\overline{y} = 5 - \frac{82}{119} \times 4 - \frac{106}{119} \times 3 = -\frac{51}{119} = -0.429
$$

となります。

前頁の重回帰分析では、説明変数が2個でしたが、説明変数が増えた場合でも同じく次のように計算して回帰式を求めることができます。

重回帰分析の回帰式

変量 $x_1, x_2, \cdots, x_n, y$ を持つ資料（$n+1$ 個の変量を持つ）で、y を目的変数、$x_1, x_2, \cdots, x_n$ を説明変数として、回帰分析をするときのことを考えます。求める回帰式を

$$y = a_1 x_1 + a_2 x_2 + \cdots + a_n x_n + b$$

とし、x_i の偏差平方和を S_{ii}、x_i と x_j の偏差の積和を S_{ij}、x_i と y の偏差の積和を S_{iy} とすると、偏回帰係数 $a_1, a_2, \cdots, a_n$、切片 b は、

$$\begin{pmatrix} a_1 \\ a_2 \\ \vdots \\ a_n \end{pmatrix} = \begin{pmatrix} S_{11} & S_{12} & \cdots & S_{1n} \\ S_{21} & S_{22} & \cdots & S_{2n} \\ \vdots & \vdots & & \vdots \\ S_{n1} & S_{n2} & & S_{nn} \end{pmatrix}^{-1} \begin{pmatrix} S_{1y} \\ S_{2y} \\ \vdots \\ S_{ny} \end{pmatrix}$$

$$b = \bar{y} - a_1 \bar{x}_1 - a_2 \bar{x}_2 - \cdots - a_n \bar{x}_n$$

と計算できます。

多重共線性

重回帰分析では、偏回帰係数と相関係数の間で矛盾が生じることがあります。

例えば、説明変数を x, y, z, w、目的変数を p とする重回帰分析で、

$$p = 2x + 3y - 4z - 2w + 3$$

という回帰式を得たものとします。

これに対して、p と x, y, z, w のそれぞれの相関係数が、

x	y	z	w
0.5	0.8	0.7	-0.4

であったとします。

x, y, wについては、偏回帰係数の符号と相関係数の符号が一致していますが、zの偏回帰係数の符号はマイナスで相関係数はプラスであり一致しません。

このような現象を「**多重共線性**(multicollinearity)」の問題と呼びます。英語から「マルチコ」と呼ぶこともあります。

この場合、偏回帰係数に信頼がおけない可能性が大です。

マルチコを避ける方法の一つは、x, y, z, wのうちで相関係数の絶対値が1に近い2個の変量のうち一方を削除し変量を絞ってから、再び回帰分析をします。

第5章

判別分析

　グループ分けされている資料があるとき、未知の個体がどのグループに入るのが妥当であるかを判断するのが判別分析です。

　個体が属するグループを質的データであると見なせば、判別分析とは、量的データと質的データからなる資料があるとき、量的データから質的データを判別することであるといえます。

　この本では、線形判別関数による判別分析と、マハラノビスの距離を用いる判別分析を紹介します。

　線形判別分析でポイントとなるのは、相関比です。第3章の相関比のところを復習しておきましょう。

　マハラノビスノの距離については、定義と使い方だけでなく、なぜこの距離が必要になるのか、なぜこのような定義式になるのかまで説明してみました。他書ではあまりお目にかかれない記述だと思います。

1 線形判別分析

判別分析の目的は、量的データの説明変数から質的データの目的変数を予想することです。

適用例

血圧（上と下の平均）と心拍数のデータからある病気の診断をしたいと考えています。以下のようなデータが得られたとします。

	血圧	心拍数	病気
1	107	70	×
2	132	63	×
3	110	91	○
4	160	85	○
5	123	98	○
⋮	⋮	⋮	⋮

○は病気にかかっていることを表す

このデータで血圧を x、心拍数を y として判別分析すると、

$$0.8x + 0.6y - 150$$

という式を得たものとします。この式は、病気を判定する式で、x に血圧、y に心拍数を入れて計算したとき、値が正の場合は病気、負の場合は病気でないと判断します。

例えば、血圧が154、心拍数が75である人は、

$$0.8 \times 154 + 0.6 \times 75 - 150 = 18.2 > 0$$

より、病気であると判定します。

1 線形判別分析

　2変量を持つ資料がP, Q 2つのグループに分かれているものとします。新しい個体が与えられたとき、P, Qどちらのグループに属するか判別するための原理を説明しましょう。

　2変量のデータを散布図に表すと、次の図のようになったとします。○で書かれているのがPに属する個体、△で表されているのがQに属する個体です。

　○、△のそれぞれを丸い枠で囲んでみるとわかるように、○と△はおよそ分かれて分布していることが見てとれます。

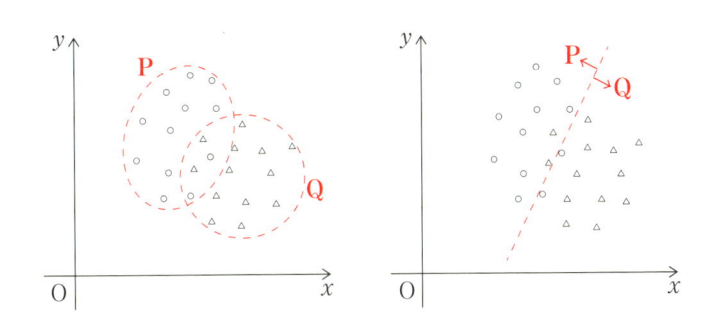

　そこで、ざっくりと直線を引いて散布図を2つに分けることにします。○の個体のほとんどは直線より上にあり、△の個体のほとんどは直線より下にあります。新しい個体については、直線の上にあるか、下にあるかで、個体がPに属するのか、Qに属するのかを決めるわけです。

　○の個体であっても直線より下にあるものや、△の個体であっても直線の上にあるものもあります。もしもこれらと同じ変量を持つ個体があれば、直線より下にあるものはQ、直線より上にあるものはPと判別するので、判別法が予想するグループと実際のグループが食い違うことになります。このように誤って判別してしまうものがあっても資料全体に対して少なければよしとします。すべてが正確に判別できるわけではないのです。

　グループを判別するための直線、判別直線の引き方を説明しましょう。

第5章 判別分析

xの平均、yの平均をプロットした点$(\bar{x}, \bar{y})$を通る直線lを考えます。この直線lに$(\bar{x}, \bar{y})$を0として目盛を振っておきます。

各個体を表す点から直線lに垂線を下ろし、垂線の足に書かれた目盛を読みます。(x_i, y_i)のときの目盛がz_iであるとします。z_iをx_i, y_iの関数と見たとき、z_iを線形判別関数といいます。

このz_iに関して相関比を計算します。相関比が高ければ高いほど、z_iの値によるグループ分けが妥当であることになるので、相関比が最大になるような直線lを求めます。このとき、$(\bar{x}, \bar{y})$を通り直線lに垂直な直線m（アカ破線）が判別直線です。判別直線m上の点からlに垂線を下ろすと垂線の足は$(\bar{x}, \bar{y})$になりますから、判別直線m上の点では線形判別関数z_iの値が0になります。

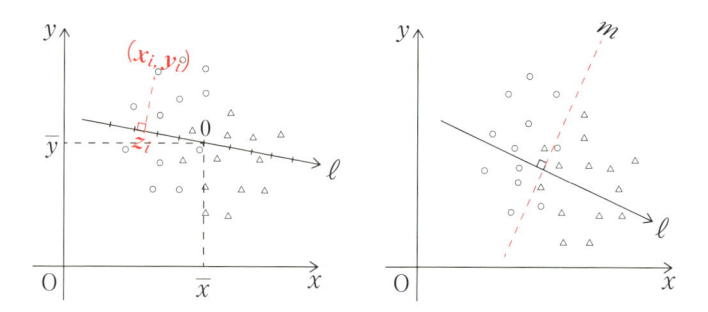

数値の簡単な場合で計算してみましょう。

x	y	
3	4	P
4	5	P
5	9	P
9	5	Q
8	4	Q
7	3	Q

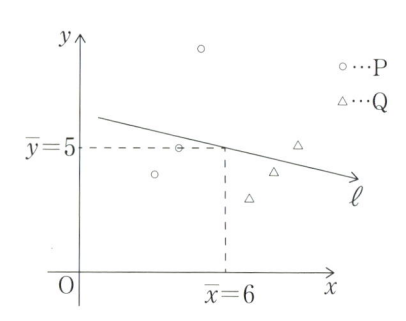

途中まで一般論で展開しておいて、あとで数値を代入しましょう。

$(\overline{x}, \overline{y})$ を通る直線 l を考えます。直線 l の方向は $\begin{pmatrix} a \\ b \end{pmatrix}$ であるとします。$\begin{pmatrix} a \\ b \end{pmatrix}$ が単位ベクトルとなるように $a^2+b^2=1$ とします。

(x_i, y_i) に対応する直線 l の目盛を z_i とすると、線形判別関数 z_i は、

$$z_i = a(x_i - \overline{x}) + b(y_i - \overline{y}) \quad \text{(p.263 参照)}$$

となります。z_i について相関比を求めましょう。

サイズを n とすると、z_i の平均は、

$$\begin{aligned}
\overline{z} &= \frac{\sum_{i=1}^{n} z_i}{n} = \frac{\sum_{i=1}^{n}\{a(x_i-\overline{x})+b(y_i-\overline{y})\}}{n} \\
&= a\frac{\sum_{i=1}^{n}(x_i-\overline{x})}{n} + b\frac{\sum_{i=1}^{n}(y_i-\overline{y})}{n} \\
&= a\left(\frac{\sum_{i=1}^{n} x_i}{n} - \frac{n\overline{x}}{n}\right) + b\left(\frac{\sum_{i=1}^{n} y_i}{n} - \frac{n\overline{y}}{n}\right) = a(\overline{x}-\overline{x}) + b(\overline{y}-\overline{y}) = 0
\end{aligned}$$

（Σ は i を 1 から n まで変えて、総和をとることを表す）

となります。よって、z_i の全変動 S_T は、

$$\begin{aligned}
S_T &= \sum_{i=1}^{n}(z_i-0)^2 = \sum_{i=1}^{n} z_i^2 = \sum_{i=1}^{n}\{a(x_i-\overline{x})+b(y_i-\overline{y})\}^2 \\
&= \sum_{i=1}^{n}\{a^2(x_i-\overline{x})^2 + 2ab(x_i-\overline{x})(y_i-\overline{y}) + b^2(y_i-\overline{y})^2\} \\
&= a^2\sum_{i=1}^{n}(x_i-\overline{x})^2 + 2ab\sum_{i=1}^{n}(x_i-\overline{x})(y_i-\overline{y}) + b^2\sum_{i=1}^{n}(y_i-\overline{y})^2 \\
&= a^2 S_{xx} + 2ab S_{xy} + b^2 S_{yy}
\end{aligned}$$

次に、級間変動 S_B を求めましょう。

P のグループのサイズ、x の平均、y の平均を n_P, $\overline{x}_P$, $\overline{y}_P$ とし、Q のグループのサイズ、x の平均、y の平均を n_Q, $\overline{x}_Q$, $\overline{y}_Q$ とします。すると、P のグループの z の平均 $\overline{z}_P$ は、

$$\bar{z}_\mathrm{P} = \frac{\sum_{i=1}^{n_\mathrm{P}} z_i}{n_\mathrm{P}} = \frac{\sum_{i=1}^{n_\mathrm{P}} \{a(x_i - \bar{x}) + b(y_i - \bar{y})\}}{n_\mathrm{P}}$$

$$= a\frac{\sum_{i=1}^{n_\mathrm{P}}(x_i - \bar{x})}{n_\mathrm{P}} + b\frac{\sum_{i=1}^{n_\mathrm{P}}(y_i - \bar{y})}{n_\mathrm{P}}$$

$$= a\left(\frac{\sum_{i=1}^{n_\mathrm{P}} x_i}{n_\mathrm{P}} - \frac{n_\mathrm{P}\bar{x}}{n_\mathrm{P}}\right) + b\left(\frac{\sum_{i=1}^{n_\mathrm{P}} y_i}{n_\mathrm{P}} - \frac{n_\mathrm{P}\bar{y}}{n_\mathrm{P}}\right) = a(\bar{x}_\mathrm{P} - \bar{x}) + b(\bar{y}_\mathrm{P} - \bar{y})$$

となります。

よって、級間変動 S_B は

$$S_B = n_\mathrm{P}(\bar{z}_\mathrm{P} - \bar{z})^2 + n_\mathrm{Q}(\bar{z}_\mathrm{Q} - \bar{z})^2$$
$$= n_\mathrm{P}\{a(\bar{x}_\mathrm{P} - \bar{x}) + b(\bar{y}_\mathrm{P} - \bar{y})\}^2 + n_\mathrm{Q}\{a(\bar{x}_\mathrm{Q} - \bar{x}) + b(\bar{y}_\mathrm{Q} - \bar{y})\}^2$$
$$= a^2\{n_\mathrm{P}(\bar{x}_\mathrm{P} - \bar{x})^2 + n_\mathrm{Q}(\bar{x}_\mathrm{Q} - \bar{x})^2\}$$
$$\quad + 2ab\{n_\mathrm{P}(\bar{x}_\mathrm{P} - \bar{x})(\bar{y}_\mathrm{P} - \bar{y}) + n_\mathrm{Q}(\bar{x}_\mathrm{Q} - \bar{x})(\bar{y}_\mathrm{Q} - \bar{y})\}$$
$$\quad + b^2\{n_\mathrm{P}(\bar{y}_\mathrm{P} - \bar{y})^2 + n_\mathrm{Q}(\bar{y}_\mathrm{Q} - \bar{y})^2\}$$

となります。

$$S_{Bxx} = n_\mathrm{P}(\bar{x}_\mathrm{P} - \bar{x})^2 + n_\mathrm{Q}(\bar{x}_\mathrm{Q} - \bar{x})^2$$
$$S_{Bxy} = n_\mathrm{P}(\bar{x}_\mathrm{P} - \bar{x})(\bar{y}_\mathrm{P} - \bar{y}) + n_\mathrm{Q}(\bar{x}_\mathrm{Q} - \bar{x})(\bar{y}_\mathrm{Q} - \bar{y})$$
$$S_{Byy} = n_\mathrm{P}(\bar{y}_\mathrm{P} - \bar{y})^2 + n_\mathrm{Q}(\bar{y}_\mathrm{Q} - \bar{y})^2$$

とおくと、級間変動は、

$$S_B = a^2 S_{Bxx} + 2ab S_{Bxy} + b^2 S_{Byy}$$

となります。相関比 η^2 は、

$$\eta^2 = \frac{S_B}{S_T} = \frac{a^2 S_{Bxx} + 2ab S_{Bxy} + b^2 S_{Byy}}{a^2 S_{xx} + 2ab S_{xy} + b^2 S_{yy}} \quad \cdots\cdots ①$$

と表されます。

　$a^2 + b^2 = 1$ のとき、相関比 η^2 が最大となるような a, b を求めます。①の式の右辺を $f(a,b)$ とおきます。ここで、分子も分母も a, b の2次式なので、a, b の代わりに pa, pb とすると、①の分子は p^2 倍、分母も p^2 倍になり、p^2 は約分され、η^2 の値は変わりません。つまり、

$$f(a,b)=f(pa, pb)$$

となります。$a^2+b^2=1$ のとき、$(pa)^2+(pb)^2=p^2(a^2+b^2)=p^2$ ですから、相関比 η^2 の最大値を考えるとき、a^2+b^2 の値を自由に選ぶことができ、$a^2+b^2=1$ の条件を外してよいことになります。

a, b が自由に実数を動くとき、相関比 η^2 の最大値を求めることになります。

η^2 を最大にするような a と b を、a', b' とします。

S_T は正ですから、$S_T = a'^2 S_{xx} + 2a'b' S_{xy} + b'^2 S_{yy} = q^2$ とおくことができます。このとき、

$$\left(\frac{a'}{q}\right)^2 S_{xx} + 2\left(\frac{a'}{q}\right)\left(\frac{b'}{q}\right)S_{xy} + \left(\frac{b'}{q}\right)^2 S_{yy} = 1, \quad f\left(\frac{a'}{q}, \frac{b'}{q}\right)=f(a', b')$$

となります。これは $a^2 S_{xx} + 2ab S_{xy} + b^2 S_{yy} = 1$ を満たすような a, b でも最大値が実現できることを示しています。ですから、$a^2+b^2=1$ という条件の代わりに、$a^2 S_{xx} + 2ab S_{xy} + b^2 S_{yy} = 1$ という条件を満たすものと仮定して最大値を求めてもかまいません。

$S_T = a^2 S_{xx} + 2ab S_{xy} + b^2 S_{Byy} = 1$ のとき、相関比 η^2 は、

$$\eta^2 = S_B = a^2 S_{Bxx} + 2ab S_{Bxy} + b^2 S_{Byy}$$

となります。

結局、相関比 η^2 の最大値を求めるには、次の問題を解けばよいことになります。

> **問題**
>
> a, b が $a^2 S_{xx} + 2ab S_{xy} + b^2 S_{yy} = 1$ を満たして動くとき、
> $a^2 S_{Bxx} + 2ab S_{Bxy} + b^2 S_{Byy}$ の最大値を求めよ。

これは条件付きの極値を求める問題ですから、ラグランジュの未定乗数法が使えます。そこで、$F(a,b)$ を

(p.268 参照)

$$F(a,\ b) = a^2 S_{Bxx} + 2ab S_{Bxy} + b^2 S_{Byy} - \lambda(a^2 S_{xx} + 2ab S_{xy} + b^2 S_{yy} - 1)$$

とおきます。$F(a,b)$ が極値をとるための条件は、

$$\frac{\partial F(a,\ b)}{\partial a} = 0,\quad \frac{\partial F(a,\ b)}{\partial b} = 0,\quad a^2 S_{xx} + 2ab S_{xy} + b^2 S_{yy} = 1$$

です。これを満たす a, b, λ を求めます。これらの式は、

$$2a S_{Bxx} + 2b S_{Bxy} - \lambda(2a S_{xx} + 2b S_{xy}) = 0$$
$$2a S_{Bxy} + 2b S_{Byy} - \lambda(2a S_{xy} + 2b S_{yy}) = 0$$

となります。全体を2で割ってから行列の表現に直すと、

$$\begin{pmatrix} S_{Bxx} & S_{Bxy} \\ S_{Bxy} & S_{Byy} \end{pmatrix} \begin{pmatrix} a \\ b \end{pmatrix} - \lambda \begin{pmatrix} S_{xx} & S_{xy} \\ S_{xy} & S_{yy} \end{pmatrix} \begin{pmatrix} a \\ b \end{pmatrix} = \begin{pmatrix} 0 \\ 0 \end{pmatrix}$$

ここで、

$$S_B = \begin{pmatrix} S_{Bxx} & S_{Bxy} \\ S_{Bxy} & S_{Byy} \end{pmatrix},\ S = \begin{pmatrix} S_{xx} & S_{xy} \\ S_{xy} & S_{yy} \end{pmatrix},\ \boldsymbol{x} = \begin{pmatrix} a \\ b \end{pmatrix}$$

とおくと、

$$S_B \boldsymbol{x} - \lambda S \boldsymbol{x} = \boldsymbol{0} \quad \therefore\ (S_B - \lambda S) \boldsymbol{x} = \boldsymbol{0}$$

左から S^{-1} を掛けて、

$$S^{-1}(S_B - \lambda S) \boldsymbol{x} = S^{-1} \boldsymbol{0} \quad \therefore\ (S^{-1} S_B - \lambda S^{-1} S) \boldsymbol{x} = \boldsymbol{0}$$
$$\therefore\ (S^{-1} S_B - \lambda E) \boldsymbol{x} = \boldsymbol{0}$$

よって、λ は $S^{-1}S_B$ の固有値、$\boldsymbol{x}$ は $S^{-1}S_B$ の固有ベクトルになります。

（p.286参照）

また、$S_B \boldsymbol{x} - \lambda S \boldsymbol{x} = \boldsymbol{0}$ より、

$$S_B \boldsymbol{x} = \lambda S \boldsymbol{x} \quad \therefore\ {}^t\boldsymbol{x} S_B \boldsymbol{x} = \lambda {}^t\boldsymbol{x} S \boldsymbol{x} \quad \cdots\cdots ①$$

です。これを成分に戻すと、両辺はそれぞれ、

$${}^t\boldsymbol{x} S_B \boldsymbol{x} = (a\ b) \begin{pmatrix} S_{Bxx} & S_{Bxy} \\ S_{Bxy} & S_{Byy} \end{pmatrix} \begin{pmatrix} a \\ b \end{pmatrix} = a^2 S_{Bxx} + 2ab S_{Bxy} + b^2 S_{Byy}$$

$$\lambda {}^t\boldsymbol{x} S \boldsymbol{x} = \lambda (a\ b) \begin{pmatrix} S_{xx} & S_{xy} \\ S_{xy} & S_{yy} \end{pmatrix} \begin{pmatrix} a \\ b \end{pmatrix} = \lambda(a^2 S_{xx} + 2ab S_{xy} + b^2 S_{yy}) \quad \cdots ②$$

ここで $\boldsymbol{x}$ は固有ベクトルなので、大きさは自由にとることができ、

$a^2 S_{xx} + 2ab S_{xy} + b^2 S_{yy} = 1$ を満たすようにとることができます。

すると、②はλなので、①は$a^2 S_{Bxx} + 2ab S_{Bxy} + b^2 S_{Byy} = \lambda$となり、固有値$\lambda$が極値となります。

実際の数値で計算してみましょう。

x	y		$x_i - \bar{x}$	$y_i - \bar{y}$	$(x_i - \bar{x})^2$	$(y_i - \bar{y})^2$	$(x_i - \bar{x})(y_i - \bar{y})$
3	4	P	-3	-1	9	1	3
4	5	P	-2	0	4	0	0
5	9	P	-1	4	1	16	-4
9	5	Q	3	0	9	0	0
8	4	Q	2	-1	4	1	-2
7	3	Q	1	-2	1	4	-2

$S_{xx} = 28 \quad S_{yy} = 22 \quad S_{xy} = -5$

$\bar{x} = 6, \bar{y} = 5, n_P = 3, \bar{x}_P = 4, \bar{y}_P = 6, n_Q = 3, \bar{x}_Q = 8, \bar{y}_Q = 4$

$S_{Bxx} = n_P(\bar{x}_P - \bar{x})^2 + n_Q(\bar{x}_Q - \bar{x})^2 = 3(4-6)^2 + 3(8-6)^2 = 24$

$S_{Bxy} = n_P(\bar{x}_P - \bar{x})(\bar{y}_P - \bar{y}) + n_Q(\bar{x}_Q - \bar{x})(\bar{y}_Q - \bar{y})$

$\quad\quad = 3(4-6)(6-5) + 3(8-6)(4-5) = -12$

$S_{Byy} = n_P(\bar{y}_P - \bar{y})^2 + n_Q(\bar{y}_Q - \bar{y})^2 = 3(6-5)^2 + 3(4-5)^2 = 6$

$S_B = \begin{pmatrix} S_{Bxx} & S_{Bxy} \\ S_{Bxy} & S_{Byy} \end{pmatrix} = \begin{pmatrix} 24 & -12 \\ -12 & 6 \end{pmatrix}, S = \begin{pmatrix} S_{xx} & S_{xy} \\ S_{xy} & S_{yy} \end{pmatrix} = \begin{pmatrix} 28 & -5 \\ -5 & 22 \end{pmatrix}$

であり、

$S^{-1} S_B = \begin{pmatrix} 28 & -5 \\ -5 & 22 \end{pmatrix}^{-1} \begin{pmatrix} 24 & -12 \\ -12 & 6 \end{pmatrix} = \dfrac{1}{22 \cdot 28 - 5 \cdot 5} \begin{pmatrix} 22 & 5 \\ 5 & 28 \end{pmatrix} \cdot 6 \begin{pmatrix} 4 & -2 \\ -2 & 1 \end{pmatrix}$

$\quad\quad = \dfrac{6}{591} \begin{pmatrix} 22 \cdot 4 + 5(-2) & 22(-2) + 5 \cdot 1 \\ 5 \cdot 4 + 28(-2) & 5(-2) + 28 \cdot 1 \end{pmatrix}$

$\quad\quad = \dfrac{2}{197} \begin{pmatrix} 78 & -39 \\ -36 & 18 \end{pmatrix} = \dfrac{6}{197} \begin{pmatrix} 26 & -13 \\ -12 & 6 \end{pmatrix}$

ここで、$U = \begin{pmatrix} 26 & -13 \\ -12 & 6 \end{pmatrix}$とおくと、$U$の固有多項式$f(t)$は、

$$f(t)=|U-tE|=\begin{vmatrix} 26-t & -13 \\ -12 & 6-t \end{vmatrix}=(26-t)(6-t)-(-13)(-12)$$

$$=t(t-32)$$

$f(t)=0$ より、U の固有値は 32 と 0 です。

32 に属する固有ベクトルは、$(U-32E)\boldsymbol{x}=\boldsymbol{0}$ より

$$\begin{pmatrix} 26-32 & -13 \\ -12 & 6-32 \end{pmatrix}\begin{pmatrix} a \\ b \end{pmatrix}=\begin{pmatrix} 0 \\ 0 \end{pmatrix} \quad \therefore \quad \begin{pmatrix} -6 & -13 \\ -12 & -26 \end{pmatrix}\begin{pmatrix} a \\ b \end{pmatrix}=\begin{pmatrix} 0 \\ 0 \end{pmatrix}$$

$$\therefore \quad \begin{pmatrix} -6 & -13 \\ -12 & -26 \end{pmatrix}\begin{pmatrix} a \\ b \end{pmatrix}=\begin{pmatrix} 0 \\ 0 \end{pmatrix} \quad \begin{pmatrix} a \\ b \end{pmatrix}=k\begin{pmatrix} 13 \\ -6 \end{pmatrix}(k\text{は実数})$$

となります。

$S^{-1}S_B=\dfrac{6}{197}U$ の固有値は $\dfrac{6\times 32}{197}=\dfrac{192}{197}$ と 0 で、$\dfrac{192}{197}$ に属する固有ベクトルは $\begin{pmatrix} 13 \\ -6 \end{pmatrix}$ です。

というのも、一般に次が成り立つからです。

> ν と $\boldsymbol{v}$ は、行列 F の固有値と固有ベクトルである
> $\Leftrightarrow$ $k\nu$ と $\boldsymbol{v}$ は、行列 kF の固有値と固有ベクトルである
> [なぜなら、$F\boldsymbol{v}=\nu\boldsymbol{v}$ $\Leftrightarrow$ $kF\boldsymbol{v}=(k\nu)\boldsymbol{v}$]

よって、直線 l が $\begin{pmatrix} 13 \\ -6 \end{pmatrix}$ と平行になるとき、相関比 η^2 は最大値 $\dfrac{192}{197}$ をとります。

直線 l の方向を単位ベクトルで表すと、

$$\begin{pmatrix} a \\ b \end{pmatrix}=\dfrac{1}{\sqrt{13^2+6^2}}\begin{pmatrix} 13 \\ -6 \end{pmatrix}=\dfrac{1}{\sqrt{205}}\begin{pmatrix} 13 \\ -6 \end{pmatrix}$$

となります。

このとき、(x_i, y_i) から z_i を求める式は、

$$z_i=a(x_i-\bar{x})+b(y_i-\bar{y})=\dfrac{13}{\sqrt{205}}(x_i-6)-\dfrac{6}{\sqrt{205}}(y_i-5)\cdots\cdots ①$$

となります。この式は、(x_i, y_i)から直線lに垂線を下ろしたときの垂線の足に書かれた目盛z_iを表しています。

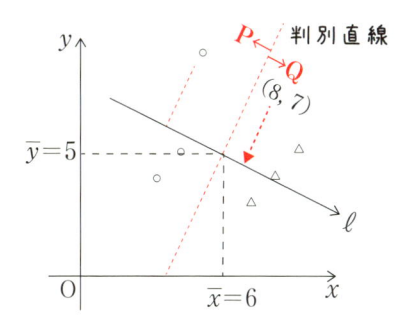

(6, 5)を通って直線lに垂直な直線mによって、散布図が2つの領域に分けられます。直線mによって、PのグループとQのグループが分けられています。Pのグループに属する個体のz_iの符号は負で、Qのグループに属する個体のz_iの符号は正です。

ここで$(x, y) = (8, 7)$がP, Qのどちらのグループに属するかを判別してみましょう。グループを判別するには①の式のx_i, y_i, z_iをx, y, zで置き換えた

$$z = \frac{13}{\sqrt{205}}(x-6) - \frac{6}{\sqrt{205}}(y-5)$$

という式を用います。

この式に$(x, y) = (8, 7)$を代入すると、

$$z = \frac{13}{\sqrt{205}}(8-6) - \frac{6}{\sqrt{205}}(7-5) = \frac{14}{\sqrt{205}} > 0$$

となり、正の値になりますから、(8, 7)はQに属すると予想されます。

2 マハラノビスの距離

前節では、線形判別関数による判別の方法を紹介しました。

新しい個体が与えられたとき、P, Q 2つのどちらのグループに属している可能性が高いかを判別するには、線形判別関数を用いる以外の判別方法もあります。それが、マハラノビスの距離と呼ばれる指標を用いる判別方法です。1変量の例を挙げて、なぜマハラノビスの距離を導入するかを説き起こしていきましょう。

x と y を変量とするデータがあり、データが P と Q にグループ分けされているとします。変量 x に着目してグループ P, Q のヒストグラムを x 軸の上に描くと下図のようになるものとします。

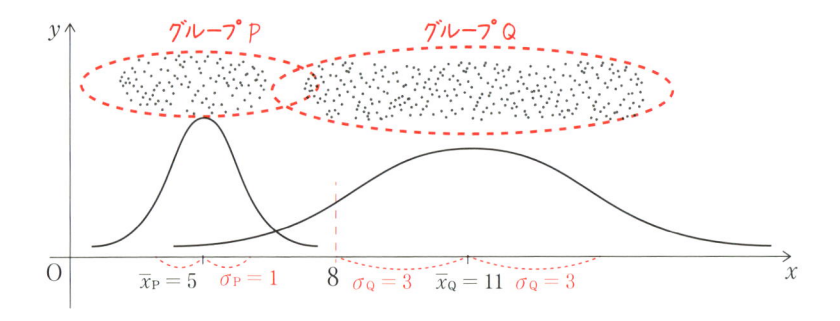

P, Q の平均はそれぞれ、$\bar{x}_P = 5$, $\bar{x}_Q = 11$ で、標準偏差は $\sigma_P = 1$, $\sigma_Q = 3$ であるとします。

このとき、$x = 8$ となる個体は P, Q どちらのグループであると判断したらよいでしょうか。

先の線形判別関数を用いて判別しようとすると、線形判別関数は、2変量のときを真似て、$y = a(x - \bar{x})$ となります。この関数の正負で個体が属するグループを判別しようとするわけです。関数の値の正負だけが問題に

なりますから、a は無視して考えれば判別関数 y は、$y = x - \bar{x}$ となります。

ここでP, Qのサイズが等しいので、資料全体の平均は $\bar{x} = 8$ になります。$x = 8$ となる個体を判別しようとすると、判別関数の値は $y = x - \bar{x} = 8 - 8 = 0$ となり、PともQとも判別がつかないということになります。

しかし、上の分布図を見てわかるように、Pのグループの分布は5の近くに密集していて、Qのグループの分布は11を中心としてまばらに分布していますから、$x = 8$ という個体はPのグループの分布からは遠く、Qのグループの分布の中に入っている可能性の方が高いと思われます。

この観察を定量化してくれるのが、変量の標準化の発想です。

標準化とは、変量 z に対して平均と標準偏差が、m, σ と計算されているとき、新たな変量を $Z = \dfrac{z - m}{\sigma}$（平均を引いて標準偏差で割る）とおくことです。$m, \sigma$ は資料から求まる定数になることに注意しましょう。

すると、Z の平均と分散は、

$$\bar{Z} = \overline{\dfrac{z-m}{\sigma}} = \dfrac{\bar{z} - \bar{m}}{\sigma} = \dfrac{m - m}{\sigma} = 0,\ V\left(\dfrac{z-m}{\sigma}\right) = \dfrac{V(z)}{\sigma^2} = \dfrac{\sigma^2}{\sigma^2} = 1$$

（確率変数の記号を援用している）

と計算でき、新しい変量 Z は、平均が0、標準偏差が1になります。これを標準化と呼ぶわけです。

標準化をしておくことで、異なる資料における2つの個体について、それぞれの資料のどこに位置するかを比べることができるのです。

これを成績処理に応用したのが偏差値です。偏差値は、この標準化された変量をもとに計算された指標です。異なる2つのテストの結果を比べる場合は、素点（そのままの点数）ではなく、偏差値で比べると正しい判断ができます。素点が50点から70点に上がっていたとしても、偏差値が60から50に下がっているのであれば、成績が下がったと判断するわけです

（詳しくは、拙著『意味がわかる統計学』を参照）。

$x=8$ がP, Qのどちらのグループに属するのが妥当であるかを判断するために、標準化した変量を用いてみましょう。

グループPは平均 $\bar{x}_P=5$、標準偏差 $\sigma_P=1$ なので、$x=8$ がPのグループであるとして、$x=8$ を標準化すると、

$$\frac{x-\bar{x}_P}{\sigma_P} = \frac{8-5}{1} = 3$$

グループQは平均 $\bar{x}_Q=11$、標準偏差 $\sigma_Q=3$ なので、$x=8$ がQのグループであるとして、$x=8$ を標準化すると、

$$\frac{x-\bar{x}_Q}{\sigma_Q} = \frac{8-11}{3} = -1$$

となります。標準化した変量は、その値が平均から標準偏差を単位にしてどれだけ離れているかを測っているのですから、P, Qで標準化された変量3と-1の絶対値を比べて、3の方が大きいので、$x=8$ はPのグループの分布からは遠く、Qのグループの分布には近いと判断します。つまり、Qに属する方が妥当であるという結論を得るわけです。これは数直線を観察して考察した結果と一致します。

このように標準偏差がアンバランスな2つのグループがあるとき、個体がどちらのグループに属するかを判別するには、グループごとの標準化された変量の絶対値を比べて判断するとよいのです。

グループごとの標準化された変量の絶対値 D_P, D_Q

$$D_P = \frac{|x-\bar{x}_P|}{\sigma_P}, \quad D_Q = \frac{|x-\bar{x}_Q|}{\sigma_Q}$$

をマハラノビスの距離といいます。

マハラノビスの距離

1変量の資料において、グループPの平均が $\bar{x}_P$、標準偏差が σ_P であ

るとき、Pに関するマハラノビスの距離D_Pは、

$$D_P = \frac{|x - \bar{x}_P|}{\sigma_P}$$

上で紹介したマハラノビスの距離は1変量の場合でした。次に、2変量のマハラノビスの距離を紹介しましょう。

2変量のマハラノビスの距離

2変量のx, yについて、グループPに属する個体のx, yの平均が、$\bar{x}, \bar{y}$、分散がσ_x^2, σ_y^2、共分散がσ_{xy}で与えられているとき、

(x, y)のPに関するマハラノビスの距離D_Pは、

$$D_P = \sqrt{(x - \bar{x} \quad y - \bar{y})\begin{pmatrix} \sigma_x^2 & \sigma_{xy} \\ \sigma_{xy} & \sigma_y^2 \end{pmatrix}^{-1} \begin{pmatrix} x - \bar{x} \\ y - \bar{y} \end{pmatrix}}$$

で定義される。

ここで "-1" となっているのは、逆行列を表しています。

$\boldsymbol{x} = \begin{pmatrix} x - \bar{x} \\ y - \bar{y} \end{pmatrix}$, $V = \begin{pmatrix} \sigma_x^2 & \sigma_{xy} \\ \sigma_{xy} & \sigma_y^2 \end{pmatrix}$とおくと、マハラノビスの距離は、

$$D_P = \sqrt{{}^t\boldsymbol{x} V^{-1} \boldsymbol{x}}$$

で定義されます。マハラノビスの距離は変量の個数が増えても同様の式で表されます。

ちなみに1変量であれば、$\boldsymbol{x} = (x - \bar{x})$, $V = (\sigma_x^2)$ですから、

$$D = \sqrt{{}^t\boldsymbol{x} V^{-1} \boldsymbol{x}} = \sqrt{(x - \bar{x})(\sigma_x^2)^{-1}(x - \bar{x})}$$

$$= \sqrt{\frac{(x - \bar{x})^2}{\sigma_x^2}} = \frac{|x - \bar{x}|}{\sigma_x}$$

となり、2変量以上のマハラノビスの距離の定義が、1変量のマハラノビスの距離を拡張したものであることがわかります。

これを用いて個体が属するグループを判別してみましょう。

> **問題** 2変量 x, y を持つ資料がP, Q 2つのグループに分かれている。それぞれのグループについて、平均、分散、共分散が次のようにわかっている。
>
> | | $\bar{x}$ | $\bar{y}$ | σ_x^2 | σ_{xy} | σ_y^2 |
> |---|---|---|---|---|---|
> | P | 3 | 4 | 9 | 7 | 6 |
> | Q | 8 | 11 | 7 | 6 | 8 |
>
> このとき、$x=5, y=7$ を持つ個体は、どちらのグループに属すると考えるのが妥当か。

$(x, y) = (5, 7)$ の個体について、それぞれマハラノビスの距離を計算すると、

$$D_P = \sqrt{(5-3 \ \ 7-4)\begin{pmatrix}9 & 7 \\ 7 & 6\end{pmatrix}^{-1}\begin{pmatrix}5-3 \\ 7-4\end{pmatrix}}$$

$$= \sqrt{(2 \ \ 3)\frac{1}{9\cdot 6 - 7^2}\begin{pmatrix}6 & -7 \\ -7 & 9\end{pmatrix}\begin{pmatrix}2 \\ 3\end{pmatrix}}$$

$$= \sqrt{\frac{1}{5}(2 \ \ 3)\begin{pmatrix}-9 \\ 13\end{pmatrix}} = \sqrt{\frac{21}{5}} = \sqrt{4.2}$$

$$D_Q = \sqrt{(5-8 \ \ 7-11)\begin{pmatrix}7 & 6 \\ 6 & 8\end{pmatrix}^{-1}\begin{pmatrix}5-8 \\ 7-11\end{pmatrix}}$$

$$= \sqrt{(-3 \ \ -4)\frac{1}{7\cdot 8 - 6^2}\begin{pmatrix}8 & -6 \\ -6 & 7\end{pmatrix}\begin{pmatrix}-3 \\ -4\end{pmatrix}}$$

$$= \sqrt{\frac{1}{20}(-3 \ \ -4)\begin{pmatrix}0 \\ -10\end{pmatrix}} = \sqrt{2}$$

$D_P > D_Q$ なので、$(x, y) = (5, 7)$ の個体はQに属すると考えられます。

なぜマハラノビスの距離は、$D_P = \sqrt{{}^t\boldsymbol{x}V^{-1}\boldsymbol{x}}$ と定義されるのか、その

意味するところを説明してみましょう。

1変量のところで説明したように、マハラノビスの距離は変量の標準化がポイントとなります。

2変量x, yの場合でも、各変量をバラバラに$\dfrac{x-\bar{x}}{\sigma_x}$, $\dfrac{y-\bar{y}}{\sigma_y}$と標準化して、ベクトルの大きさのように

$$\sqrt{\left(\dfrac{x-\bar{x}}{\sigma_x}\right)^2 + \left(\dfrac{y-\bar{y}}{\sigma_y}\right)^2}$$

とでも定義すればよさそうなものですが、そうはしません。

というのも$\dfrac{x-\bar{x}}{\sigma_x}$と$\dfrac{y-\bar{y}}{\sigma_y}$の共分散が0にならないからです。

そこで、新しい変量X, Yを

$$\begin{pmatrix} X \\ Y \end{pmatrix} = \begin{pmatrix} \sigma_x{}^2 & \sigma_{xy} \\ \sigma_{xy} & \sigma_y{}^2 \end{pmatrix}^{-\frac{1}{2}} \begin{pmatrix} x-\bar{x} \\ y-\bar{y} \end{pmatrix}$$

$$[\,V^{-\frac{1}{2}}x\,]$$

と定義します。すると、X, Yはそれぞれ平均が0、標準偏差が1で、共分散が0になるのです。これを確認してみましょう。

ここで$V^{-\frac{1}{2}}$は行列のマイナス2分の1乗を表しています。これは2乗すると逆行列になる行列で、$\left(V^{-\frac{1}{2}}\right)^2 = V^{-1}$を満たします。

p.294で示してあるように、任意の対称行列にはマイナス2分の1乗が存在します。

まず、X, Yの平均が0であることを確認します。

$V^{-\frac{1}{2}} = \begin{pmatrix} a & b \\ c & d \end{pmatrix}$であるとすると、

$$\begin{pmatrix} X_i \\ Y_i \end{pmatrix} = \begin{pmatrix} \sigma_x{}^2 & \sigma_{xy} \\ \sigma_{xy} & \sigma_y{}^2 \end{pmatrix}^{-\frac{1}{2}} \begin{pmatrix} x_i-\bar{x} \\ y_i-\bar{y} \end{pmatrix} = \begin{pmatrix} a & b \\ c & d \end{pmatrix} \begin{pmatrix} x_i-\bar{x} \\ y_i-\bar{y} \end{pmatrix}$$

より、$X_i = a(x_i-\bar{x}) + b(y_i-\bar{y})$ですから、$X_i$の総和は、

$$\sum_{i=1}^{n} X_i = \sum_{i=1}^{n} \{a(x_i-\bar{x}) + b(y_i-\bar{y})\} = a\sum_{i=1}^{n}(x_i-\bar{x}) + b\sum_{i=1}^{n}(y_i-\bar{y}) = 0$$

となりますから、X_iの平均は0です。Y_iについても同様です。

次に、分散と共分散を求めてみましょう。

X, Y の分散共分散行列は、

$$\frac{1}{n}\begin{pmatrix} S_{XX} & S_{XY} \\ S_{XY} & S_{YY} \end{pmatrix} = \frac{1}{n}\begin{pmatrix} \sum_{i=1}^{n}X_i^2 & \sum_{i=1}^{n}X_iY_i \\ \sum_{i=1}^{n}X_iY_i & \sum_{i=1}^{n}Y_i^2 \end{pmatrix} = \frac{1}{n}\sum_{i=1}^{n}\begin{pmatrix} X_i^2 & X_iY_i \\ X_iY_i & Y_i^2 \end{pmatrix}$$

$$= \frac{1}{n}\sum_{i=1}^{n}\begin{pmatrix} X_i \\ Y_i \end{pmatrix}(X_i \ Y_i)$$

$$= \frac{1}{n}\sum_{i=1}^{n}\begin{pmatrix} \sigma_x^2 & \sigma_{xy} \\ \sigma_{xy} & \sigma_y^2 \end{pmatrix}^{-\frac{1}{2}} \begin{pmatrix} x_i-\overline{x} \\ y_i-\overline{y} \end{pmatrix}(x_i-\overline{x} \ y_i-\overline{y})\begin{pmatrix} \sigma_x^2 & \sigma_{xy} \\ \sigma_{xy} & \sigma_y^2 \end{pmatrix}^{-\frac{1}{2}}$$

$$= \frac{1}{n}\begin{pmatrix} \sigma_x^2 & \sigma_{xy} \\ \sigma_{xy} & \sigma_y^2 \end{pmatrix}^{-\frac{1}{2}} \begin{pmatrix} \sum_{i=1}^{n}(x_i-\overline{x})^2 & \sum_{i=1}^{n}(x_i-\overline{x})(y_i-\overline{y}) \\ \sum_{i=1}^{n}(x_i-\overline{x})(y_i-\overline{y}) & \sum_{i=1}^{n}(y_i-\overline{y})^2 \end{pmatrix}\begin{pmatrix} \sigma_x^2 & \sigma_{xy} \\ \sigma_{xy} & \sigma_y^2 \end{pmatrix}^{-\frac{1}{2}}$$

$$= \frac{1}{n}\begin{pmatrix} \sigma_x^2 & \sigma_{xy} \\ \sigma_{xy} & \sigma_y^2 \end{pmatrix}^{-\frac{1}{2}} \begin{pmatrix} n\sigma_x^2 & n\sigma_{xy} \\ n\sigma_{xy} & n\sigma_y^2 \end{pmatrix}\begin{pmatrix} \sigma_x^2 & \sigma_{xy} \\ \sigma_{xy} & \sigma_y^2 \end{pmatrix}^{-\frac{1}{2}}$$

$$= \frac{1}{n}V^{-\frac{1}{2}}(nV)V^{-\frac{1}{2}} = V^{-\frac{1}{2}}(V^{\frac{1}{2}}V^{\frac{1}{2}})V^{-\frac{1}{2}} = E = \begin{pmatrix} 1 & 0 \\ 0 & 1 \end{pmatrix}$$

となるので、X, Y の分散は1で、X, Y の共分散は0です。

これを用いるとマハラノビスの距離は、

$$D_\mathrm{P} = \sqrt{{}^t\boldsymbol{x}V^{-1}\boldsymbol{x}} = \sqrt{{}^t\boldsymbol{x}V^{-\frac{1}{2}}V^{-\frac{1}{2}}\boldsymbol{x}} = \sqrt{(X \ Y)\begin{pmatrix} X \\ Y \end{pmatrix}} = \sqrt{X^2+Y^2}$$

となります。

つまり、マハラノビスの距離とは、x, y を共分散まで含めて変量を標準化して、そのベクトルの大きさをとったものなのです。

ロジスティック分析　Column

　ロジスティック分析は、医学の疫学研究の分野で開発された分析法です。

　例えば、心臓病について、年齢が40歳で、血圧が130mmHg、心拍数80bpmの人の発症率が0.3（30％）、というようなデータが多く集められているとします。

　このとき、年齢、血圧、心拍数から発症率を予測するときに用いるのが、ロジスティック分析です。年齢、血圧、心拍数、発症率は量的データですから、発症率を予測するには回帰分析を用いればよさそうですが、そのまま回帰分析にかけて回帰直線の式を求めると、年齢、血圧、心拍数の値によっては発症率の予測値が0未満や1より大きい値になってしまう可能性があります。発症率のとりうる値は0から1までの数ですから、予測値が0未満や1以上では解釈に困ります。そこで、ロジスティック分析では、回帰分析をするとき、予測式を単に年齢、血圧、心拍数の1次式でおくのではなく、これとロジスティック関数を組み合わせた式でおいて不都合を回避します。

　ロジスティック関数とは$Y = \dfrac{e^x}{1+e^x} = \dfrac{1}{1+e^{-x}}$（右辺の分母子に$e^x$を掛けると中辺になる）という式で表される関数です。eは、ネイピア数、または自然対数の底と呼ばれる定数を表していて、その値は2.718ぐらいです。e^xはeのx乗を表しています。xが小さくて読みづらいので、e^xのことを$\exp(x)$と表す表記もあります。以下ではこれを用います。

　この関数のグラフは次頁図のようになります。

　グラフを見てわかるように、Xが大きければ大きいほどYは1に近づき、Xが小さければ小さいほどYは0に近づきます。

Yの値は0と1の間に収まっています。

ロジスティック分析では、この関数を用いて次のような予測式を作ります。

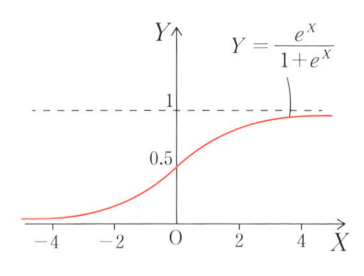

ロジスティック関数のグラフ

説明変数を年齢(x)、血圧(y)、心拍数(z)とし、目的変数を発症率(p)とします。

このとき、目的変数pの予測式を、定数a, b, c, dを用いて、

$$p = \frac{\exp(ax+by+cz+d)}{1+\exp(ax+by+cz+d)} \quad \cdots\cdots ①$$

とおきます。すると、$ax+by+cz+d$がいくら大きくても、pの値は1より小さい範囲に収まりますし、$ax+by+cz+d$がいくら小さくても、pは負の値になることはありません。

定数a, b, c, dを求めるには、①を変形して、

$$\log \frac{p}{1-p} = ax+by+cz+d$$

とします。発症率のデータを左辺の形にして扱うことで、普通の回帰分析と同じようにa, b, c, dを求めることができます。

p.25の表では、ロジスティック分析が起こるか起こらないかの2通りの場合について問題にしているので、判別分析と同じ欄に書きました。しかし、ロジスティック分析の場合、説明変数は量的データ、目的変数も0から1までの値で量的データですから、回帰分析と同じ欄に書いてもよいでしょう。

第 6 章

主成分分析

　資料の要約、すなわち、変量が多い資料が与えられているとき、新しい変量を作りだすことで、資料を少ない変量で把握するのが主成分分析です。

　ここでは、まず主成分分析の概略をつかんでもらうために、図を用いて説明しました。数式にアレルギーがある人でも、主成分分析の仕組みを理解してもらえると考えます。

　主成分分析は、数学的な背景がしっかりとしていますから、知らない知識は第3章や第6章でフォローしていただいて、理論的背景まで理解していただければと願います。主成分分析は、アイデアがクリアになったとき、爽快感が得られる分析法だと思います。

第6章 主成分分析

1 2変量の主成分分析

主成分分析の目的はデータの要約です。

次の表のように変量が10個（xからfまで）のデータがあるとします。この10個の変量を、データの趣旨をそれほど損ねることなく、2, 3個に抑えてデータをまとめる手法が主成分分析です。変量が2, 3個であれば、散布図を用いて直感的にデータ全体の特徴や個体それぞれの特徴を捉えることも可能になってきます。

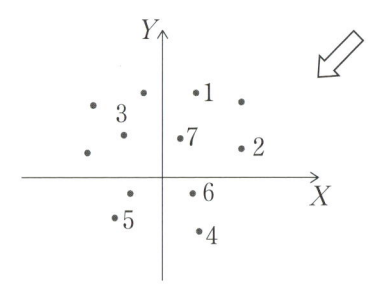

	x	y	z	w	a	b	c	d	e	f
1	・	・	・	・	・	・	・	・	・	・
2	・	・	・	・	・	・	・	・	・	・
3	・	・	・	・	・	・	・	・	・	・
⋮	⋮	⋮	⋮	⋮	⋮	⋮	⋮	⋮	⋮	⋮

⇒

	X	Y
1	・	・
2	・	・
3	・	・
⋮	⋮	⋮

もとになる資料が2変量の場合と3変量の場合の主成分分析を説明することで、主成分分析のエッセンスをつかんでもらいましょう。

はじめに2変量の主成分分析から説明していきます。

次頁左図はx, yの2変量を持つデータの散布図です。ここには直交する2直線l, mが引かれています。これらの直線はx, yの平均の点$(\bar{x}, \bar{y})$を通っています。

$(\bar{x}, \bar{y})$ を 0 として、この直線に x 軸、y 軸に振った目盛と同じ間隔で目盛を振ります。こうすると l, m を新しい座標軸であると見なすことができます。

散布図上の点 (x, y) を新しい座標 (l, m) で読み替えてみましょう。

例えば、下右図で $(x, y) = (3, 6)$ である点 A は、新しい座標では $(2, 3)$ となります。

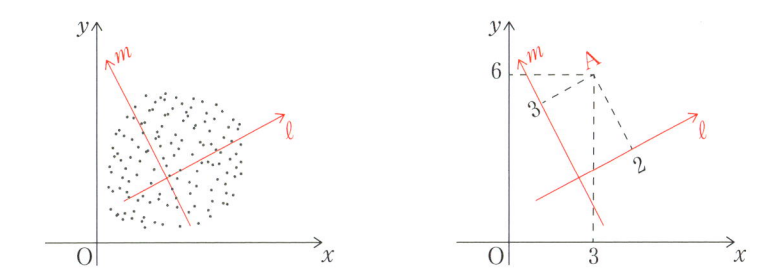

ここで下左図の散布図を見直してみると、点を新しい座標 (l, m) で読み替えたとき、全体的な傾向として、l 成分は大きくとも、m 成分は小さいことが読み取れると思います。ですから、l 成分だけを読むことで資料を表したことにしようというのが主成分分析の考え方のエッセンスです。2 変量 (x, y) で表されていたデータを 1 変量 (l) でほぼ表すことができたというわけです。

一方、下右図のような散布図で表される資料の場合、点が平面に均等に分布していますから、l 成分だけで個体の特徴を表すというわけにはいきません。主成分分析をしてもうまく資料を要約することができません。

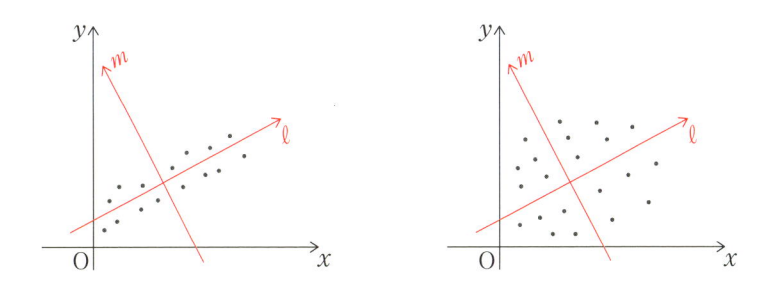

新座標のl成分による資料の要約が有効であるか否かを判断する基準となるのが**寄与率**という指標です。

l成分の寄与率は、

$$(l成分の寄与率) = \frac{(l成分の2乗和)}{(l成分の2乗和) + (m成分の2乗和)}$$

と計算します。l成分の2乗和とは、l成分の2乗を資料全体について足したもののことです。分子は分母より小さいですから、寄与率は1より小さい値になります。

l成分の寄与率が大きいとき、すなわち1に近いときは、各成分の2乗和に対して、l成分の2乗和の占める割合が大きく、m成分の2乗和の占める割合が小さくなるときです。このときは、「l成分だけで表す」というデータの要約が有効であると考えてよいでしょう。

逆に、l成分の寄与率が小さいときは、各成分の2乗和に対して、l成分の割合が小さく、m成分の割合が大きくなります。このときは、l成分だけでデータを要約することはあきらめなくてはなりません。

例えば、サイズが3の資料で、新座標(l, m)でのデータがA(4, 2)、B(8, 1)、C(-12, -3)であったとすると、l成分の寄与率は、

$$\frac{\underbrace{4^2+8^2+(-12)^2}_{l成分の2乗和}}{\underbrace{4^2+8^2+(-12)^2}_{l成分の2乗和}+\underbrace{2^2+1^2+(-3)^2}_{m成分の2乗和}} = \frac{224}{238} = \frac{16}{17}$$

と計算します。

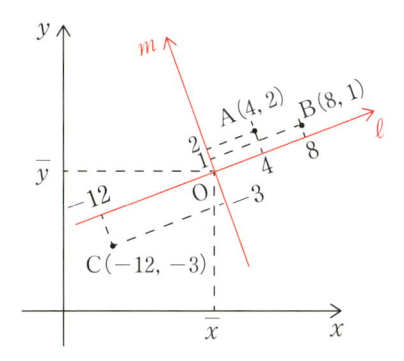

分母の式を図形的に捉えてみましょう。

OA, OB, OCの長さについて、三平方の定理により、
$$OA^2 = 4^2 + 2^2,\ OB^2 = 8^2 + 1^2,\ OC^2 = (-12)^2 + (-3)^2$$
が成り立ちます。分母の式の順序を入れ替えると、

$$4^2 + 8^2 + (-12)^2 + 2^2 + 1^2 + (-3)^2$$
$$= \underline{4^2 + 2^2} + \underline{8^2 + 1^2} + \underline{(-12)^2 + (-3)^2}$$
$$= OA^2 + OB^2 + OC^2$$

となります。分母は新座標の原点Oから各点までの距離の2乗和をとったものであると考えられます。

ここで、Oは旧座標で$(\bar{x}, \bar{y})$であり、各成分の平均となる点ですから、A, B, Cが与えられれば決まります。よって、OA, OB, OCの長さや寄与率の式の分母は、l, mのとり方によらず資料だけによって値が決まります。

これに対して、各点のl座標はlのとり方によって変わり、それらの2乗和である分子の値もlのとり方によって変わります。

次の2つの散布図で表されたデータは、どちらの方が寄与率が大きいでしょうか。

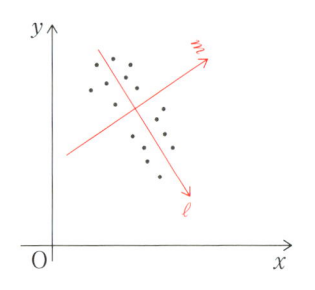

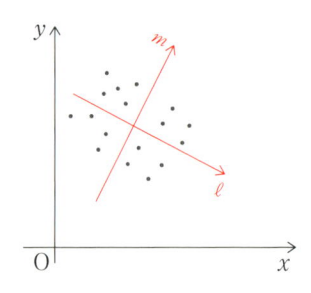

点全体が直線状に並んでいる左図の方が、m 成分に対して l 成分が大きいので、l 成分の寄与率が大きいことが直感でわかるでしょう。回帰分析のときと同じで、2 変量のデータであれば、データの散布図が直線に近ければ近いほど、主成分分析は成功します。

　ここまで l, m 軸を与えられたもののように説明してきましたが、l 軸、m 軸は旧座標の $(\bar{x}, \bar{y})$ を通り、方向は自由に選べるものとします。ただし、l 軸と m 軸はつねに直交しているものとします。

　「l 成分の寄与率が最大となる」ような l の方向を**第1主成分**、このときの m の方向を**第2主成分**といいます。

　「l 成分の寄与率が最大となる」ということは、寄与率の分母の値は O からの距離の平方和で一定ですから、「l 成分の平方和が最大となる」といい換えることができます。さらに、平方和をサイズで割ったものが分散ですから、「l 成分の平方和が最大になる」ということは、「l 成分の分散が最大になる」といい換えることができます。多くの本では「分散が最大になる方向」として、第1主成分を特徴づけています。寄与率、平方和、分散のどれを用いて定義しても同じことです。

　この本では数式を用いて解説する方針ですが、言葉だけで多変量解析の概念を説明する試みの本では、寄与率の分母の式、すなわち
(l 成分の平方和) + (m 成分の平方和) のことを、「資料の情報量」といい

換えています。すると、分子は「l成分で表される情報量」といい換えられます。

「資料の情報量」は、「l成分で表される情報量」と「m成分で表される情報量」の和です。l成分だけで資料を表すことは、m成分の情報量を損失することになります。損失分ができるだけ少なくなるようなlの方向が**第1主成分**です。

2変量の資料を主成分分析して第1主成分だけで表現することは、なるべく情報量を保ったまま、2変量の資料を1変量で表現する手法であるとまとめることができます。

さて、具体的な資料が与えられたときの主成分の求め方を説明していきましょう。

はじめに点が与えられたときの新座標の目盛の計算の仕方から復習しましょう。

例えば、x, yの平均が$\bar{x}=3$、$\bar{y}=1$であり、l軸の方向ベクトルが$e=\begin{pmatrix}0.8\\0.6\end{pmatrix}$であるとします。方向ベクトルは単位ベクトルを選んであります。$\left[たしかめ\left|\begin{pmatrix}0.8\\0.6\end{pmatrix}\right|=\sqrt{0.8^2+0.6^2}=1\right]$

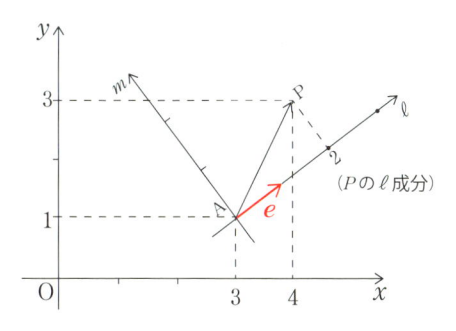

個体の変量が$(x, y)=(4, 3)$であるデータのl成分を求めてみましょう。$(3, 1)$で表される点をA、$(4, 3)$で表される点をPとすると、l成分を求め

るには、$\overrightarrow{\mathrm{AP}}$ と e の内積をとります。l 成分は、

$$\overrightarrow{\mathrm{AP}} \cdot e = \begin{pmatrix} 4-3 \\ 3-1 \end{pmatrix} \cdot \begin{pmatrix} 0.8 \\ 0.6 \end{pmatrix} = \begin{pmatrix} 1 \\ 2 \end{pmatrix} \cdot \begin{pmatrix} 0.8 \\ 0.6 \end{pmatrix} = 1 \times 0.8 + 2 \times 0.6 = 2$$

です。なぜこれでよいかは、p.262に書いてあります。

公式としてまとめておきましょう。(x, y) に対する l 成分を z とおくと、z は

$$z = \begin{pmatrix} x-\overline{x} \\ y-\overline{y} \end{pmatrix} \cdot e \quad \cdots\cdots ①$$

と求まります。

2変量のデータが $(x_1, y_1), (x_2, y_2), \cdots, (x_n, y_n)$ であるとします。

l 軸の方向を表すベクトルを $e = \begin{pmatrix} a \\ b \end{pmatrix}$ とします。e の大きさは1にとることにします。$a^2 + b^2 = 1$ が成り立っています。

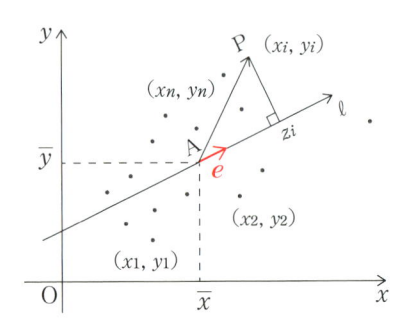

すると、(x_i, y_i) に対応する l 軸の目盛 z_i は、①より、

$$z_i = \overrightarrow{\mathrm{AP}} \cdot e = \begin{pmatrix} x_i - \overline{x} \\ y_i - \overline{y} \end{pmatrix} \cdot \begin{pmatrix} a \\ b \end{pmatrix} = a(x_i - \overline{x}) + b(y_i - \overline{y})$$

と計算できます。これらの平方和は、

$$\sum_{i=1}^{n} z_i^2 = \sum_{i=1}^{n} \{a(x_i - \overline{x}) + b(y_i - \overline{y})\}^2$$

$$= \sum_{i=1}^{n} \{a^2(x_i - \overline{x})^2 + 2ab(x_i - \overline{x})(y_i - \overline{y}) + b^2(y_i - \overline{y})^2\}$$

$$= a^2 \sum_{i=1}^{n}(x_i-\overline{x})^2 + 2ab \sum_{i=1}^{n}(x_i-\overline{x})(y_i-\overline{y}) + b^2 \sum_{i=1}^{n}(y_i-\overline{y})^2$$

$$= a^2 S_{xx} + 2ab S_{xy} + b^2 S_{yy}$$

これは a, b の2次関数になっていて、$f(a,b)$ とおきます。

$a^2+b^2=1$ のもとで $f(a,b)$ を最大にするような a, b を求め、$\begin{pmatrix} a \\ b \end{pmatrix}$ とすれば、それが第1主成分です。

ここからは次の具体的な資料を用いて第1主成分、第2主成分を計算してみましょう。

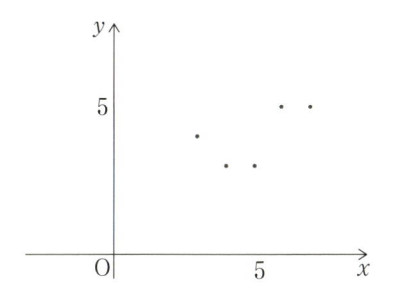

x	4	3	6	5	7
y	3	4	5	3	5

この資料の S_{xx}、S_{xy}、S_{yy} を計算してみましょう。

x	y	$x_i - \overline{x}$	$y_i - \overline{y}$	$(x_i-\overline{x})^2$	$(y_i-\overline{y})^2$	$(x_i-\overline{x})(y_i-\overline{y})$
4	3	-1	-1	1	1	1
3	4	-2	0	4	0	0
6	5	1	1	1	1	1
5	3	0	-1	0	1	0
7	5	2	1	4	1	2
				10 $=S_{xx}$	4 $=S_{yy}$	4 $=S_{xy}$

より、$S_{xx}=10$, $S_{xy}=4$, $S_{yy}=4$ なので、$f(a,b)$ は、

$$f(a, b) = 10a^2 + 8ab + 4b^2 \quad \cdots\cdots ②$$

となります。$a^2+b^2=1$ のもとで $f(a, b)$ の最大値を求めましょう。

求め方は、高校数学の範囲で理解できるものと、大学で習う線形代数を用いたものの2つを示します。

高校数学の範囲で

$a^2+b^2=1$ を満たす $P(a, b)$ は ab 平面上で原点 O を中心とした半径1の円(単位円)周上にあるので、OP と a 軸のなす角を θ とすると、三角関数の定義より、$a = \cos\theta$, $b = \sin\theta$ となります。

これを②に代入して、

$$f(\cos\theta, \sin\theta) = 10\cos^2\theta + 8\cos\theta\sin\theta + 4\sin^2\theta$$
$$= 6\cos^2\theta + 4(2\cos\theta\sin\theta) + 4$$
$$= 6 \cdot \frac{1+\cos 2\theta}{2} + 4\sin 2\theta + 4$$
$$= 3\cos 2\theta + 4\sin 2\theta + 7$$

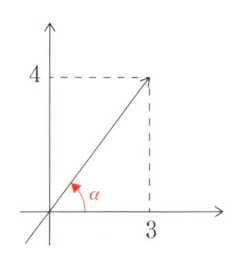

ここで、α を

$$\cos\alpha = \frac{3}{\sqrt{3^2+4^2}} = \frac{3}{5}, \quad \sin\alpha = \frac{4}{\sqrt{3^2+4^2}} = \frac{4}{5}$$

を満たすようにおくと、

$$= \sqrt{3^2+4^2}\left(\underbrace{\frac{3}{\sqrt{3^2+4^2}}}_{\cos\alpha}\cos 2\theta + \underbrace{\frac{4}{\sqrt{3^2+4^2}}}_{\sin\alpha}\sin 2\theta\right) + 7$$

(加法定理)

$$= \sqrt{3^2+4^2}\cos(2\theta - \alpha) + 7$$
$$= 5\cos(2\theta - \alpha) + 7$$

θ が $0° \leq \theta \leq 360°$ を動くとき、$f(\cos\theta, \sin\theta)$ の最大値を求めます。$\cos$ の値は -1 から 1 までをとりますから、$f(\cos\theta, \sin\theta)$ は、

$$\cos(2\theta - \alpha) = 1 \quad \therefore \quad 2\theta - \alpha = 0° \quad \therefore \quad \theta = \frac{\alpha}{2}$$

のとき、すなわち、$a=\cos\frac{\alpha}{2}$, $b=\sin\frac{\alpha}{2}$ のとき、最大値$5+7=12$をとります。a,bの具体的な値を求めると、

$$\cos^2\frac{\alpha}{2} \overset{\color{red}\text{半角の公式}}{=} \frac{1+\cos\alpha}{2} = \frac{\left(1+\frac{3}{5}\right)}{2} = \frac{4}{5} \quad \therefore \quad \cos\frac{\alpha}{2} = \frac{2}{\sqrt{5}}$$

$$\sin\frac{\alpha}{2} = \sqrt{1-\cos^2\frac{\alpha}{2}} = \sqrt{1-\left(\frac{2}{\sqrt{5}}\right)^2} = \frac{1}{\sqrt{5}}$$

結局、$f(a,b)$は、$(a, b) = \left(\frac{2}{\sqrt{5}}, \frac{1}{\sqrt{5}}\right)$のとき、最大値12をとります。第1主成分は、$\frac{1}{\sqrt{5}}\begin{pmatrix}2\\1\end{pmatrix}$となります。

(x, y)に対して、第1主成分z_1を求める公式は、

$$z_1 = \begin{pmatrix}x-5\\y-4\end{pmatrix} \cdot \frac{1}{\sqrt{5}}\begin{pmatrix}2\\1\end{pmatrix} = \frac{2}{\sqrt{5}}(x-5) + \frac{1}{\sqrt{5}}(y-4)$$

$$= \frac{1}{\sqrt{5}}(2x+y-14)$$

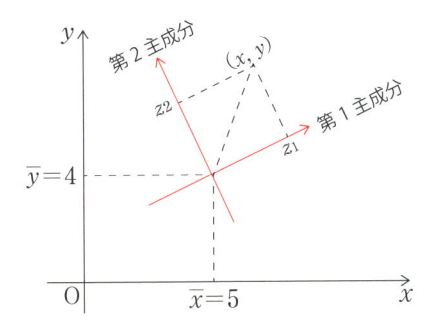

第2主成分は、第1主成分と直交する方向なので、その方向ベクトルは$\begin{pmatrix}-1\\2\end{pmatrix}$に平行です。実際に第1主成分との内積をとると、

$$\frac{1}{\sqrt{5}}\begin{pmatrix}2\\1\end{pmatrix} \cdot \begin{pmatrix}-1\\2\end{pmatrix} = \frac{2}{\sqrt{5}} \cdot (-1) + \frac{1}{\sqrt{5}} \cdot 2 = 0$$

となり、直交していることがわかります。第2主成分は$\begin{pmatrix}-1\\2\end{pmatrix}$を単位化し

て、$\dfrac{1}{\sqrt{5}}\begin{pmatrix}-1\\2\end{pmatrix}$ となります。

(x, y) に対して、第2主成分 z_2 を求める公式は、

$$z_2 = \begin{pmatrix}x-5\\y-4\end{pmatrix} \cdot \dfrac{1}{\sqrt{5}}\begin{pmatrix}-1\\2\end{pmatrix} = -\dfrac{1}{\sqrt{5}}(x-5) + \dfrac{2}{\sqrt{5}}(y-4)$$

$$= \dfrac{1}{\sqrt{5}}(-x+2y-3)$$

となります。z_1 の x, y の係数である $\dfrac{2}{\sqrt{5}}, \dfrac{1}{\sqrt{5}}$、$z_2$ の x, y の係数である $-\dfrac{1}{\sqrt{5}}, \dfrac{2}{\sqrt{5}}$ を**主成分負荷量**といいます。

資料を主成分に書き換えてみましょう。

x	y	z_1 $=$ $\dfrac{2x+y-14}{\sqrt{5}}$	z_2 $=$ $\dfrac{-x+2y-3}{\sqrt{5}}$
4	3	$-\dfrac{3}{\sqrt{5}}$	$-\dfrac{1}{\sqrt{5}}$
3	4	$-\dfrac{4}{\sqrt{5}}$	$\dfrac{2}{\sqrt{5}}$
6	5	$\dfrac{3}{\sqrt{5}}$	$\dfrac{1}{\sqrt{5}}$
5	3	$-\dfrac{1}{\sqrt{5}}$	$-\dfrac{2}{\sqrt{5}}$
7	5	$\dfrac{5}{\sqrt{5}}$	$\dfrac{0}{\sqrt{5}}$

ここから寄与率を求めてみましょう。

第1主成分の平方和は、

$$\dfrac{(-3)^2+(-4)^2+3^2+(-1)^2+5^2}{(\sqrt{5})^2} = \dfrac{9+16+9+1+25}{5} = \dfrac{60}{5} = 12$$

第2主成分の平方和は、

$$\dfrac{(-1)^2+2^2+1^2+(-2)^2+0^2}{(\sqrt{5})^2} = \dfrac{1+4+1+4+0}{5} = \dfrac{10}{5} = 2$$

よって、第1主成分、第2主成分の寄与率は、それぞれ、

$$(\text{第1主成分の寄与率}) = \dfrac{(\text{第1主成分の平方和})}{(\text{第1主成分の平方和})+(\text{第2主成分の平方和})}$$

$$= \frac{12}{12+2} = \frac{6}{7} = 0.857$$

$$(第2主成分の寄与率) = \frac{(第2主成分の平方和)}{(第1主成分の平方和)+(第2主成分の平方和)}$$

$$= \frac{2}{12+2} = \frac{1}{7} = 0.143$$

第2主成分までの累積寄与率は、

(第2主成分までの累積寄与率)=

$$\frac{(第1主成分の平方和)+(第2主成分の平方和)}{(第1主成分の平方和)+(第2主成分の平方和)} = \frac{12+2}{12+2} = 1$$

2変量の資料ですから、第2主成分まで用いれば、資料の情報を取りこぼすことがないということです。

線形代数を用いて

$a^2+b^2=1$ のもとで、

$$f(a, b) = S_{xx}a^2 + 2S_{xy}ab + S_{yy}b^2$$

の最大値を求めることを考えます。

$$\boldsymbol{a} = \begin{pmatrix} a \\ b \end{pmatrix}, \ S = \begin{pmatrix} S_{xx} & S_{xy} \\ S_{xy} & S_{yy} \end{pmatrix} とおくと、$$

$${}^t\boldsymbol{a}\boldsymbol{a} = (a \ \ b)\begin{pmatrix} a \\ b \end{pmatrix} = a^2 + b^2 = 1$$

$${}^t\boldsymbol{a}S\boldsymbol{a} = (a \ \ b)\begin{pmatrix} S_{xx} & S_{xy} \\ S_{xy} & S_{yy} \end{pmatrix}\begin{pmatrix} a \\ b \end{pmatrix} = (S_{xx}a+S_{xy}b \ \ S_{xy}a+S_{yy}b)\begin{pmatrix} a \\ b \end{pmatrix}$$

$$= (S_{xx}a+S_{xy}b)a + (S_{xy}a+S_{yy}b)b = S_{xx}a^2 + 2S_{xy}ab + S_{yy}b^2$$

となるので、問題は、

${}^t\boldsymbol{a}\boldsymbol{a}=1$ のもと、${}^t\boldsymbol{a}S\boldsymbol{a}$ の最大値を求めることになります。

上の例では、$S_{xx}=10, S_{xy}=4, S_{yy}=4$ なので、

第6章 主成分分析

$$S = \begin{pmatrix} S_{xx} & S_{xy} \\ S_{xy} & S_{yy} \end{pmatrix} = \begin{pmatrix} 10 & 4 \\ 4 & 4 \end{pmatrix}$$

です。Sは対称行列になっています。

ここで線形代数の次の定理を用います。

> **定理** n次対称行列には、互いに直交し、大きさが1であるn個の固有ベクトルが存在する。

$S = \begin{pmatrix} 10 & 4 \\ 4 & 4 \end{pmatrix}$について、互いに直交し、大きさが1である2つのベクトルを求めてみましょう。それらは、固有ベクトルを単位化することによって得られます。

そこでまず、固有値、固有ベクトルを求めてみましょう。

Sの固有多項式は、（p.286 参照）

$$f(t) = \begin{vmatrix} 10-t & 4 \\ 4 & 4-t \end{vmatrix} = (10-t)(4-t) - 4 \cdot 4 = t^2 - 14t + 24$$

$$= (t-12)(t-2)$$

となりますから、$f(t) = 0$より、固有値は$t = 12, 2$になります。

$t = 12$のとき、固有ベクトルを$\boldsymbol{x} = \begin{pmatrix} x \\ y \end{pmatrix}$とすると、

$$S\boldsymbol{x} = 12\boldsymbol{x} \quad \therefore \quad S\boldsymbol{x} = 12E\boldsymbol{x} \quad \therefore \quad (S - 12E)\boldsymbol{x} = 0$$

$$\therefore \left(\begin{pmatrix} 10 & 4 \\ 4 & 4 \end{pmatrix} - 12 \begin{pmatrix} 1 & 0 \\ 0 & 1 \end{pmatrix} \right) \begin{pmatrix} x \\ y \end{pmatrix} = \begin{pmatrix} 0 \\ 0 \end{pmatrix}$$

$$\therefore \begin{pmatrix} 10-12 & 4 \\ 4 & 4-12 \end{pmatrix} \begin{pmatrix} x \\ y \end{pmatrix} = \begin{pmatrix} 0 \\ 0 \end{pmatrix} \quad \therefore \begin{pmatrix} -2 & 4 \\ 4 & -8 \end{pmatrix} \begin{pmatrix} x \\ y \end{pmatrix} = \begin{pmatrix} 0 \\ 0 \end{pmatrix}$$

$$\therefore \begin{pmatrix} -2x + 4y \\ 4x - 8y \end{pmatrix} = \begin{pmatrix} 0 \\ 0 \end{pmatrix}$$

成分どうしを比べて、

$$-2x + 4y = 0 \quad \cdots\cdots ② \qquad 4x - 8y = 0 \quad \cdots\cdots ③$$

ここで、③ = ② × (−2)であり、②より、$x = 2y$なので、
$x = \begin{pmatrix} x \\ y \end{pmatrix}$が固有ベクトルとなる$x, y$は、

$$x = 2k, \quad y = k \quad (k\text{は実数})$$

であり、12に属する固有ベクトルは$\begin{pmatrix} 2 \\ 1 \end{pmatrix}$になります。

これを単位化したベクトルv_1は、$v_1 = \dfrac{1}{\sqrt{2^2+1^2}}\begin{pmatrix} 2 \\ 1 \end{pmatrix} = \dfrac{1}{\sqrt{5}}\begin{pmatrix} 2 \\ 1 \end{pmatrix}$

$t = 2$のとき、固有ベクトルを$\boldsymbol{x} = \begin{pmatrix} x \\ y \end{pmatrix}$とすると、

$$S\boldsymbol{x} = 2\boldsymbol{x} \quad \therefore \quad S\boldsymbol{x} = 2E\boldsymbol{x} \quad \therefore \quad (S - 2E)\boldsymbol{x} = 0$$

$$\therefore \left(\begin{pmatrix} 10 & 4 \\ 4 & 4 \end{pmatrix} - 2\begin{pmatrix} 1 & 0 \\ 0 & 1 \end{pmatrix} \right) \begin{pmatrix} x \\ y \end{pmatrix} = \begin{pmatrix} 0 \\ 0 \end{pmatrix}$$

$$\therefore \begin{pmatrix} 10-2 & 4 \\ 4 & 4-2 \end{pmatrix} \begin{pmatrix} x \\ y \end{pmatrix} = \begin{pmatrix} 0 \\ 0 \end{pmatrix} \quad \therefore \begin{pmatrix} 8 & 4 \\ 4 & 2 \end{pmatrix} \begin{pmatrix} x \\ y \end{pmatrix} = \begin{pmatrix} 0 \\ 0 \end{pmatrix}$$

$$\therefore \begin{pmatrix} 8x+4y \\ 4x+2y \end{pmatrix} = \begin{pmatrix} 0 \\ 0 \end{pmatrix}$$

成分どうしを比べて、

$$8x + 4y = 0 \quad \cdots\cdots ④ \qquad 4x + 2y = 0 \quad \cdots\cdots ⑤$$

ここで、④ = ⑤ × 2であり、④より、$y = -2x$なので、

$\boldsymbol{x} = \begin{pmatrix} x \\ y \end{pmatrix}$が固有ベクトルとなる$x, y$は、

$$x = -k, y = 2k \quad (k\text{は実数})$$

であり、2に属する固有ベクトルは$\begin{pmatrix} -1 \\ 2 \end{pmatrix}$になります。

これを単位化したベクトルv_2は、$v_2 = \dfrac{1}{\sqrt{(-1)^2+2^2}}\begin{pmatrix} -1 \\ 2 \end{pmatrix} = \dfrac{1}{\sqrt{5}}\begin{pmatrix} -1 \\ 2 \end{pmatrix}$

v_1, v_2についてまとめると、

$$Sv_1 = 12v_1, \ Sv_2 = 2v_2, \ |v_1| = 1, \ |v_2| = 1,$$

$$v_1 \cdot v_2 = \dfrac{1}{\sqrt{5}}\begin{pmatrix} 2 \\ 1 \end{pmatrix} \cdot \dfrac{1}{\sqrt{5}}\begin{pmatrix} -1 \\ 2 \end{pmatrix}$$

$$= \left(\dfrac{2}{\sqrt{5}}\right)\left(\dfrac{-1}{\sqrt{5}}\right) + \left(\dfrac{1}{\sqrt{5}}\right)\left(\dfrac{2}{\sqrt{5}}\right) = 0$$

が成り立ちますから、v_1, v_2 は定理が主張するように対称行列 S の大きさが 1 の固有ベクトルで互いに直交するものになっています。

これを用いて主成分方向を求めてみましょう。

v_1, v_2 は互いに直交するベクトルですから、直線 l の方向ベクトル a は実数 s, t と v_1, v_2 の 1 次結合によって、$a = sv_1 + tv_2$ と表すことができます。

ここで、a を単位ベクトルとしてとっていたので、

$$|a|^2 = 1 \Leftrightarrow a \cdot a = 1 \Leftrightarrow (sv_1 + tv_2) \cdot (sv_1 + tv_2) = 1$$
$$\Leftrightarrow s^2 \underbrace{v_1 \cdot v_1}_{1} + st \underbrace{v_1 \cdot v_2}_{0} + ts v_2 \cdot v_1 + t^2 v_2 \cdot v_2 = 1$$
$$\Leftrightarrow s^2 + t^2 = 1 \quad \cdots\cdots ④ \qquad {\color{red} v_1 \cdot v_1 = |v_1|^2 = 1}$$

となります。また

$$Sa = S(sv_1 + tv_2) = S(sv_1) + S(tv_2) = sSv_1 + tSv_2$$
$$= s(12v_1) + t(2v_2) = 12sv_1 + 2tv_2$$
$${}^t aSa = a \cdot (Sa) = (sv_1 + tv_2) \cdot (12sv_1 + 2tv_2)$$
$$= 12s^2 v_1 \cdot v_1 + 2st v_1 \cdot v_2 + 12ts v_2 \cdot v_1 + 2t^2 v_2 \cdot v_2$$
$$= 12s^2 + 2t^2$$

ここで ④ から、$s^2 = 1 - t^2$ を導き、この式に代入すると、

$${}^t aSa = 12(1 - t^2) + 2t^2 = 12 - 10t^2 \quad \cdots\cdots ⑤$$

となります。④ より、$0 \le t^2 \le 1$ ですから、⑤ は、$t^2 = 0$ すなわち、$t = 0, s = \pm 1$ のときに最大値 12 をとります。

すなわち、第 1 主成分方向は、$a = (\pm 1)v_1 + 0 \cdot v_2 = \pm v_1$ です。

このとき a 方向の成分の平方和は 12 になります。高校数学の範囲で $f(a, b)$ の最大値を求めた結果と合っています。

このように第 1 主成分方向は S の固有ベクトル(固有値が大きい方)、このときの成分の平方和は S の固有値になります。

第 2 主成分方向は、第 1 主成分方向と直交していましたから、v_2 になります。$a = v_2$ とすると、$v_2 = 0 \cdot v_1 + 1 \cdot v_2$ であり、$s = 0, t = 1$ ですから、

$${}^t aSa = 12s^2 + 2t^2 = 12 \cdot 0^2 + 2 \cdot 1^2 = 2$$

となります。第2主成分方向の成分の平方和は、v_2の固有値に等しくなります。

第1主成分の平方和が12で、固有値が12。第2成分の平方和が2で、固有値が2なので、

$$\underline{(主成分方向の成分の平方和)=(固有値)}$$

という式が成り立ちます。

この関係を用いて、寄与率も計算しておきましょう。

第1主成分の寄与率は、

$$(第1主成分の寄与率)=\frac{(第1主成分の固有値)}{(第1主成分の固有値)+(第2主成分の固有値)}$$
$$=\frac{12}{12+2}=\frac{6}{7}$$

と計算できます。

2　3変量の主成分分析

3変量の場合でも主成分分析を図形的に捉えてみましょう。

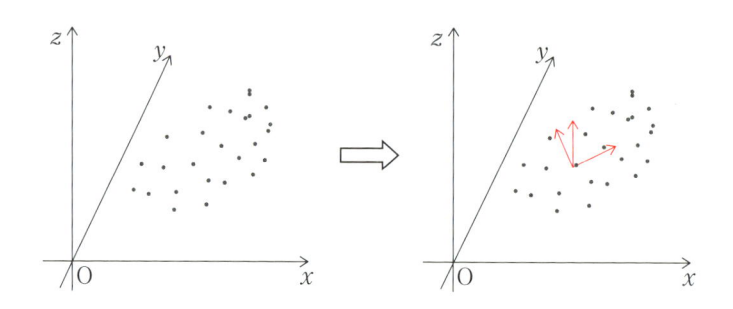

3変量の資料が上図のように3D散布図で表されています。

ここに資料を要約して表す、すなわち変量を2つ以下にして表す新しい座標軸を導入することが主成分分析の目標です。

直線に近い散布図で表される2変量の資料に主成分分析を施すと、資料の個体を第1主成分だけでほぼ表すことができました。3変量の場合ではどうなるでしょうか。

やはり、3D散布図でほぼ直線状に分布している場合は第1主成分だけで表すことができます。一方、3D散布図でほぼ平面状に分布している場合には、第1主成分と第2主成分を用いて資料の様子をほぼ表すことができます。

2　3変量の主成分分析

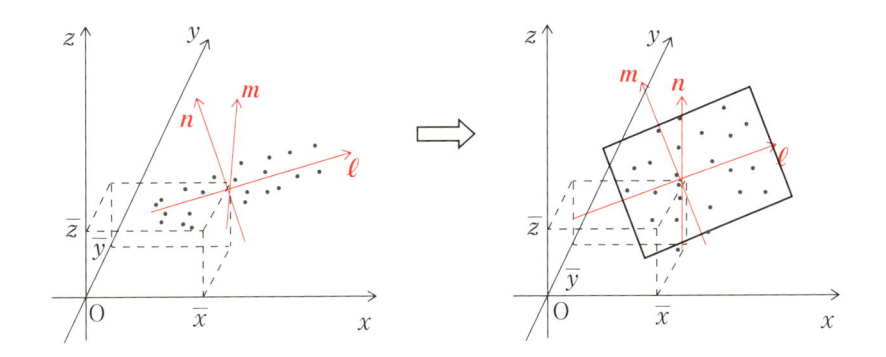

2変量のときは、第1主成分を決めると第2主成分はその直交方向として決まりました。3変量のときは第1主成分を決めても、3次元ですからその直交方向は無数にあります。第2主成分の方向はどのように決めればよいのでしょうか。

3変量の場合の主成分の求め方を説明してみましょう。特に第2主成分の求め方に注意して読んでください。

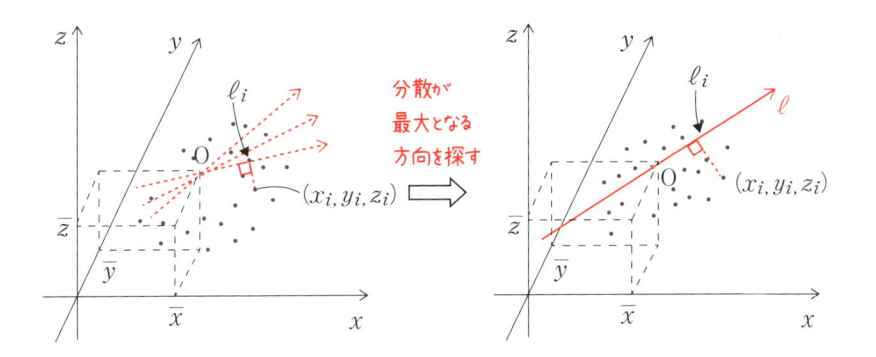

$O(\bar{x}, \bar{y}, \bar{z})$を通る直線を$l$とします。$l$には$(\bar{x}, \bar{y}, \bar{z})$を0として、$x$軸などと同じ間隔で目盛が振られています。

各点(x_i, y_i, z_i)からlに垂線を下ろし、垂線の足の座標をl_iとします。l_iの平方和を計算して、それが最大になるようなlの方向を第1主成分とします。

次に、$O(\bar{x}, \bar{y}, \bar{z})$を通り、$l$に垂直な平面$\pi$を考えます。

資料の各点$P_i(x_i, y_i, z_i)$を平面πに正射影します。すなわち、各点$P_i(x_i, y_i, z_i)$から平面πに垂線を下ろし、その足を$Q_i(x'_i, y'_i, z'_i)$とします。下右図は、平面π上に$Q_i(x'_i, y'_i, z'_i)$が乗っている図です。

各点$P_i(x_i, y_i, z_i)$を平面πに正射影して$Q_i(x'_i, y'_i, z'_i)$を考えるということは、ベクトル$\overrightarrow{OP_i} = \begin{pmatrix} x_i - \bar{x} \\ y_i - \bar{y} \\ z_i - \bar{z} \end{pmatrix}$から、第1主成分方向を取り除いて、ベクトルを考えることに相当します。

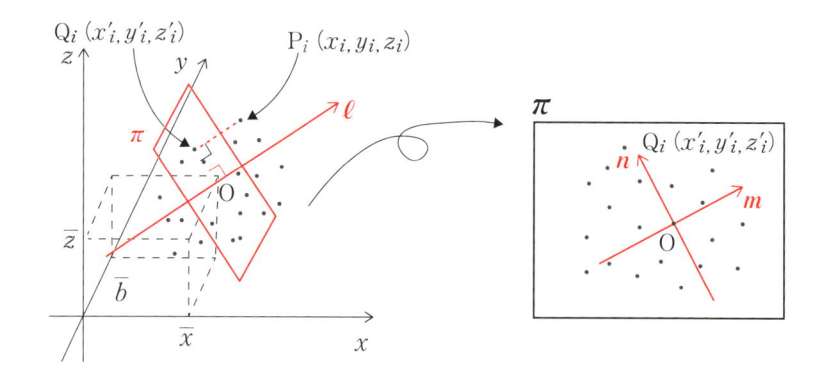

この平面πに分布した各点に対して、2変量の資料のときのように主成分方向を決めていきます。

$O(\bar{x}, \bar{y}, \bar{z})$を通り直交する2直線$m$と$n$を考えます。$m, n$には$x$軸などと同じ間隔で目盛が振られています。

平面π上の各点(x'_i, y'_i, z'_i)から直線mに垂線を下ろし、その垂線の足の目盛をm_iとします。m_iの平方和を計算し、それが最大となるようなmの方向を第2主成分方向とします。

このとき、mと直交するnが第3主成分方向とします。平面πがlに垂直ですから、πに含まれるnはlとも垂直になります。

つまり、l, m, nは互いに垂直になります。

第1主成分方向、第2主成分方向、第3主成分方向は互いに直交します。

3変量の場合で、第1主成分、第2主成分を求めてみましょう。基本的には、2変量の場合と同じですが、線形代数の知識を用いて解くことにします。

サイズnの3変量のデータが$(x_1, y_1, z_1), (x_2, y_2, z_2), \cdots, (x_n, y_n, z_n)$であるとし、$i$番目のデータと各変量の平均との差、すなわち偏差を並べたベクトルを、$\boldsymbol{x}_i = \begin{pmatrix} x_i - \overline{x} \\ y_i - \overline{y} \\ z_i - \overline{z} \end{pmatrix}$とします。また、O$(\overline{x}, \overline{y}, \overline{z})$を通る直線$l$の方向の単位ベクトルを$\boldsymbol{a} = \begin{pmatrix} a \\ b \\ c \end{pmatrix}$とします。

P$_i(x_i, y_i, z_i)$からl軸に下ろした垂線の足の目盛をl_iとすると、公式により、

$$l_i = \boldsymbol{a} \cdot \boldsymbol{x}_i = \begin{pmatrix} a \\ b \\ c \end{pmatrix} \cdot \begin{pmatrix} x_i - \overline{x} \\ y_i - \overline{y} \\ z_i - \overline{z} \end{pmatrix} = a(x_i - \overline{x}) + b(y_i - \overline{y}) + c(z_i - \overline{z})$$

$\boldsymbol{a} \cdot \boldsymbol{x}_i$は$\boldsymbol{a}$を$(3, 1)$行列と見て、$\boldsymbol{a}$の転置行列${}^t\boldsymbol{a}$と$(3, 1)$行列$\boldsymbol{x}_i$の行列としての積と見ることもできます。また、$\boldsymbol{x}_i$の転置行列${}^t\boldsymbol{x}_i$と$\boldsymbol{a}$の行列としての積と見ることもできます。

$$
{}^t\boldsymbol{a}\boldsymbol{x}_i = (a \quad b \quad c)\begin{pmatrix} x_i - \overline{x} \\ y_i - \overline{y} \\ z_i - \overline{z} \end{pmatrix} = a(x_i - \overline{x}) + b(y_i - \overline{y}) + c(z_i - \overline{z})
$$

$$
{}^t\boldsymbol{x}_i\boldsymbol{a} = (x_i - \overline{x} \quad y_i - \overline{y} \quad z_i - \overline{z})\begin{pmatrix} a \\ b \\ c \end{pmatrix}
$$

$$
= a(x_i - \overline{x}) + b(y_i - \overline{y}) + c(z_i - \overline{z})
$$

となります。すると、(x_i, y_i, z_i) に対する l 方向の成分 l_i の2乗は、

$$
\{a(x_i - \overline{x}) + b(y_i - \overline{y}) + c(z_i - \overline{z})\}^2
$$
$$
= ({}^t\boldsymbol{a}\boldsymbol{x}_i)({}^t\boldsymbol{x}_i\boldsymbol{a}) = {}^t\boldsymbol{a}(\boldsymbol{x}_i{}^t\boldsymbol{x}_i)\boldsymbol{a}
$$

（行列の積の結合法則を用いています）

ここで、$\boldsymbol{x}_i{}^t\boldsymbol{x}_i$ は、

$$
\begin{pmatrix} x_i - \overline{x} \\ y_i - \overline{y} \\ z_i - \overline{z} \end{pmatrix}(x_i - \overline{x} \quad y_i - \overline{y} \quad z_i - \overline{z}) \quad\quad\text{p.276の下の方参照)}
$$

$$
= \begin{pmatrix} (x_i - \overline{x})^2 & (x_i - \overline{x})(y_i - \overline{y}) & (x_i - \overline{x})(z_i - \overline{z}) \\ (x_i - \overline{x})(y_i - \overline{y}) & (y_i - \overline{y})^2 & (y_i - \overline{y})(z_i - \overline{z}) \\ (x_i - \overline{x})(z_i - \overline{z}) & (y_i - \overline{y})(z_i - \overline{z}) & (z_i - \overline{z})^2 \end{pmatrix}
$$

となります。l 方向の成分 l_i の平方和は、

$$
\sum_{i=1}^{n}\{a(x_i - \overline{x}) + b(y_i - \overline{y}) + c(z_i - \overline{z})\}^2
$$
$$
= \sum_{i=1}^{n}{}^t\boldsymbol{a}\boldsymbol{x}_i{}^t\boldsymbol{x}_i\boldsymbol{a} = {}^t\boldsymbol{a}\left(\sum_{i=1}^{n}\boldsymbol{x}_i{}^t\boldsymbol{x}_i\right)\boldsymbol{a} \quad \cdots\cdots ①
$$

ここで、波線部は、偏差の平方和、積和を用いて、

$$\sum_{i=1}^{n} x_i {}^t x_i = \begin{pmatrix} \sum_{i=1}^{n}(x_i-\overline{x})^2 & \sum_{i=1}^{n}(x_i-\overline{x})(y_i-\overline{y}) & \sum_{i=1}^{n}(x_i-\overline{x})(z_i-\overline{z}) \\ \sum_{i=1}^{n}(x_i-\overline{x})(y_i-\overline{y}) & \sum_{i=1}^{n}(y_i-\overline{y})^2 & \sum_{i=1}^{n}(y_i-\overline{y})(z_i-\overline{z}) \\ \sum_{i=1}^{n}(x_i-\overline{x})(z_i-\overline{z}) & \sum_{i=1}^{n}(y_i-\overline{y})(z_i-\overline{z}) & \sum_{i=1}^{n}(z_i-\overline{z})^2 \end{pmatrix}$$

$$= \begin{pmatrix} S_{xx} & S_{xy} & S_{xz} \\ S_{xy} & S_{yy} & S_{yz} \\ S_{xz} & S_{yz} & S_{zz} \end{pmatrix}$$

となります。この行列を S とおくと、ベクトル a の方向の軸の座標の成分の平方和は、①より ${}^t a S a$ と簡潔に表されます。

ここで、S は対称行列（対角線に関して対称な位置にある成分が等しい）になっています。p.289の定理より、n 次対称行列には、互いに直交し、大きさが1である n 個の固有ベクトルが存在します。

ですから、S に対して、

$$S v_1 = \lambda_1 v_1,\ S v_2 = \lambda_2 v_2,\ S v_3 = \lambda_3 v_3 \quad \cdots\cdots ②$$

[$\lambda_1, \lambda_2, \lambda_3$ は固有値、v_1, v_2, v_3 はそれに対応する固有ベクトル]

$$|v_1|=1,\ |v_2|=1,\ |v_3|=1 \quad [大きさが1] \cdots\cdots ③$$

$$v_1 \cdot v_2 = 0,\ v_2 \cdot v_3 = 0,\ v_1 \cdot v_3 = 0 \quad [互いに直交] \cdots\cdots ④$$

を満たす、$\lambda_1, \lambda_2, \lambda_3$ と v_1, v_2, v_3 が存在します。

ここで、大きい方から $\lambda_1, \lambda_2, \lambda_3$ とします。　　$\lambda_1 \geq \lambda_2 \geq \lambda_3$

v_1, v_2, v_3 は大きさが1で、互いに直交していますから、1次独立であり、3次元ベクトルの正規直交基底となります。

そこで、a を実数 s, t, u を用いて、v_1, v_2, v_3 の1次結合 $s v_1 + t v_2 + u v_3$ と表します。a の大きさが1であるという条件は、

$$a \cdot a = 1 \quad \therefore\quad (s v_1 + t v_2 + u v_3) \cdot (s v_1 + t v_2 + u v_3) = 1$$

これに③、④を用いて、$s^2 + t^2 + u^2 = 1 \quad \cdots\cdots ⑤$

$v_1 \cdot v_2 = 0,\ v_2 \cdot v_3 = 0,$
$v_3 \cdot v_1 = 0$ なので
$v_1 \cdot v_1,\ v_2 \cdot v_2,\ v_3 \cdot v_3$
しか残らない

また、a 方向の成分の平方和を S_{aa} とおくと、

$$S a = S(s v_1 + t v_2 + u v_3) = S(s v_1) + S(t v_2) + S(u v_3)$$

$$= sSv_1 + tSv_2 + uSv_3 = s\lambda_1 v_1 + t\lambda_2 v_2 + u\lambda_3 v_3$$

$$S_{aa} = {}^t a S a = a \cdot (Sa)$$
$$= (sv_1 + tv_2 + uv_3) \cdot (s\lambda_1 v_1 + t\lambda_2 v_2 + u\lambda_3 v_3)$$
$$= \lambda_1 s^2 v_1 \cdot v_1 + \lambda_2 t^2 v_2 \cdot v_2 + \lambda_3 u^2 v_3 \cdot v_3$$
$$= \lambda_1 s^2 + \lambda_2 t^2 + \lambda_3 u^2 \quad \cdots\cdots ⑥$$

と表されます。

つまり、第1主成分を求める問題は、⑤の条件のもとで、s, t, u を動かすとき、⑥を最大値にするような s, t, u を求めよという問題に置き換えられます。

ここで、⑥に⑤を用いると、
$$S_{aa} = \lambda_1 s^2 + \lambda_2 t^2 + \lambda_3 u^2$$
$$= \lambda_1 (1 - t^2 - u^2) + \lambda_2 t^2 + \lambda_3 u^2$$
$$= \lambda_1 - (\lambda_1 - \lambda_2) t^2 - (\lambda_1 - \lambda_3) u^2 \leqq \lambda_1$$
[なぜなら、$(\lambda_1 - \lambda_2) t^2 \geqq 0$、$(\lambda_1 - \lambda_3) u^2 \geqq 0$ なので]

となり S_{aa} は λ_1 以下です。$t=0, u=0$ のとき、等号が成り立ち、$S_{aa} = \lambda_1$ となります。これより、$s = \pm 1, t = 0, u = 0$ のとき、すなわち $a = \pm v_1$ のとき、S_{aa} は最大値 λ_1 をとることがわかります。

この資料の第1主成分方向は v_1 です。

$a = \pm v_1$ のとき $S_{aa} = \lambda_1$ ですから、3変量の主成分分析でも、

（第1主成分の平方和）＝（第1主成分の固有値）

が成り立っています。

続いて第2主成分を求めてみましょう。

第2主成分は、第1主成分と直交する平面 π の中から選びます。

平面 π には、$P_i(x_i, y_i, z_i)$ を π に正射影した $Q_i(x'_i, y'_i, z'_i)$ がプロットされています。ここに $O(\overline{x}, \overline{y}, \overline{z})$ を通る直線 m を引きます。

直線 m の方向ベクトルを b（単位ベクトルとしてとる）とします。

v_1, v_2, v_3 は互いに直交し、π は v_1 に垂直なので、π に含まれるベクトル

は、実数 t, u を用いて、v_2, v_3 の1次結合 $b = tv_2 + uv_3$ で表すことができます。

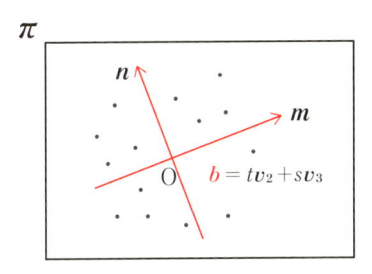

b は単位ベクトルなので、

$$b \cdot b = 1 \quad \therefore \quad (tv_2 + uv_3) \cdot (tv_2 + uv_3) = 1$$
$$\therefore \quad t^2 + u^2 = 1 \cdots\cdots ⑦$$

を満たします。

(x_i, y_i, z_i) の b 方向の成分の平方和を S_{bb} とおくと、⑥で $s=0$ として、

$$S_{bb} = \lambda_2 t^2 + \lambda_3 u^2 \quad \cdots\cdots ⑧$$

第2主成分を求めることは、⑦の条件のもとで、t, u を動かすとき、⑧の最大値を求める問題に置き換えられます。

⑧に⑦を用いると、

$$S_{bb} = \lambda_2 t^2 + \lambda_3 u^2 = \lambda_2(1 - u^2) + \lambda_3 u^2$$
$$= \lambda_2 - (\lambda_2 - \lambda_3)u^2 \leqq \lambda_2$$
$$\text{［なぜなら、}(\lambda_2 - \lambda_3)u^2 \geqq 0\text{ なので］}$$

これから S_{bb} は λ_2 以下です。$t = \pm 1, u = 0$ のとき、すなわち $b = \pm v_2$ のとき等号が成り立ち、S_{bb} は最大値 λ_2 をとります。

これから、第2主成分は v_2 であることがわかります。$b = \pm v_2$ のとき、$S_{bb} = \lambda_2$ ですから、

（第2主成分の平方和）＝（第2主成分の固有値）

が成り立ちます。

第3主成分の方向は、第1主成分方向 v_1、第2主成分方向 v_2 と直交する

方向なので、v_3 となります。

第1主成分の寄与率は、（第1主成分の平方和）＝（第1主成分の固有値）などを用いて、

（第1主成分の寄与率）

$$= \frac{（第1主成分の平方和）}{（第1主成分の平方和）+（第2主成分の平方和）+（第3主成分の平方和）} \quad \cdots\cdots ⑨$$

$$= \frac{（第1主成分の固有値）}{（第1主成分の固有値）+（第2主成分の固有値）+（第3主成分の固有値）}$$

$$= \frac{\lambda_1}{\lambda_1+\lambda_2+\lambda_3}$$

となります。これと同様に、

$$（第2主成分の寄与率）= \frac{\lambda_2}{\lambda_1+\lambda_2+\lambda_3}$$

となります。3変量の資料を第1主成分と第2主成分の2変量で要約しようとするとき、それが有効であるか否かを判定するのに役立つのが、第2主成分までの累積寄与率です。これは、

（第2主成分までの累積寄与率）
＝（第1主成分の寄与率）＋（第2主成分の寄与率）
$$= \frac{\lambda_1+\lambda_2}{\lambda_1+\lambda_2+\lambda_3}$$

と計算することができます。

なお、⑨の分母は、例えば、新座標が次頁のような場合、

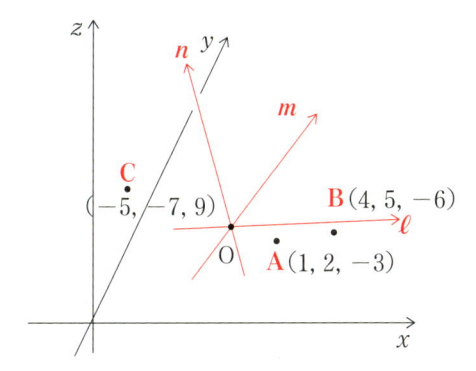

(第1主成分の平方和)+(第2主成分の平方和)
$$+ (第3主成分の平方和)$$
$$= \{1^2+4^2+(-5)^2\} + \{2^2+5^2+(-7)^2\} + \{(-3)^2+(-6)^2+9^2\}$$
$$= (1^2+2^2+(-3)^2) + \{4^2+5^2+(-6)^2\} + \{(-5)^2+(-7)^2+9^2\}$$
$$= \text{OA}^2 + \text{OB}^2 + \text{OC}^2$$

となります。

一般に、A, B, C の xyz 座標を (x_1, y_1, z_1), (x_2, y_2, z_2), (x_3, y_3, z_3) とすると、O の xyz 座標は $(\bar{x}, \bar{y}, \bar{z})$ ですから、

$$\text{OA}^2 = (x_1-\bar{x})^2+(y_1-\bar{y})^2+(z_1-\bar{z})^2$$
$$\text{OB}^2 = (x_2-\bar{x})^2+(y_2-\bar{y})^2+(z_2-\bar{z})^2$$
$$\text{OC}^2 = (x_3-\bar{x})^2+(y_3-\bar{y})^2+(z_3-\bar{z})^2$$
$$\text{OA}^2+\text{OB}^2+\text{OC}^2 = \sum_{i=1}^{3}(x_i-\bar{x})^2+\sum_{i=1}^{3}(y_i-\bar{y})^2+\sum_{i=1}^{3}(z_i-\bar{z})^2$$
$$= S_{xx} + S_{yy} + S_{zz}$$

これからわかるように、一般に、

(第1主成分の平方和)+(第2主成分の平方和)+(第3主成分の平方和)
$$= S_{xx} + S_{yy} + S_{zz}$$

が成り立ちます。このように、寄与率を計算するときの分母は、各変量の変動の和になります。

2変量、3変量の例から次のことが成り立つことがわかるでしょう。

> **寄与率と固有値**
>
> n 変量のデータに関する偏差の平方和・積和行列を S とする。
>
> S の固有値を大きい方から、$\lambda_1, \lambda_2, \cdots, \lambda_n$ とし、それに対応する固有値ベクトルを $v_1, v_2, \cdots, v_n$ とする。
>
> このとき、第1主成分は v_1、第2主成分は $v_2, \cdots$、第 n 主成分は v_n であり、第 i 主成分の寄与率は、$\dfrac{\lambda_i}{\lambda_1+\lambda_2+\cdots+\lambda_n}$ に等しい。

上では各主成分方向を求めるときに「平方和が最大になるような方向」という条件を用いました。これの代わりに「分散が最大になるような方向」という条件を用いて、各主成分を特徴づけてもかまいません。このとき、最大値を問題にする分散は、資料のサイズを n とすると、

$$\frac{1}{n}\sum_{i=1}^{n}\{a(x_i-\bar{x})+b(y_i-\bar{y})+c(z_i-\bar{z})\}^2$$
$$=\frac{1}{n}\sum_{i=1}^{n}({}^t a x_i)({}^t x_i a)={}^t a\left(\frac{1}{n}\sum_{i=1}^{n}x_i{}^t x_i\right)a$$

などとなります。ここで、

$$\frac{1}{n}\sum_{i=1}^{n}x_i{}^t x_i=\frac{1}{n}\begin{pmatrix}S_{xx}&S_{xy}&S_{xz}\\S_{xy}&S_{yy}&S_{yz}\\S_{xz}&S_{yz}&S_{zz}\end{pmatrix}=\begin{pmatrix}\sigma_x^2&\sigma_{xy}&\sigma_{xz}\\\sigma_{xy}&\sigma_y^2&\sigma_{yz}\\\sigma_{xz}&\sigma_{yz}&\sigma_z^2\end{pmatrix}$$

ですから、偏差の平方和・積和行列の代わりに、分散共分散行列を用います。分散共分散行列は、偏差の平方和・積和行列の定数倍になっています。

一般に、λ, x が A の固有値、固有ベクトルとすると、

$$Ax=\lambda x \qquad \therefore\quad \frac{1}{n}Ax=\left(\frac{1}{n}\lambda\right)x$$

より、$\dfrac{1}{n}A$ の固有値、固有ベクトルは、$\dfrac{1}{n}\lambda, x$ となります。

A と $\frac{1}{n}A$ で、固有ベクトルは変わりませんから、偏差の平方和・積和行列の代わりに、分散共分散行列を用いて議論しても、求めた主成分方向は同じになります。分散共分散行列で求めた固有値は、主成分方向の分散に対応します。

上の説明では資料の値をそのまま用いて主成分分析をしましたが、変量の単位が異なる場合や変量によって平均・分散に開きがある場合は、データを標準化してから主成分分析を行ないます。

すなわち、x_i の平均を $\bar{x}$、分散を σ_x^2 とするとき、x_i の代わりに $\frac{x_i - \bar{x}}{\sigma_x}$ を用いて主成分分析を行ないます。

$\frac{x_i - \bar{x}}{\sigma_x}$ の平均が0であることに注意すると、偏差の平方和・積和は、

$$\sum_{i=1}^{n}\left(\frac{x_i - \bar{x}}{\sigma_x}\right)^2 = \frac{\sum_{i=1}^{n}(x_i - \bar{x})^2}{\sigma_x^2} = 1, \quad \sum_{i=1}^{n}\frac{(x_i - \bar{x})(y_i - \bar{y})}{\sigma_x \cdot \sigma_y} = r_{xy}$$

x と y の相関係数

となりますから、平方和・積和行列は、$n = 3$ の場合、

$$\begin{pmatrix} 1 & r_{xy} & r_{xz} \\ r_{xy} & 1 & r_{yz} \\ r_{xz} & r_{yz} & 1 \end{pmatrix}$$

となります。これを**相関行列**と呼びます。

よって、データを標準化してからの主成分分析は、相関行列の固有ベクトル、固有値を求めることになります。

同じ資料を扱う場合であっても、偏差の平方和・積和行列、分散共分散行列で求めた固有値・固有ベクトルと、相関行列によって求めた固有値・固有ベクトルは一致しません。

第7章

因子分析

　因子分析も主成分分析と同様に資料を要約するための分析方法です。
　ここでは、因子分析が主成分分析と混同されることがよくあるので、その違いが明確になるように、2つの分析法を比較しながら説明していきます。

1 因子分析と主成分分析の違い

　因子分析も主成分分析と同じように、多変量のデータを要約して表現することが目的です。

　主成分分析と比較しながら因子分析を紹介していきましょう。

　例えば、算数、国語、理科、社会の4科目の成績のデータがあるとき、これを要約することを考えてみます。この例で、主成分分析と因子分析のモチベーションの違いを説明していきましょう。どちらの分析法も新しい変数を設定するところは同じなのですが、設定の仕方が逆になっています。

　主成分分析では、偏差の平方和が最大になるような新しい座標軸を求め、これを繰り返すことで第1主成分、第2主成分、……と求めていきました。寄与率が十分になったところで打ち止めにし、それまでに求めた主成分の数値でデータを要約して表されたことにしたのでした。

　算数、国語、理科、社会の点数を変量 x, y, z, w とするとき、求めた第1主成分、第2主成分の目盛を X, Y とすれば、データから導出した係数 $a, b, c, d, a', b', c', d'$ （主成分負荷量）によって、

$$X = a(x-\overline{x}) + b(y-\overline{y}) + c(z-\overline{z}) + d(w-\overline{w})$$
$$Y = a'(x-\overline{x}) + b'(y-\overline{y}) + c'(z-\overline{z}) + d'(w-\overline{w})$$

　　［$\overline{x}, \overline{y}, \overline{z}, \overline{w}$ は、x, y, z, w の平均を表す］

と表されました。X, Y は、x, y, z, w の合成変数になっているといえます。展開すれば、

$$X = ax + by + cz + dw - a\overline{x} - b\overline{y} - c\overline{z} - d\overline{w}$$
$$Y = a'x + b'y + c'z + d'w - a'\overline{x} - b'\overline{y} - c'\overline{z} - d'\overline{w}$$

となりますから、X, Y は、特に x, y, z, w の1次関数であるといえます。

　これはパス図で表すと次頁図のようになります。

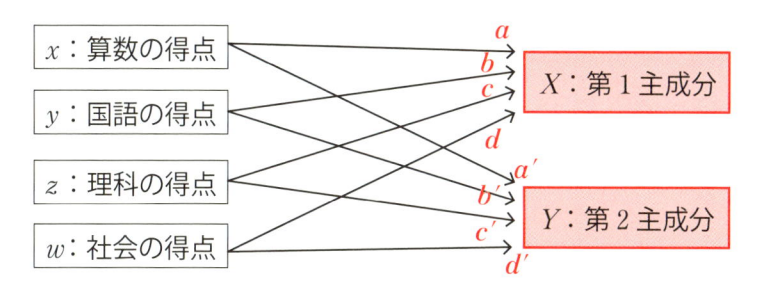

```
┌─────────────┐       a
│ x：算数の得点 │─────┐ b  ┌──────────────┐
└─────────────┘     │ c  │ X：第1主成分  │
┌─────────────┐     │    └──────────────┘
│ y：国語の得点 │─────┤ d
└─────────────┘     │    a'
┌─────────────┐     │ b'
│ z：理科の得点 │─────┤    ┌──────────────┐
└─────────────┘     │ c'  │ Y：第2主成分  │
┌─────────────┐     │    └──────────────┘
│ w：社会の得点 │─────┘ d'
└─────────────┘
```

データの算数、国語、理科、社会と第1主成分、第2主成分を観察することにより、第1主成分、第2主成分が表しているものを解釈し、例えば、Xは理科系能力、Yは文科系能力などと座標軸に名前を付けたのでした。

一方、因子分析では、データを要約するため、はじめに**因子**と呼ばれる変量を仮定します。この変量によって、算数、国語、理科、社会の点数x, y, z, wを説明しようとするわけです。因子がf_1, f_2の2個であると仮定しましょう。因子の個数2個というのは分析者が勝手に決めることができます。

x, y, z, wがf_1, f_2の1次式で表される様子を、具体的な数値で実感してもらいましょう。

主成分分析では、データの値をそのまま用いることもあれば、標準化してから用いることもありますが、<u>因子分析では資料を標準化して用いるのが普通</u>です。いや、私が使っているソフトでは標準化されていない資料についても因子分析をすることができると主張される方がいらっしゃるかもしれません。しかし、外から見えないだけで、ソフトの中では、一旦資料を標準化してから計算に乗せているはずです。算数、国語、理科、社会の点数x, y, z, wが標準化されているものとします。

ある個体の点数が、$x=1.1, y=-0.6, z=0.5, w=1.2$であるとします。この個体について、因子分析によって求めたf_1, f_2が$f_1=0.2, f_2=0.4$であるとします。これらについてx, y, z, wがf_1, f_2の1次式で表される様子をベクトルで表すと次のようになります。

$$\begin{pmatrix} 1.1 \\ -0.6 \\ 0.5 \\ 1.2 \end{pmatrix} = 0.2 \begin{pmatrix} 1 \\ 2 \\ -1 \\ 3 \end{pmatrix} + 0.4 \begin{pmatrix} 2 \\ -3 \\ 1 \\ 2 \end{pmatrix} + \begin{pmatrix} 0.1 \\ 0.2 \\ 0.3 \\ -0.2 \end{pmatrix}$$

1行目を書くと、

$$1.1 = 0.2 \times 1 + 0.4 \times 2 + 0.1$$

となります。$x=1.1$ が、$f_1=0.2$ と $f_2=0.4$ の1次式で表されたわけです。

ここで、$\begin{pmatrix} 1 \\ 2 \\ -1 \\ 3 \end{pmatrix}$ と $\begin{pmatrix} 2 \\ -3 \\ 1 \\ 2 \end{pmatrix}$ に並べられた数を**因子負荷量**といい、このベクトルに掛けられた定数 $0.2, 0.4$ のことを**因子得点**といいます。

因子負荷量は、資料に対して因子分析をすることにより求められます。因子負荷量は、資料全体に対して定数になります。

また、最後のベクトル $\begin{pmatrix} 0.1 \\ 0.2 \\ 0.3 \\ -0.2 \end{pmatrix}$ のそれぞれの成分は、各変量ごとについて定められる因子なので、**独自因子**といいます。このベクトルの成分は個体により異なります。

x, y, z, w が f_1, f_2 の1次式で表される様子を、文字で再確認してみましょう。

$$\begin{pmatrix} x \\ y \\ z \\ w \end{pmatrix} = f_1 \begin{pmatrix} a_1 \\ b_1 \\ c_1 \\ d_1 \end{pmatrix} + f_2 \begin{pmatrix} a_2 \\ b_2 \\ c_2 \\ d_2 \end{pmatrix} + \begin{pmatrix} e_1 \\ e_2 \\ e_3 \\ e_4 \end{pmatrix} \longleftrightarrow \begin{cases} x = a_1 f_1 + a_2 f_2 + e_1 \\ y = b_1 f_1 + b_2 f_2 + e_2 \\ z = c_1 f_1 + c_2 f_2 + e_3 \\ w = d_1 f_1 + d_2 f_2 + e_4 \end{cases}$$

x, y, z, w がそれぞれ f_1, f_2 の1次式で表されています。因子分析では、この2つの因子 f_1, f_2 によって x, y, z, w を上のように表すことができるとして分析を始めます。

ここで因子分析の結果、定数として求まるのは、因子負荷量を表す a_1,

$a_2, b_1, b_2, c_1, c_2, d_1, d_2$ です。これを求めるのが因子分析の目標です。また、もとの資料のそれぞれの個体の値 x, y, z, w に対して、$f_1, f_2, e_1, e_2, e_3, e_4$ が定まります。

f_1, f_2 は x, y, z, w を1次式で表すときに共通して現れるので**共通因子**、e_1, e_2, e_3, e_4 は、x, y, z, w にそれぞれ個別に現れるので**独自因子**といいます。これらは個体ごとに値が定まっている変量です。個体ごとの f_1, f_2 を**因子得点**といいます。

一方、$a_1, a_2, b_1, b_2, c_1, c_2, d_1, d_2$ を因子負荷量といいます。これらの値は与えられたデータから因子分析をすることによって決定されます。

パス図で描くと下図のようになります。

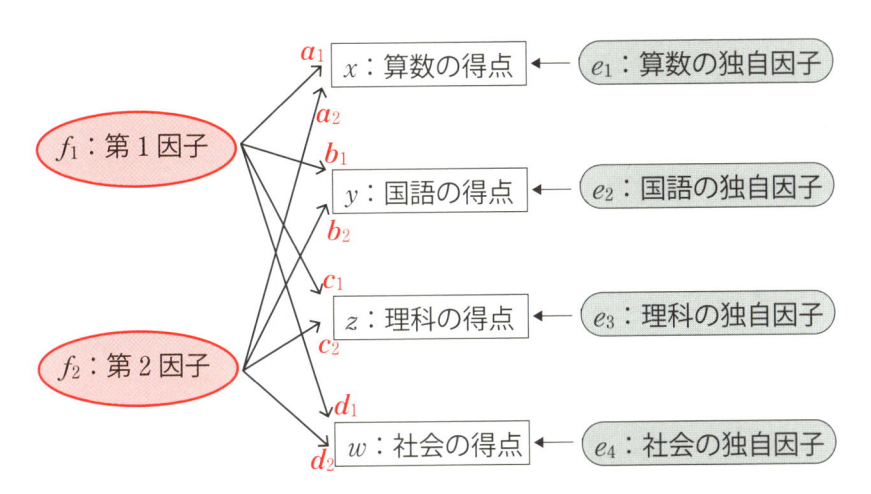

主成分分析では x, y, z, w の合成変数を作り出してデータを要約しますが、因子分析でははじめに因子 f_1, f_2 を設定し、x, y, z, w を f_1, f_2 の合成変数で表すことを目指します。ここが主成分分析と因子分析の動機の違いです。

主成分分析はあらかじめ合成変数を設定するわけではないので受動的分

析であり、因子分析はあらかじめ変量を設定するので能動的分析であるといってもよいかもしれません。

なお、各個体のf_1, f_2を見比べることで因子f_1, f_2に解釈を与え、例えばf_1は理系的能力、f_2は文系的能力などと名付けるところは主成分分析と同じです。

上の例では因子が2個でしたが、因子の個数は分析者が適当に設定して因子分析が始まります。はじめの変量が4個なので、1個か2個が妥当でしょう。因子分析の目的は要約でしたから、因子の個数は変量を超えることはありません。

主成分分析では、個体を表すために主成分を用いると情報の損失（無視した成分の2乗和）の発生が不可避です。それでも情報の損失が小さければ、すなわち寄与率が高ければ、およそのデータの様子を把握することができるとして、情報の損失には目をつぶったのでした。

一方、因子分析では上の式が等式であることからわかるように、一見情報の損失はありません。独自因子の項があるお陰で上の式は等式になるのです。しかし、x, y, z, wの4変量のデータを$f_1, f_2, e_1, e_2, e_3, e_4$の6個の変量で表してもデータを要約したことにはなりません。データの要約という目的を考えたときは、共通因子の2変量f_1, f_2を見ていくことになります。

独自因子e_1, e_2, e_3, e_4の項がなければ、

$$\begin{cases} x \fallingdotseq a_1f_1+a_2f_2 \\ y \fallingdotseq b_1f_1+b_2f_2 \\ z \fallingdotseq c_1f_1+c_2f_2 \\ w \fallingdotseq d_1f_1+d_2f_2 \end{cases}$$

と、「＝」を「≒」に置き換えて表すところです。独自因子e_1, e_2, e_3, e_4は、x, y, z, wを共通因子f_1, f_2の式の1次式で表すときの誤差の部分を表

していると考えられます。「≒」の式で考えれば因子分析でも情報の損失が発生し、寄与率によって因子分析の有効性を判定することになります。しかし、因子分析では、要約の有効性よりも、変量の裏に潜んでいる因子を見つけ出すことに主眼が置かれています。

　主成分分析と因子分析のモチベーションの違いから説明をしてきましたが、数学的にいえばこれらに大した違いはありません。
　どちらも変量 x, y, z, w と1次の関係がある変量を求めることには変わりないからです。
　例えば、x, y からなる合成変量 s, t が、

$$\begin{cases} s = 3x + 4y & \cdots\cdots① \\ t = 2x + 3y & \cdots\cdots② \end{cases}$$

という式で表されているものとします。すると、

　①×3−②×4と①×(−2)+②×3から、

$$\begin{cases} 3s - 4t = x \\ -2s + 3t = y \end{cases}$$

という式を導くことができます。このように s, t を x, y で表した式があれば、x, y を s, t で表す式をすぐに導くことができるのです。

　この例は、2個の変量 x, y の1次式を2個の変量 s, t で置き換えるという理想的なパターンです。しかしこれ以外でも、変量の組 A, B に対して、A の変量が B の変量の1次式として表すことができれば、B の変量を A の変量の1次式として表すこともできるのです。

　主成分分析では x, y, z, w から合成変数を作ります。これを s, t とします。因子分析では x, y, z, w を表すような因子を求めます。この因子を s, t とします。すると、主成分分析では s, t が x, y, z, w の1次式、因子分析では x, y, z, w が s, t の1次式で表されます。

$$\begin{cases} s = (x, y, z, w \text{ の式}) \\ t = (x, y, z, w \text{ の式}) \end{cases} \quad \begin{cases} x = (s, t \text{ の式}) \\ y = (s, t \text{ の式}) \\ z = (s, t \text{ の式}) \\ w = (s, t \text{ の式}) \end{cases}$$

主成分分析 因子分析

　これらは一見別々の式ですが、どちらも $[x, y, z, w]$ と $[s, t]$ の関係式には変わりなく、条件さえそろえば上の具体例のように一方から一方を求めることができるのです。

　ですから、主成分分析と因子分析では動機が異なり、求める式の見た目は違うのですが、多くの変量のデータを少ない変量で要約するという意味において数学的には本質的な違いがないと考えられます。

　ただ、主成分分析と因子分析では、求める式の形が違うだけでなく、合成変数の係数、すなわち、主成分分析では主成分負荷量 ($a, b, c, d, a', b', c', d'$)、因子分析では因子負荷量 ($a_1, a_2, b_1, b_2, c_1, c_2, d_1, d_2$) を決めるときの条件の与え方が異なっています。

　主成分分析の条件の与え方では係数（主成分負荷量）は1通りに決まりますが、一般に因子分析の条件の与え方では係数（因子負荷量）は1通りに決まりません。主成分分析では誰が行なっても同じ分析結果が得られますが、因子分析では条件の与え方が多様で分析結果は1通りになりません。分析の仕方に自由度があり、同じ資料を用いても異なった結果が出てきます。

　私は、因子分析のこのあいまいさについて、因子分析とは多変量の資料を表現する画法であると捉えればよいのではないかと考えています。

　次頁の3つの図はどれも立方体を描写した図です。立方体とは各辺の長

さが等しい直方体ですから、中図のように奥行きが短いように描かれると違和感があります。しかし、中図でも画法としては誤りではありません。立方体を、ほぼ正面から見れば中図のように奥行きの辺が極端に短く見えるからです。さらに真正面であれば、奥行きの辺は0になり右図のような正方形に見えてしまいます。

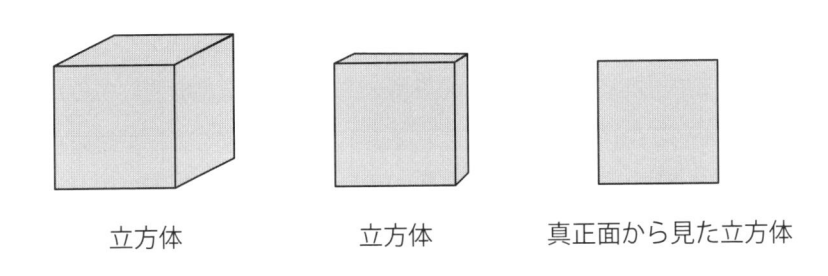

　　　立方体　　　　　立方体　　　　真正面から見た立方体

　立体図形を平面で描写するとき、3次元のものを2次元で表現しなければならないので、どこかで情報の損失が起こります。どの部分の情報を落として表現するかは書き手に委ねられているのです。書き手には裁量が与えられていて、正しい画法であっても、このように見る人に全く異なった印象を与えることができるわけです。

　これは因子分析でも状況は同じで、分析者には裁量が与えられていて、分析者が見せたいように結果を表現することがある程度可能です。なぜこのようなことが可能であるかの数学的な背景はあとで詳しく述べますが、簡単にいってしまうと因子分析の場合は条件不足or条件過剰の方程式を解かなければならないからです。条件が不足しているので解を1通りに決めることができなかったり、条件が過剰なためどの条件を考慮しないかで恣意性の入り込む余地が出てきてしまうのです。

　ですから、生物学、経済学、農学などある程度、客観性を重んじる分野の論文などでは因子分析はあまり使われていません。特に、厳密性を求める物理学・化学・医学などでは因子分析は使えません。

197

しかし、心理学やマーケティングなどプレゼンテーションの仕方がものをいう分野では、主成分分析より因子分析の方がよく使われます。主成分分析は客観的・工学的で理系寄り、因子分析は主観的・文学的で文系よりであると思っていて構いません。

主成分分析について最初に言及したのは、積率相関係数を発明した統計学者カール・ピアソンだそうです。ピアソンが示したのは変量が少ない場合のモデルでしたが、その後生物学者が興味を示しました。生物学では、特定の生物の形態を調べるとき、各パーツの長さの資料を要約するために主成分分析が有効なのです。また、経済学では、国家ごとにまとめられた多数の経済指標からなる資料を要約するとき、主成分分析を用いて国家の力を表す指標を導き出しました。主成分分析は、多くの変量を持つ資料を要約するための記述統計の手法として、生物学、経済学、農学で用いられていったのです。

一方、因子分析を最初に行なったのは心理学者のチャールズ・スピアマンです。小学生に行なった複数の科目のテストの結果から、人間の能力を表す"因子"を測定しようと考案されました。以来、心理学の分野では、主成分分析より因子分析が多用されます。今では、心理学に限らず、商品間の特性をマッピングしたりするなど、マーケティングの分野でよく使われるようになりました。

主成分分析は誰が行なっても同じ結果が出ますが、それだけに融通が利きません。マーケティングのときは、裁量が認められていて、分析者が考えているストーリーに乗った結果を表現することもできる因子分析の方が使いやすいのでしょう。因子分析は、多変量の資料から何かしら諸量の関係が得られないだろうかという漠然とした動機で行なうものではなく、ある程度落とし込みたい結果をイメージしながら用いる分析法であるといえるでしょう。そういう意味でも、因子分析は能動的分析法なのです。

2　1因子モデル

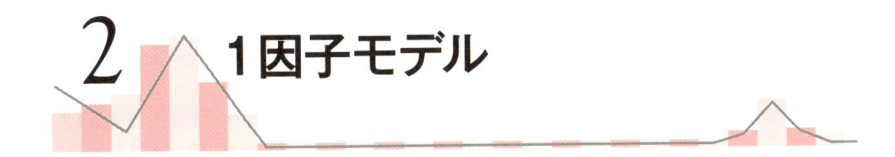

　ここから因子分析で因子負荷量を求めるための条件について説明していきます。

　資料は3変量であるとします。

　主成分分析では、3D散布図において平均を通る座標軸を設定し、その目盛の平方和が最大になるように座標軸の方向を定め主成分としました。

　因子分析でも新しい座標軸を定めることには変わりありません。

　3変量x, y, zで表される資料を、1因子で因子分析することを考えてみます。因子をfとし、x, y, zに対する因子負荷量をa, b, cとし、x, y, zに対する独自因子をe_x, e_y, e_zとします。

　すると、因子分析の仮定の式を、i番目の個体について書けば、

$$\begin{pmatrix} x_i \\ y_i \\ z_i \end{pmatrix} = f_i \begin{pmatrix} a \\ b \\ c \end{pmatrix} + \begin{pmatrix} e_{xi} \\ e_{yi} \\ e_{zi} \end{pmatrix} \longleftrightarrow \begin{cases} x_i = af_i + e_{xi} \\ y_i = bf_i + e_{yi} \\ z_i = cf_i + e_{zi} \end{cases}$$

となります。添え字の付いている文字が変量です。$x, y, z, f, e_x, e_y, e_z$が変量で、個体ごとに異なる値をとります。左のベクトルの式を3D散布図の中に表すと次のようになります。

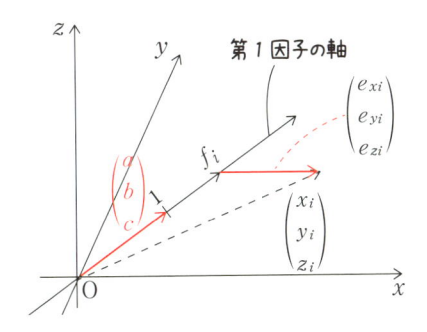

第7章　因子分析

　さてここで、a, b, c を決定するために、因子分析が因子 f, e_x, e_y, e_z に課する条件を述べましょう。

　条件を述べるにあたって、f, e_x, e_y, e_z は個体ごとに与えられる量ですから資料の変量ですが、確率変数の平均 E、分散 V、共分散 Cov の記号を援用することにします。その方が文字を大きくすることができ、また複雑な演算も見やすく表すことができるからです。

　援用することに釈然としない人は、資料から個体を等確率で取り出すモデルを設定すればよいでしょう。

　変量 x, y を持つ資料の個体が $(x_1, y_1), (x_2, y_2), \cdots, (x_n, y_n)$ であるとき、ここから個体を1つ取り出し、変量 x の値を確率変数 X、変量 y の値を確率変数 Y とすれば、特定の個体を取り出す確率は $\dfrac{1}{n}$ であり、

$$E(X) = x_1 \cdot \frac{1}{n} + x_2 \cdot \frac{1}{n} + \cdots + x_n \cdot \frac{1}{n} = \frac{x_1 + x_2 + \cdots + x_n}{n} = \bar{x}$$

この式の値を m として、

$$V(X) = (x_1 - m)^2 \cdot \frac{1}{n} + (x_2 - m)^2 \cdot \frac{1}{n} + \cdots + (x_n - m)^2 \cdot \frac{1}{n}$$
$$= \frac{(x_1 - m)^2 + (x_2 - m)^2 + \cdots + (x_n - m)^2}{n} = \sigma_x^2$$

また、$E(Y) = \bar{y} = k$ とおくと、

$$Cov(X, Y) = (x_1 - m)(y_1 - k) \cdot \frac{1}{n} + \cdots + (x_n - m)(y_n - k) \cdot \frac{1}{n}$$
$$= \frac{(x_1 - m)(y_1 - k) + \cdots + (x_n - m)(y_n - k)}{n} = \sigma_{xy}$$

となります。

2 1因子モデル

> **因子についての仮定条件**
> ① 共通因子(f)は標準化されている。
> $$E(f)=0, \ V(f)=1$$
> ② 独自因子(e_x, e_y, e_z)の平均は0である。
> $$E(e_x)=0, \ E(e_y)=0, \ E(e_z)=0$$
> ③ 因子(f, e_x, e_y, e_z)は、どの2つをとっても共分散は0 (独立)
> $$Cov(f, e_x)=0 \quad Cov(f, e_y)=0 \quad Cov(f, e_z)=0$$
> $$Cov(e_x, e_y)=0 \quad Cov(e_x, e_z)=0 \quad Cov(e_y, e_z)=0$$

ここで、2の仮定は1の仮定と変量x, y, zが標準化されていることから導くことができます。実際、

$$E(e_x)=E(x-af)=E(x)-aE(f)=0-a \cdot 0 = 0$$

となります。

これらの因子について仮定する条件と、変量x, y, zが標準化されていることから、因子負荷量を求めます。

> **問題** 標準化された3変量x, y, zの資料について、共分散が
> $$\sigma_{xy}=0.72 \quad \sigma_{yz}=0.56 \quad \sigma_{zx}=0.63$$
> で与えられるとき、1因子の因子分析の因子負荷量を求めよ。また、独自因子の分散を求めよ。

x, y, zの因子負荷量をa, b, c、独自因子の負荷量をe_x, e_y, e_z、因子をfとします。すると、各変量の間に

$$x=af+e_x, \quad y=bf+e_y, \quad z=cf+e_z$$

という式が成り立ちます。

$$\sigma_{xy} = Cov(x, y) = Cov(af+e_x, bf+e_y)$$
$$= Cov(af, bf) + Cov(af, e_y) + Cov(e_x, bf) + Cov(e_x, e_y)$$
$$= ab\underbrace{Cov(f,f)}_{V(f)=1} + a\underbrace{Cov(f, e_y)}_{0} + b\underbrace{Cov(e_x, f)}_{0} + \underbrace{Cov(e_x, e_y)}_{0}$$

因子についての仮定より

$$= ab$$

よって、$ab = 0.72$ ……①

同様に、

$$\sigma_{yz} = Cov(y, z) = Cov(bf+e_y, cf+e_z) = bc,$$
$$\sigma_{zx} = Cov(z, x) = Cov(cf+e_z, af+e_x) = ca$$

より、$bc = 0.56, ca = 0.63$ ……②

$$a^2 = \frac{(ca)(ab)}{(bc)} = \frac{0.63 \times 0.72}{0.56} = \frac{0.7 \times 0.9 \times 0.8 \times 0.9}{0.7 \times 0.8} = (0.9)^2$$

∴ $a = 0.9$

$$b = \frac{ab}{a} = \frac{0.72}{0.9} = 0.8 \qquad c = \frac{ca}{a} = \frac{0.63}{0.9} = 0.7$$

また、x の分散を1因子モデルで計算すると、

$$\sigma_x^2 = V(x) = V(af+e_x) = V(af) + 2Cov(af, e_x) + V(e_x)$$
$$= a^2\underbrace{V(f)}_{1} + 2a\underbrace{Cov(f, e_x)}_{0} + V(e_x)$$
$$= a^2 + V(e_x)$$

因子の仮定

x は標準化されていましたから、$\sigma_x^2 = 1$　　因子分析は標準化された資料について行なう

$$a^2 + V(e_x) = 1 \qquad V(e_x) = 1 - a^2 = 1 - (0.9)^2 = 0.19$$

同様に、

$$b^2 + V(e_y) = 1 \qquad V(e_y) = 1 - b^2 = 1 - (0.8)^2 = 0.36$$
$$c^2 + V(e_z) = 1 \qquad V(e_z) = 1 - c^2 = 1 - (0.7)^2 = 0.51$$

$x = af + e_x$ という式において、独自因子 e_x は因子 f で表現しきれない部分を表していると考えられます。

xに関して因子fの寄与率を考えてみましょう。

変量x, af, e_xの偏差の平方和をS_{xx}, S_{af}, S_{ex}、資料のサイズをnとおくと、

$$V(x) = \frac{S_{xx}}{n}, \ V(af) = \frac{S_{af}}{n}, \ V(e_x) = \frac{S_{ex}}{n}$$

すなわち、$nV(x) = S_{xx}, \ nV(af) = S_{af}, \ nV(e_x) = S_{ex}$

が成り立ちます。

xに関して因子fの寄与率は、

$$(因子fの寄与率) = \frac{(afの偏差の平方和)}{(xの偏差の平方和)}$$

$$= \frac{S_{af}}{S_{xx}} = \frac{nV(af)}{nV(x)} = \boxed{\frac{V(af)}{V(x)}} = \frac{a^2 V(f)}{V(x)} = a^2$$

と計算します。

また、$V(x), V(af), V(e_x)$の間には、

$$V(x) = V(af + e_x) = V(af) + 2Cov(af, e_x) + V(e_x) = V(af) + V(e_x)$$

より、$V(x) = V(af) + V(e_x)$という関係式が成り立ちます。

ですから、□をもとにするとxに関する因子fの寄与率は、$V(x)$を1としたときの$V(af)$の割合（アカ網部）になります。

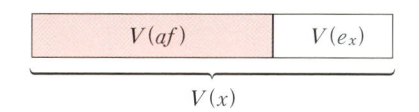

| $V(af)$ | $V(e_x)$ |

$V(x)$

同様に、yに関するfの寄与率はb^2、zに関するfの寄与率はc^2になります。

なお、この例では因子負荷量が1通りに決まりました。これは、3変量を1因子で因子分析したからであって、他の変量、他の因子の場合は、一般には決まりません。

例えば、4変量x, y, z, wの資料を1因子モデルで因子分析する場合を考えてみましょう。

x, y, z, wの因子負荷量をa, b, c, d、独自因子の負荷量をe_x, e_y, e_z, e_w、

共通因子を f とします。各変量の間に

$$x = af + e_x \quad y = bf + e_y \quad z = cf + e_z \quad w = df + e_w$$

が成り立つと仮定します。

3変量のときと同様にして、共通因子、独自因子が互いに独立であることを仮定すると、

$$\sigma_{xy} = ab, \sigma_{xz} = ac, \sigma_{xw} = ad, \sigma_{yz} = bc, \sigma_{yw} = bd, \sigma_{zw} = cd$$

となります。この連立方程式では、未知数が a, b, c, d の4個に対して条件式が6個ありますから、条件が過剰で解が存在するか否かがわかりません。$\sigma_{xy}, \sigma_{xz}, \sigma_{xw}, \sigma_{yz}, \sigma_{yw}, \sigma_{zw}$ の値をサイコロを振った目で定めると（勝手に決めるということ）、方程式を満たすような a, b, c, d はまずありません。

このような場合、因子分析では、条件式を間引いたり、近似式にしたりしておよその a, b, c, d の値を求めることになります。

3 2因子モデル

次に、3変量 x, y, z の資料に2因子 f, g を仮定して因子分析をしてみましょう。

x, y, z の f に関する因子負荷量を a_1, a_2, a_3 とし、g に関する因子負荷量を b_1, b_2, b_3 とし、独自因子を e_x, e_y, e_z とします。

すると、

$$\begin{pmatrix} x \\ y \\ z \end{pmatrix} = f \begin{pmatrix} a_1 \\ a_2 \\ a_3 \end{pmatrix} + g \begin{pmatrix} b_1 \\ b_2 \\ b_3 \end{pmatrix} + \begin{pmatrix} e_x \\ e_y \\ e_z \end{pmatrix} \longleftrightarrow \begin{cases} x = fa_1 + gb_1 + e_x \\ y = fa_2 + gb_2 + e_y \\ z = fa_3 + gb_3 + e_z \end{cases}$$

f, g, e_x, e_y, e_z は各個体によって値が定まる変量であり、$a_1, a_2, a_3, b_1, b_2, b_3$ は資料に因子分析を施すことによって定まる定数です。

上のベクトルの式を図に表すと下図のようになります。

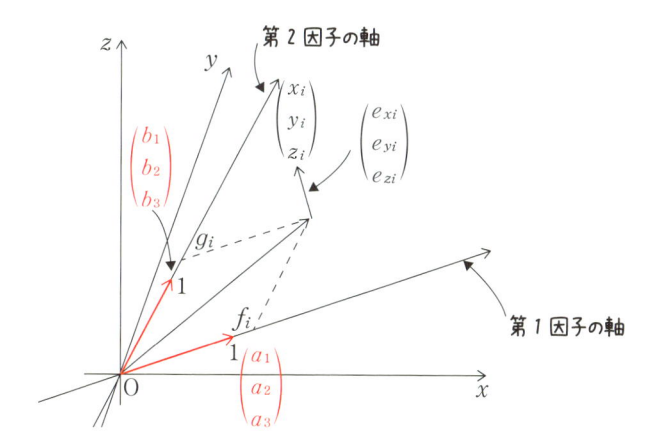

この式の気持ちを汲み取って表現するとこうなります。

ベクトル $\begin{pmatrix} x \\ y \\ z \end{pmatrix}$ を、$\begin{pmatrix} a_1 \\ a_2 \\ a_3 \end{pmatrix}$ と $\begin{pmatrix} b_1 \\ b_2 \\ b_3 \end{pmatrix}$ で斜交座標で表そうとしたが、$\begin{pmatrix} x \\ y \\ z \end{pmatrix}$ は3次元ベクトルなので表しきれず、表せない部分、誤差の部分を $\begin{pmatrix} e_x \\ e_y \\ e_z \end{pmatrix}$ とおいた、という感じです。

f, g は斜交座標をとったときの成分を表していると考えられます。

ここで、$\begin{pmatrix} a_1 \\ a_2 \\ a_3 \end{pmatrix}$ と $\begin{pmatrix} b_1 \\ b_2 \\ b_3 \end{pmatrix}$ は、大きさが1でもなければ、直交してもいないことに注意しましょう。

因子分析の場合に、直交しているのは座標軸の方向ベクトル(因子負荷量)ではなく、各個体の値(座標軸に沿って読んだ値)を並べたベクトル(因子)の方なのです。

あたかも座標軸が直交しているかのような表現をしている解説書がありますが、座標軸は直交してはいません。

2つの因子が直交しているというのは、2つの因子が独立であるということです。

このことを確認しておきましょう。

この場合の因子について仮定する条件を述べておくと次のようになります。

因子についての仮定条件

共通因子 (f, g) は標準化されている。
$$E(f)=0,\ V(f)=1,\ E(g)=0,\ V(g)=1$$

独自因子 (e_x, e_y, e_z) の平均は0である。
$$E(e_x)=0,\ E(e_y)=0,\ E(e_z)=0$$

因子 (f, g, e_x, e_y, e_z) は、どの2つをとっても共分散は0

$$Cov(f, g) = 0,\ Cov(f, e_x) = 0,\ \cdots\cdots,\ Cov(e_y, e_z) = 0$$

　各個体の因子$f,\ g,\ e_x,\ e_y,\ e_z$の値を並べたベクトル$\boldsymbol{f},\ \boldsymbol{g},\ \boldsymbol{e_x},\ \boldsymbol{e_y},\ \boldsymbol{e_z}$を考えます。サイズを$n$として、

$$\boldsymbol{f} = \begin{pmatrix} f_1 \\ f_2 \\ \vdots \\ f_n \end{pmatrix},\ \boldsymbol{g} = \begin{pmatrix} g_1 \\ g_2 \\ \vdots \\ g_n \end{pmatrix},\ \boldsymbol{e_x} = \begin{pmatrix} e_{x1} \\ e_{x2} \\ \vdots \\ e_{xn} \end{pmatrix},\ \boldsymbol{e_y} = \begin{pmatrix} e_{y1} \\ e_{y2} \\ \vdots \\ e_{yn} \end{pmatrix},\ \boldsymbol{e_z} = \begin{pmatrix} e_{z1} \\ e_{z2} \\ \vdots \\ e_{zn} \end{pmatrix}$$

とおきます。

　因子f, gは標準化されていますから、$\overline{f} = 0,\ \overline{g} = 0$

$$\boldsymbol{f} \cdot \boldsymbol{g} = \begin{pmatrix} f_1 \\ f_2 \\ \vdots \\ f_n \end{pmatrix} \cdot \begin{pmatrix} g_1 \\ g_2 \\ \vdots \\ g_n \end{pmatrix} = \sum_{i=1}^{n} f_i g_i = \sum_{i=1}^{n} (f_i - \overline{f})(g_i - \overline{g}) = S_{fg}$$

　ここで、因子f, gは独立ですから、fとgの共分散は0で、

$$S_{fg} = nCov(f, g) = 0$$

　つまり、$\boldsymbol{f} \cdot \boldsymbol{g} = 0$となり、$n$次元列ベクトル$\boldsymbol{f}$と$\boldsymbol{g}$は直交します。

　因子f, g, e_x, e_y, e_zはどれも平均が0ですから、$\boldsymbol{f} \cdot \boldsymbol{g} = 0$と同じようにして$\boldsymbol{f}, \boldsymbol{g}, \boldsymbol{e_x}, \boldsymbol{e_y}, \boldsymbol{e_z}$のうちのどの2つのベクトルの内積をとっても0になること、つまり直交することがわかります。

　ついでに、$\boldsymbol{f}$の大きさについても計算しておきましょう。

　因子fは標準化されていますから、$\overline{f} = 0$、

$$\boldsymbol{f} \cdot \boldsymbol{f} = \begin{pmatrix} f_1 \\ f_2 \\ \vdots \\ f_n \end{pmatrix} \cdot \begin{pmatrix} f_1 \\ f_2 \\ \vdots \\ f_n \end{pmatrix} = \sum_{i=1}^{n} f_i^2 = \sum_{i=1}^{n} (f_i - \overline{f})^2 = S_{ff}$$

　ここで、因子fの標準偏差σ_fは1、分散σ_f^2は1ですから、

$$\sigma_f^2 = \frac{S_{ff}}{n} = 1 \text{より、} S_{ff} = n$$

　さらに、この因子についての仮定条件のもとで、因子負荷量$a_1, a_2, a_3,$

第7章 因子分析

b_1, b_2, b_3 が満たすべき式を求めていきましょう。

因子についての条件式の個数が多いので、
3頁前の因子で変量を表す式

$$\begin{pmatrix} x \\ y \\ z \end{pmatrix} = f \begin{pmatrix} a_1 \\ a_2 \\ a_3 \end{pmatrix} + g \begin{pmatrix} b_1 \\ b_2 \\ b_3 \end{pmatrix} + \begin{pmatrix} e_x \\ e_y \\ e_z \end{pmatrix} \longleftrightarrow \begin{cases} x = fa_1 + gb_1 + e_x \\ y = fa_2 + gb_2 + e_y \\ z = fa_3 + gb_3 + e_z \end{cases}$$

を行列の形で表現しておきましょう。

$$X = \begin{pmatrix} x_1 & x_2 & \cdots & x_n \\ y_1 & y_2 & \cdots & y_n \\ z_1 & z_2 & \cdots & z_n \end{pmatrix} \qquad A = \begin{pmatrix} a_1 & b_1 \\ a_2 & b_2 \\ a_3 & b_3 \end{pmatrix}$$

$$F = \begin{pmatrix} f_1 & f_2 & \cdots & f_n \\ g_1 & g_2 & \cdots & g_n \end{pmatrix} \qquad \Gamma = \begin{pmatrix} e_{x1} & e_{x2} & \cdots & e_{xn} \\ e_{y1} & e_{y2} & \cdots & e_{yn} \\ e_{z1} & e_{z2} & \cdots & e_{zn} \end{pmatrix}$$

とおきます。すると、これらの間には、

$$X = AF + \Gamma$$

という関係があります。実際に当てはめてみると、

$$\begin{pmatrix} x_1 & x_2 & \cdots & x_n \\ y_1 & y_2 & \cdots & y_n \\ z_1 & z_2 & \cdots & z_n \end{pmatrix} = \begin{pmatrix} a_1 & b_1 \\ a_2 & b_2 \\ a_3 & b_3 \end{pmatrix} \begin{pmatrix} f_1 & f_2 & \cdots & f_n \\ g_1 & g_2 & \cdots & g_n \end{pmatrix} + \begin{pmatrix} e_{x1} & e_{x2} & \cdots & e_{xn} \\ e_{y1} & e_{y2} & \cdots & e_{yn} \\ e_{z1} & e_{z2} & \cdots & e_{zn} \end{pmatrix}$$

積は $3 \times n$ 行列になる

となります。例えば、この式の $(3, 2)$ 成分は

$$z_2 = a_3 f_2 + b_3 g_2 + e_{z2}$$

となります。他の成分についても等式が成り立っています。

ここで、X に ${}^t X$ を右から掛けてみましょう。

x の偏差の平方和を S_{xx}、x と y の偏差の積和を S_{xy} とすれば、x は標準化されていますから $S_{xx} = n$ となります($\boldsymbol{f}, \boldsymbol{g}, \boldsymbol{e_x}, \boldsymbol{e_y}, \boldsymbol{e_z}$ の内積の計算と同様)。よって、

$$X^tX = \begin{pmatrix} x_1 & x_2 & \cdots & x_n \\ y_1 & y_2 & \cdots & y_n \\ z_1 & z_2 & \cdots & z_n \end{pmatrix} \begin{pmatrix} x_1 & y_1 & z_1 \\ x_2 & y_2 & z_2 \\ \vdots & \vdots & \vdots \\ x_n & y_n & z_n \end{pmatrix} = \begin{pmatrix} S_{xx} & S_{xy} & S_{xz} \\ S_{xy} & S_{yy} & S_{yz} \\ S_{xz} & S_{yz} & S_{zz} \end{pmatrix}$$

$$= \begin{pmatrix} n & S_{xy} & S_{xz} \\ S_{xy} & n & S_{yz} \\ S_{xz} & S_{yz} & n \end{pmatrix}$$

x, y の共分散を σ_{xy} とすれば、$\sigma_{xy} = \dfrac{S_{xy}}{n}$ ですから、

$$\frac{1}{n}X^tX = \frac{1}{n}\begin{pmatrix} n & S_{xy} & S_{xz} \\ S_{xy} & n & S_{yz} \\ S_{xz} & S_{yz} & n \end{pmatrix} = \begin{pmatrix} 1 & \sigma_{xy} & \sigma_{xz} \\ \sigma_{xy} & 1 & \sigma_{yz} \\ \sigma_{xz} & \sigma_{yz} & 1 \end{pmatrix}$$

ここで、x, y は標準化されていますから、$\sigma_x = 1$、$\sigma_y = 1$ であり、x と y の相関係数 r_{xy} は、

$$r_{xy} = \frac{\sigma_{xy}}{\sigma_x \sigma_y} = \frac{\sigma_{xy}}{1 \cdot 1} = \sigma_{xy}$$

と共分散に等しくなります。つまり、この行列は、分散共分散行列であると同時に相関行列でもあります。

$$\frac{1}{n}X^tX = \begin{pmatrix} 1 & r_{xy} & r_{xz} \\ r_{xy} & 1 & r_{yz} \\ r_{xz} & r_{yz} & 1 \end{pmatrix}$$

これに対応する右辺は、

$$(AF + \Gamma)^t(AF + \Gamma) = (AF + \Gamma)(^tF^tA + {}^t\Gamma)$$
$$= AF^tF^tA + AF^t\Gamma + \Gamma^tF^tA + \Gamma^t\Gamma$$
$$= A(F^tF)^tA + A(F^t\Gamma) + (\Gamma^tF)^tA + \Gamma^t\Gamma \quad \cdots\cdots\text{①}$$

ここで、$F^t\Gamma$ は、

$$F^t\Gamma = \begin{pmatrix} f_1 & f_2 & \cdots & f_n \\ g_1 & g_2 & \cdots & g_n \end{pmatrix} \begin{pmatrix} e_{x1} & e_{y1} & e_{z1} \\ e_{x2} & e_{y2} & e_{z2} \\ \vdots & \vdots & \vdots \\ e_{xn} & e_{yn} & e_{zn} \end{pmatrix}$$

$2 \times n$ 行列　　$n \times 3$ 行列

となりますが f, g, e_x, e_y, e_z のうちのどの2つのベクトルの内積をとっても0になるので、$F^tΓ=O$。これの転置をとって、

$$^t(F^tΓ)=^tO \quad ∴ \quad ^t(^tΓ)^tF=O \quad ∴ \quad Γ^tF=O$$

となります。また、F^tF は、

$$F^tF = \begin{pmatrix} f_1 & f_2 & \cdots & f_n \\ g_1 & g_2 & \cdots & g_n \end{pmatrix} \begin{pmatrix} f_1 & g_1 \\ f_2 & g_2 \\ \vdots & \vdots \\ f_n & g_n \end{pmatrix}$$

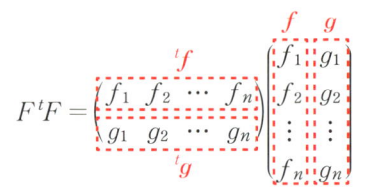

となりますが、f, g は標準化されているので、これを計算すると対角成分は n で、それ以外は0です。$F^tF=nE$（2×2行列）となります。

このもとで、①の続きを計算しましょう。

$$A(F^tF)^tA+A(F^tΓ)+(Γ^tF)^tA+Γ^tΓ$$
$$=A(nE)^tA+AO+O^tA+Γ^tΓ=nA^tA+Γ^tΓ$$

よって、$X=AF+Γ$ と $^tX=^t(AF+Γ)$ の積は

$$X^tX=(AF+Γ)^t(AF+Γ)$$
$$=nA^tA+Γ^tΓ \quad \cdots\cdots ②$$

ここで、$Γ^tΓ$ は、

$$Γ^tΓ = \begin{pmatrix} e_{x1} & e_{x2} & \cdots & e_{xn} \\ e_{y1} & e_{y2} & \cdots & e_{yn} \\ e_{z1} & e_{z2} & \cdots & e_{zn} \end{pmatrix} \begin{pmatrix} e_{x1} & e_{y1} & e_{z1} \\ e_{x2} & e_{y2} & e_{z2} \\ \vdots & \vdots & \vdots \\ e_{xn} & e_{yn} & e_{zn} \end{pmatrix}$$

ここで因子の仮定条件より、因子 e_x, e_y, e_z は、それぞれの平均は0で、互いに独立なので、e_x の偏差の平方和を T_{xx}、e_x と e_y の偏差の積和を T_{xy} などとすると、

$$T_{xx}=\sum_{i=1}^n(e_{xi}-\bar{e}_x)^2=\sum_{i=1}^n e_{xi}^2 = \boldsymbol{e}_x \cdot \boldsymbol{e}_x,$$
$$T_{xy}=\sum_{i=1}^n(e_{xi}-\bar{e}_x)(e_{yi}-\bar{e}_y)=\sum_{i=1}^n e_{xi}e_{yi} = \boldsymbol{e}_x \cdot \boldsymbol{e}_y,$$

$T_{xy}=0$（$S_{fg}=0$ と同じ理由）であり、

$$\Gamma\,{}^t\Gamma = \begin{pmatrix} T_{xx} & T_{xy} & T_{xz} \\ T_{xy} & T_{yy} & T_{yz} \\ T_{xz} & T_{yz} & T_{zz} \end{pmatrix} = \begin{pmatrix} T_{xx} & 0 & 0 \\ 0 & T_{yy} & 0 \\ 0 & 0 & T_{zz} \end{pmatrix}$$

$$\frac{1}{n}\Gamma\,{}^t\Gamma = \frac{1}{n}\begin{pmatrix} T_{xx} & 0 & 0 \\ 0 & T_{yy} & 0 \\ 0 & 0 & T_{zz} \end{pmatrix} = \begin{pmatrix} V(e_x) & 0 & 0 \\ 0 & V(e_y) & 0 \\ 0 & 0 & V(e_z) \end{pmatrix}$$

②の式のn分の1倍は、

$$\frac{1}{n}X^tX = A^tA + \frac{1}{n}\Gamma\,{}^t\Gamma$$

この式の行列をもう一度成分で書くと、

$$\begin{pmatrix} 1 & r_{xy} & r_{xz} \\ r_{xy} & 1 & r_{yz} \\ r_{xz} & r_{yz} & 1 \end{pmatrix} = \begin{pmatrix} a_1 & b_1 \\ a_2 & b_2 \\ a_3 & b_3 \end{pmatrix} \begin{pmatrix} a_1 & a_2 & a_3 \\ b_1 & b_2 & b_3 \end{pmatrix} + \begin{pmatrix} V(e_x) & 0 & 0 \\ 0 & V(e_y) & 0 \\ 0 & 0 & V(e_z) \end{pmatrix}$$

となります。

つまり、3変量の資料を2因子モデルで因子分析するときは、この式を満たすような$a_1, a_2, a_3, b_1, b_2, b_3$(因子負荷量)、$V(e_x), V(e_y), V(e_z)$(独自因子の分散)を求めることになります。

この式について成分ごとの等式を条件式と見れば、3次の正方行列の成分が3×3=9個ありますから、条件式は9本あります。しかし、上の式は対角成分について対称になっています。

実際、

  (1, 2)成分の等式は、$r_{xy} = a_1 a_2 + b_1 b_2$

  (2, 1)成分の等式は、$r_{xy} = a_2 a_1 + b_2 b_1$

と同値の条件式になります。

これは一般的に、${}^t(A^tA) = {}^t({}^tA)\,{}^tA = A^tA$であり、$A^tA$が対称行列になるからです。

この例では、実質的には対角線より上にある6個の成分についての等式しか意味を持たないわけです。未知数9個に対して、6個の条件式しかな

いので、この方程式を満たす未知数は1通りに定まりません。この方程式を満たす $a_1, a_2, a_3, b_1, b_2, b_3, V(e_x), V(e_y), V(e_z)$ は無数にあります。

変量と因子の個数を変えて、因子分析のための条件式について考えてみましょう。

変量を10、因子を3個とすると、行列による条件式は、
$$\frac{1}{n}X^tX = A^tA + \frac{1}{n}\Gamma^t\Gamma \quad \cdots\cdots ③$$

$$10\begin{pmatrix} * & * & \cdots & \cdots & * \\ * & * & \cdots & \cdots & * \\ \vdots & \frac{1}{n}X^tX & \vdots \\ \vdots & & \vdots \\ * & * & \cdots & \cdots & * \end{pmatrix}_{10} = 10\begin{pmatrix} * & * & * \\ * & * & * \\ \vdots & A & \vdots \\ \vdots & & \vdots \\ * & * & * \end{pmatrix}_{3} \begin{pmatrix} * & * & \cdots & \cdots & * \\ * & * & \cdots & \cdots & * \\ * & * & {}^tA & \cdots & * \\ * & * & \cdots & \cdots & * \end{pmatrix}_{10}^{3} + 10\begin{pmatrix} * & * & \cdots & \cdots & * \\ * & * & \cdots & \cdots & * \\ \vdots & \frac{1}{n}\Gamma^t\Gamma & \vdots \\ \vdots & & \vdots \\ * & * & \cdots & \cdots & * \end{pmatrix}_{10}$$

となります。ここで、未知数は A の成分（因子負荷量）で $10 \times 3 = 30$ 個、$\Gamma^t\Gamma$ の対角成分（独自因子の分散）で10個の計 $30 + 10 = 40$ 個です。これに対して、条件式は行列の対角成分から上にある成分の個数だけありますから、全部で
$$10+9+8+7+6+5+4+3+2+1 = \frac{1}{2} \cdot 10(10+1) = 55 (個)$$
です。条件式の個数の方が多いですから、上の方程式が解を持つとは限りません。

このように因子負荷量、独自因子の分散を未知数とする因子分析の条件式は、条件が足りなくて無数の解が存在する場合もあれば、条件が過剰で解が存在しない場合もあります。

では、そういう場合には因子分析ができないかというとそうではありません。目指す方程式は③ですが、解けないので条件を減らしたり、近似を用いたりして、妥当な解を求めていくことになります。

4 主因子法

　方程式は解けませんが、妥当な因子負荷量を計算してみましょう。

　4変量 x, y, z, w で与えられた資料を2因子分析するときのことを考えてみます。

　f_1, f_2 を共通因子、f_1 に対する x, y, z, w の因子負荷量を a_1, a_2, a_3, a_4 とし、f_2 に対する x, y, z, w の因子負荷量を b_1, b_2, b_3, b_4 とします。x, y, z, w の独自因子を e_x, e_y, e_z, e_w とします。e_x, e_y, e_z, e_w の分散を $V_{ex}, V_{ey}, V_{ez}, V_{ew}$ とします。

　すると、これらが満たすべき式 $\dfrac{1}{n}X^tX = A^tA + \dfrac{1}{n}\Gamma^t\Gamma$ は、成分で

$$\begin{pmatrix} 1 & r_{xy} & r_{xz} & r_{xw} \\ r_{xy} & 1 & r_{yz} & r_{yw} \\ r_{xz} & r_{yz} & 1 & r_{zw} \\ r_{xw} & r_{yw} & r_{zw} & 1 \end{pmatrix} = \begin{pmatrix} a_1 & b_1 \\ a_2 & b_2 \\ a_3 & b_3 \\ a_4 & b_4 \end{pmatrix} \begin{pmatrix} a_1 & a_2 & a_3 & a_4 \\ b_1 & b_2 & b_3 & b_4 \end{pmatrix} + \begin{pmatrix} V_{ex} & 0 & 0 & 0 \\ 0 & V_{ey} & 0 & 0 \\ 0 & 0 & V_{ez} & 0 \\ 0 & 0 & 0 & V_{ew} \end{pmatrix}$$

と表されます。

　未知数が、因子負荷量8個、独自因子の分散4個に対して、条件式は $4+3+2+1=10$(個) ですから、条件を満たす解は無数に存在することが予想されます。

　求め方はいくつもありますが、スペクトル分解を用いる**主因子法**と呼ばれる因子負荷量の求め方を紹介しましょう。(p.293参照)

　それには、$\dfrac{1}{n}X^tX$ をスペクトル分解します。変量が4個でしたから、$\dfrac{1}{n}X^tX$ は4次の正方行列になっています。

　$\dfrac{1}{n}X^tX$ の固有値を大きい順に $\lambda_1, \lambda_2, \lambda_3, \lambda_4$、それに対応する固有ベクトルを p_1, p_2, p_3, p_4 とします。するとスペクトル分解は、

$$\frac{1}{n}X^tX = \lambda_1 p_1{}^tp_1 + \lambda_2 p_2{}^tp_2 + \lambda_3 p_3{}^tp_3 + \lambda_4 p_4{}^tp_4$$

第7章　因子分析

となります。ここで、固有値λ_3, λ_4はλ_1, λ_2に比べては相当小さいものとします。すると、上の式で$\lambda_3 \boldsymbol{p}_3{}^t\boldsymbol{p}_3, \lambda_4 \boldsymbol{p}_4{}^t\boldsymbol{p}_4$を落として、

$$\frac{1}{n}X^tX \fallingdotseq \lambda_1 \boldsymbol{p}_1{}^t\boldsymbol{p}_1 + \lambda_2 \boldsymbol{p}_2{}^t\boldsymbol{p}_2$$

という近似式が成り立ちます。

ここで$\boldsymbol{p}_1 = \begin{pmatrix} q_1 \\ q_2 \\ q_3 \\ q_4 \end{pmatrix}, \boldsymbol{p}_2 = \begin{pmatrix} r_1 \\ r_2 \\ r_3 \\ r_4 \end{pmatrix}$とします。すると、

$$\frac{1}{n}X^tX \fallingdotseq \lambda_1 \begin{pmatrix} q_1 \\ q_2 \\ q_3 \\ q_4 \end{pmatrix} (q_1 \ q_2 \ q_3 \ q_4) + \lambda_2 \begin{pmatrix} r_1 \\ r_2 \\ r_3 \\ r_4 \end{pmatrix} (r_1 \ r_2 \ r_3 \ r_4)$$

$$= \sqrt{\lambda_1} \begin{pmatrix} q_1 \\ q_2 \\ q_3 \\ q_4 \end{pmatrix} \sqrt{\lambda_1}(q_1 \ q_2 \ q_3 \ q_4) + \sqrt{\lambda_2} \begin{pmatrix} r_1 \\ r_2 \\ r_3 \\ r_4 \end{pmatrix} \sqrt{\lambda_2}(r_1 \ r_2 \ r_3 \ r_4)$$

ここで、$\begin{pmatrix} a_1 \\ a_2 \\ a_3 \\ a_4 \end{pmatrix} = \sqrt{\lambda_1} \begin{pmatrix} q_1 \\ q_2 \\ q_3 \\ q_4 \end{pmatrix}, \begin{pmatrix} b_1 \\ b_2 \\ b_3 \\ b_4 \end{pmatrix} = \sqrt{\lambda_2} \begin{pmatrix} r_1 \\ r_2 \\ r_3 \\ r_4 \end{pmatrix}$とおくと、

$$\frac{1}{n}X^tX \fallingdotseq \begin{pmatrix} a_1 \\ a_2 \\ a_3 \\ a_4 \end{pmatrix} (a_1 \ \boxed{a_2} \ a_3 \ a_4) + \begin{pmatrix} b_1 \\ b_2 \\ b_3 \\ b_4 \end{pmatrix} (b_1 \ \boxed{b_2} \ b_3 \ b_4) \quad \cdots\cdots ①$$

$$\therefore \quad \frac{1}{n}X^tX \fallingdotseq \begin{pmatrix} a_1 & b_1 \\ a_2 & b_2 \\ a_3 & b_3 \\ a_4 & b_4 \end{pmatrix} \begin{pmatrix} a_1 & \boxed{a_2} & a_3 & a_4 \\ b_1 & \boxed{b_2} & b_3 & b_4 \end{pmatrix} \quad \cdots\cdots ②$$

となります（例えば、$(3, 2)$成分は①でも②でも、$a_3 a_2 + b_3 b_2$になります）。

結局、因子負荷量は、相関行列の固有値・固有ベクトルを用いて、

$$\begin{pmatrix} a_1 \\ a_2 \\ a_3 \\ a_4 \end{pmatrix} = \sqrt{\lambda_1} \begin{pmatrix} q_1 \\ q_2 \\ q_3 \\ q_4 \end{pmatrix}, \quad \begin{pmatrix} b_1 \\ b_2 \\ b_3 \\ b_4 \end{pmatrix} = \sqrt{\lambda_2} \begin{pmatrix} r_1 \\ r_2 \\ r_3 \\ r_4 \end{pmatrix}$$

と求まったことになります。

独自因子を計算するには、

$$\begin{pmatrix} V_{ex} & 0 & 0 & 0 \\ 0 & V_{ey} & 0 & 0 \\ 0 & 0 & V_{ez} & 0 \\ 0 & 0 & 0 & V_{ew} \end{pmatrix} = \frac{1}{n} X^t X - \begin{pmatrix} a_1 & b_1 \\ a_2 & b_2 \\ a_3 & b_3 \\ a_4 & b_4 \end{pmatrix} \begin{pmatrix} a_1 & a_2 & a_3 & a_4 \\ b_1 & b_2 & b_3 & b_4 \end{pmatrix}$$

という式を用いて、$V_{ex}, V_{ey}, V_{ez}, V_{ew}$を計算します。

右辺を計算して対角成分を$V_{ex}, V_{ey}, V_{ez}, V_{ew}$とすればよいのです。

こうすると対角成分に関しては等式が成り立ちますが、右辺を計算したとき対角成分以外が0になることは保証されていません。

因子負荷量として、固有値・固有ベクトルから作ったベクトルは近似解でしかありません。これが主因子法の限界です。それでも、計算機が発達していなかった時代には、比較的簡単に求めることができる計算法として大きな役割を果たしてきました。

いまでは因子分析ができる多くの計算ソフトが出ていますから、因子分析も一瞬でできるようになりました。

5 因子の回転

　因子負荷量を平面上にプロットしたとき、さしたる傾向が導けないことがあります。そのようなときは、傾向が読み取れるように座標軸を回転して細工をします。というのも、因子負荷量を"回転したもの"も因子負荷量になるからです。

　「因子分析とは多変量の資料を表現する画法である」と称して、立方体を描写するときの喩えを挙げました。「因子の回転」とは、いわば立方体の向きを変えて、その特徴を捉え直すことに相当します。この"回転"という自由さが因子分析の融通の利くところであり、同時に客観的でないところです。

　4変量を2因子モデルで因子分析するときのことを考えます。

因子分析の条件式

$$\frac{1}{n}X^tX = A^tA + \frac{1}{n}\Gamma^t\Gamma$$

$$\frac{1}{n}X^tX = \begin{pmatrix} a_1 & b_1 \\ a_2 & b_2 \\ a_3 & b_3 \\ a_4 & b_4 \end{pmatrix}\begin{pmatrix} a_1 & a_2 & a_3 & a_4 \\ b_1 & b_2 & b_3 & b_4 \end{pmatrix} + \begin{pmatrix} V_{ex} & 0 & 0 & 0 \\ 0 & V_{ey} & 0 & 0 \\ 0 & 0 & V_{ez} & 0 \\ 0 & 0 & 0 & V_{ew} \end{pmatrix}$$

を満たす、A(すなわち$a_1, a_2, a_3, a_4, b_1, b_2, b_3, b_4$)、$V_{ex}, V_{ey}, V_{ez}, V_{ew}$が存在するとします。

　原点の周りに$\theta°$回転する変換を表す回転行列を$R(\theta)$とします。

　すると、因子負荷量を表す行列をAの代わりに$AR(\theta)$としても、因子分析の条件式が成り立ちます。

確かめてみましょう。$A\,{}^tA$で、Aを$AR(\theta)$に置き換えると、

$$\begin{aligned}
AR(\theta)\,{}^t(AR(\theta)) &= AR(\theta)\,{}^tR(\theta)\,{}^tA \\
&= A\begin{pmatrix} \cos\theta & -\sin\theta \\ \sin\theta & \cos\theta \end{pmatrix}\begin{pmatrix} \cos\theta & \sin\theta \\ -\sin\theta & \cos\theta \end{pmatrix}{}^tA \\
&= A\begin{pmatrix} \cos^2\theta+\sin^2\theta & \cos\theta\sin\theta-\sin\theta\cos\theta \\ \sin\theta\cos\theta+\cos\theta(-\sin\theta) & \sin^2\theta+\cos^2\theta \end{pmatrix}{}^tA \\
&= A\begin{pmatrix} 1 & 0 \\ 0 & 1 \end{pmatrix}{}^tA = AE\,{}^tA = A\,{}^tA
\end{aligned}$$

となり、$A\,{}^tA$に等しくなります。

ですから、Aが$\dfrac{1}{n}X\,{}^tX = A\,{}^tA + \dfrac{1}{n}\Gamma\,{}^t\Gamma$を満たすとき、$A$の代わりに$AR(\theta)$としてもこの式を満たします。

$AR(\theta)$の成分を**回転した因子負荷量**といいます。

ここで因子分析の一番はじめの式に戻ってみましょう。

4変量の2因子モデルの場合、

$$X = \begin{pmatrix} x_1 & x_2 & \cdots & x_n \\ y_1 & y_2 & \cdots & y_n \\ z_1 & z_2 & \cdots & z_n \\ w_1 & w_2 & \cdots & w_n \end{pmatrix} \qquad A = \begin{pmatrix} a_1 & b_1 \\ a_2 & b_2 \\ a_3 & b_3 \\ a_4 & b_4 \end{pmatrix}$$

$$F = \begin{pmatrix} f_1 & f_2 & \cdots & f_n \\ g_1 & g_2 & \cdots & g_n \end{pmatrix} \qquad \Gamma = \begin{pmatrix} e_{x1} & e_{x2} & \cdots & e_{xn} \\ e_{y1} & e_{y2} & \cdots & e_{yn} \\ e_{z1} & e_{z2} & \cdots & e_{zn} \\ e_{w1} & e_{w2} & \cdots & e_{wn} \end{pmatrix}$$

とおくと、

$$X = AF + \Gamma$$

を満たしました。この式の右辺を

$$X = \underline{AR(-\theta)R(\theta)}F + \Gamma$$

と変形することができます。これは右辺の波線部を変形すると、

$$AR(-\theta)R(\theta)F$$
$$= A\begin{pmatrix}\cos(-\theta) & -\sin(-\theta) \\ \sin(-\theta) & \cos(-\theta)\end{pmatrix}\begin{pmatrix}\cos\theta & -\sin\theta \\ \sin\theta & \cos\theta\end{pmatrix}F$$
$$= A\begin{pmatrix}\cos\theta & \sin\theta \\ -\sin\theta & \cos\theta\end{pmatrix}\begin{pmatrix}\cos\theta & -\sin\theta \\ \sin\theta & \cos\theta\end{pmatrix}F = AF$$

$\cos(-\theta)=\cos\theta$
$\sin(-\theta)=-\sin\theta$

となるからです。

つまり、$X=AF+\Gamma$を満たすA, Fが存在するとき、Aを回転した因子負荷量$AR(-\theta)$に置き換え、Fを因子得点$R(\theta)F$に置き換えれば、因子分析の条件式を満たすことになります。因子負荷量を回転した場合には、因子得点も回転すれば元のモデルの式を満たすことができるのです。

これが因子の回転です。

因子の回転の使い方は次の通りです。

x, y, z, wがそれぞれ算数、国語、理科、社会の点数であるとします。このとき、a_1, b_1は算数の因子負荷量、a_2, b_2は国語の因子負荷量、a_3, b_3は理科の因子負荷量、a_4, b_4は社会の因子負荷量です。

ここで$(a_1, b_1), (a_2, b_2), (a_3, b_3), (a_4, b_4)$を座標平面上にプロットします。すると下図のようになったとします。

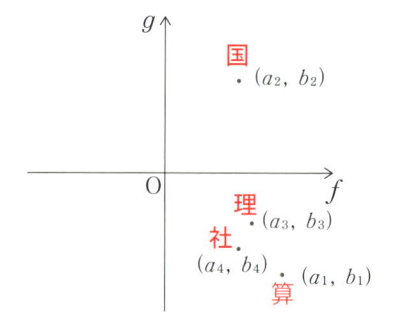

ここで、$AR(-\theta) = \begin{pmatrix} a'_1 & b'_1 \\ a'_2 & b'_2 \\ a'_3 & b'_3 \\ a'_4 & b'_4 \end{pmatrix}$とおくと、$(a'_1, b'_1), (a'_2, b'_2), (a'_3, b'_3)$、

(a'_4, b'_4) に対応する点は、$(a_1, b_1), (a_2, b_2), (a_3, b_3), (a_4, b_4)$ に対応する点を原点中心に $\theta°$ 回転したものになります。

実際、第1行では

$$(a_1 \quad b_1)\begin{pmatrix} \cos(-\theta) & -\sin(-\theta) \\ \sin(-\theta) & \cos(-\theta) \end{pmatrix} = (a'_1 \quad b'_1)$$

$\cos(-\theta) = \cos\theta$
$\sin(-\theta) = -\sin\theta$

が成り立っていて、これの転置をとると、

$$\begin{pmatrix} \cos\theta & -\sin\theta \\ \sin\theta & \cos\theta \end{pmatrix}\begin{pmatrix} a_1 \\ b_1 \end{pmatrix} = \begin{pmatrix} a'_1 \\ b'_2 \end{pmatrix}$$

となり、波線部は $R(\theta) = \begin{pmatrix} \cos\theta & -\sin\theta \\ \sin\theta & \cos\theta \end{pmatrix}$ と $R(\theta)$ に等しくなるからです。

ですから、下左図のように $(a_1, b_1), (a_2, b_2), (a_3, b_3), (a_4, b_4)$ がプロットされた場合には、これを図に表されたように θ 回転します。このとき因子負荷量 A は、A に $R(-\theta)$ を掛けて $AR(-\theta)$ とします。

すると、$(a'_1, b'_1), (a'_2, b'_2), (a'_3, b'_3), (a'_4, b'_4)$ は、一方の座標軸に近いところにプロットされることになります。こうすると、各教科を表す点が座標軸の近くに寄り、座標軸の解釈が楽になります。

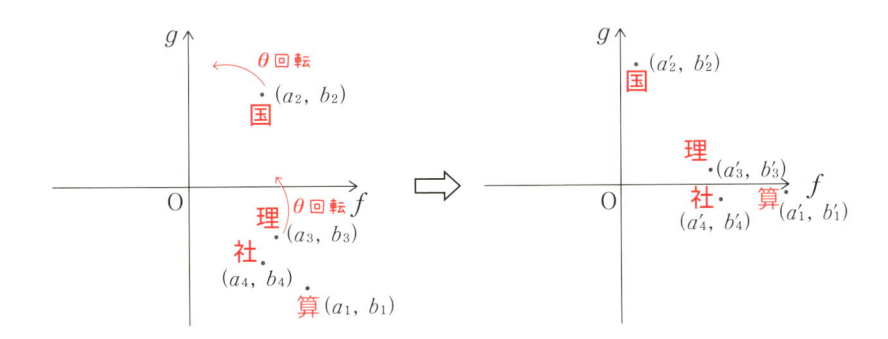

第 8 章

数量化分析

質的データに数値をあてはめて分析していく方法が、数量化分析です。

数量化分析は、統計数理研究所の林知己夫氏が編み出した日本生まれの分析方法です。海外の論文では使われることが少ないといわれますが、個人的にはもっと世界に広まってほしいと考えています。なぜ、現実のオプション価格を反映していないブラック・ショールズの公式がノーベル経済学賞を取れて、幅広い分野に応用を持つ実用的な数量化理論が賞を取れていないのか、不思議に思います。

この本では、ⅠからⅥまである数量化理論の中から、Ⅰ類、Ⅱ類、Ⅲ類を紹介します。これらは、量的データを扱う分析法とは、以下のように対応しています。

　　　数量化Ⅰ類　——　回帰分析
　　　数量化Ⅱ類　——　判別分析
　　　数量化Ⅲ類　——　主成分分析

数量化Ⅰ類は、「回帰分析の質的データバージョン」「質的データを数量化して行なう回帰分析」ということができます。実際、数量化Ⅰ類の計算は、Excel の回帰分析のツールを用いて行なうことができます。

数量化Ⅰ類のところで、数量化のコツをつかんでしまえば、いっきに全体像がつかめるでしょう。

数量化Ⅲ類の理論とほぼ同じ数学的背景を持つ分析に、コンジョイント分析があります。どちらもマーケティングで使われることが多い分析法です。最後の方は難しい式になりますが、追いかけてみると理解が深まります。

1 数量化Ⅰ類

回帰分析では、説明変数も目的変数も量的データでした。

これに対し、説明変数が質的データで、目的変数が量的データである資料について予測するのが数量化Ⅰ類と呼ばれる分析法です。

適用例

朝食をとっているか否か、クラブに入っているか否かと算数のテストの結果がどう関係しているかを調べたいと考えアンケートをとりました。

アンケート結果とテスト結果をまとめると次のようになりました。

	朝食	クラブ	算数
1	○	×	90
2	×	○	50
3	○	○	70
4	×	○	45
5	○	×	85
⋮	⋮	⋮	⋮

朝食をとっている…○
クラブに入っている…○

これを分析すると、次のようになりました。

$$\begin{cases} \text{とっている} & 10 \\ \text{とっていない} & 0 \end{cases} + \begin{cases} \text{入っている} & -30 \\ \text{入っていない} & 0 \end{cases} + 60 \text{ (点)}$$

（朝食）　　　　　　　（クラブ）

これが回帰分析でいえば回帰式にあたる式です。

たとえば、朝食をとっていて、クラブに入っていない人の点数を予測すると、$10+0+60=70$(点)となります。

数量化については初めてなので、ここで数量化の一般的手法について説明しておきましょう。

数量化とは、質的データを数値で置き換えることです。

例えば、

1　あなたは男性ですか	はい　　いいえ
2　あなたは20歳以上ですか	はい　　いいえ

という2つの質問があるとします。これに対する答えは第1問で2通り、第2問で2通りの、計2×2＝4通りが考えられます。

この場合、カテゴリーは2つで、それぞれのカテゴリーについてアイテムは2つずつあります。具体的には、男性、女性、20歳未満、20歳以上の4つです。この4つのアイテムに対して、数量を割り当てます。例えば、3, 5, 8, 4とします。各アイテムに与えられた数量を**カテゴリー数量**といいます。

第1問の答えが男性（対応するカテゴリー数量は3）であり、第2問の答えが20歳以上（対応するカテゴリー数量は4）であるような回答に対する数量化は、3＋4＝7となります。

各アンケートの回答に対して、次のように数量化されます。

第1問		第2問		
男性 (3)	女性 (5)	未満 (8)	以上 (4)	
○		○		3＋8＝11
○			○	3＋4＝7
	○	○		5＋8＝13
	○		○	5＋4＝9

これが数量化の一番簡単な例です。

この数量化を数式で表すと次のような1次式になります。

$$3x_1 + 5x_2 + 8y_1 + 4y_2 \quad \cdots\cdots ①$$

ここでx_1は、第1問の回答が「はい」であるときに$x_1=1$、「いいえ」のときは$x_1=0$となる変量です。このような0と1の値をとる変量を**ダミー変数**といいます。x_2, y_1, y_2についても同様です。

ダミー変数を用いた式が、上の数量化を実現していることを確認すると次のようになります。

第1問 男 女		第2問 未 上		男 x_1	女 x_2	未 y_1	上 y_2	$3x_1+5x_2+8y_1+4y_2$
○		○		1	0	1	0	$3\cdot1+5\cdot0+8\cdot1+4\cdot0=11$
○			○	1	0	0	1	$3\cdot1+5\cdot0+8\cdot0+4\cdot1=7$
	○	○		0	1	1	0	$3\cdot0+5\cdot1+8\cdot1+4\cdot0=13$
	○		○	0	1	0	1	$3\cdot0+5\cdot1+8\cdot0+4\cdot1=9$

アイテムが4つあるので、それぞれに数値をあてはめましたが、このアンケートでは、第1問も第2問も複数の選択肢を選ぶことはありませんから、実は3個の数値を設定することで数量化を実現することができます。

x_1とx_2には$x_1+x_2=1$が成り立ちます。なぜなら、

　　　　第1問の回答が「はい」の場合は、$1+0=1$

　　　　第1問の回答が「いいえ」の場合は、$0+1=1$

となるからです。

同様に、y_1とy_2には$y_1+y_2=1$という関係式があります。これを用いて、①の式からx_2, y_2を消去すると、

$$3x_1+5x_2+8y_1+4y_2 = 3x_1+5(1-x_1)+8y_1+4(1-y_1)$$
$$= -2x_1+4y_1+9 \quad \cdots\cdots ②$$

となります。実際に計算してみると次のようになります。

1 数量化Ⅰ類

| 第1問 | | 第2問 | | 男 x_1 | 未 y_1 | $-2x_1+4y_1+9$ |
男	女	未	上			
○		○		1	1	$-2\cdot1+4\cdot1+9=11$
○			○	1	0	$-2\cdot1+4\cdot0+9=7$
	○	○		0	1	$-2\cdot0+4\cdot1+9=13$
	○		○	0	0	$-2\cdot0+4\cdot0+9=9$

つまり、この例のようにカテゴリーの個数が2個で、それぞれが択一式の場合、

$$ax_1+by_1+c \quad \cdots\cdots ③$$

という式で質的データを数量化することができます。

分析のための条件式に代入するときは、変量が少ない方がよいので、数量化の式を③のようにおいて、各分析の条件式に代入します。

②の式は見た目には、各アイテムに与えられたカテゴリー数量が見えませんが、0と1を代入することによってそれらを復元することができます。

他のアンケートの例でも質的データの数量化を施してみましょう。

```
1  あなたの好きな色は(複数回答可)
       赤           青           黄色
2  あなたの年齢は、
     20歳未満    20歳以上50歳未満    50歳以上
```

好みの色のカテゴリーに関するアイテムが3つ、年齢のカテゴリーに関するアイテムが3つの計6つのアイテムがあります。

赤、青、黄、20歳未満、20歳以上50歳未満、50歳以上のそれぞれのアイテムに数値 a, b, c, d, e, f をあてはめます。赤、青、黄、20歳未満、20歳以上50歳未満、50歳以上のそれぞれのダミー変数を $x_1, x_2, x_3, x_4, x_5,$

x_6 とします。

すると、このアンケートの回答を数量化する式は、
$$ax_1 + bx_2 + cx_3 + dx_4 + ex_5 + fx_6 \quad \cdots\cdots ④$$
と表せます。これによって、例えば次のようにアンケートの回答を数量化できます。

ここで、第2問は択一式なので、x_4, x_5, x_6 の間に $x_4 + x_5 + x_6 = 1$ という関係式があります。これを用いて x_6 を消去すると、④の式は、
$$\begin{aligned}
&ax_1 + bx_2 + cx_3 + dx_4 + ex_5 + fx_6 \\
&= ax_1 + bx_2 + cx_3 + dx_4 + ex_5 + f(1-x_4-x_5) \\
&= ax_1 + bx_2 + cx_3 + (d-f)x_4 + (e-f)x_5 + f
\end{aligned}$$
となります。つまり、新しく変数をおきなおせば、このアンケートの回答は、
$$ax_1 + bx_2 + cx_3 + dx_4 + ex_5 + f$$
という式で数量化することができることになります。

このように複数回答を許す設問のカテゴリーに関してはアイテムごとにカテゴリー数量を与え、n 個の選択肢を持つ択一式の設問のカテゴリーに関しては $n-1$ 個の数量と定数を与えることによって、質的データを数量化することができます。

数量化の準備が整ったところで、数量化Ⅰ類の分析法について説明しましょう。

一言でいうと数量化Ⅰ類は、ダミー変数を用いた回帰分析です。すなわち、カテゴリー数量を未知数として質的データを数量化し、誤差の平方和が最小になるようにカテゴリー数量を定めます。

例で説明してみましょう。

次のような、2問の択一式のカテゴリー(説明変数)とそれに対応する

数量（目的変数）が与えられているサイズ6の資料があるものとします。

第1問 はい　いいえ	第2問 はい　いいえ	目的変数
○	○	10
○	○	4
○	○	5
○	○	6
○	○	8
○	○	3

第1問が「はい」のとき1、「いいえ」のとき0をとるダミー変数をx、第2問が「はい」のとき1、「いいえ」のとき0をとるダミー変数をyとして、アンケート結果を$ax+by+c$という式で数量化します。

第1問 はい　いいえ	第2問 はい　いいえ	x	y	$ax+by+c$	目的変数
○	○	1	1	$a+b+c$	10
○	○	1	0	$a+c$	4
○	○	1	0	$a+c$	5
○	○	0	1	$b+c$	6
○	○	0	1	$b+c$	8
○	○	0	0	c	3

このとき、誤差の平方和は、
$$(a+b+c-10)^2+(a+c-4)^2+(a+c-5)^2$$
$$+(b+c-6)^2+(b+c-8)^2+(c-3)^2$$
これを最小にするようなa, b, cを求めます。

ここで、重回帰分析のことを思い出してください。

重回帰分析では、求める回帰式を$ax+by+c$とおき、これに対して誤差$z_i-ax_i-by_i-c$の平方和をとり、その平方和が最小になるように$a, b,$

c を決めました。

一方、数量化Ⅰ類の計算でも $ax+by+c$ という式をおき、資料から x, y に数値(0 or 1)を代入し、目的変数との差をとり誤差とし、平方和をとり、それが最小となるように a, b, c を定めます。

すなわち、数量化Ⅰ類の計算は、

$$(x_1, y_1, z_1)=(1, 1, 10), (x_2, y_2, z_2)=(1, 0, 4),$$
$$(x_3, y_3, z_3)=(1, 0, 5), (x_4, y_4, z_4)=(0, 1, 6),$$
$$(x_5, y_5, z_5)=(0, 1, 8), (x_6, y_6, z_6)=(0, 0, 3),$$

というサイズ6の資料で、x, y を説明変数、z を目的変数として重回帰分析を施すときの計算と同じ計算になります。

つまり、数量化Ⅰ類とは、質的データを数量化して重回帰分析することなのです。

ですから、Excelの関数LINESTや分析ツールの「回帰分析」を用いて計算することができます。分析ツールを用いた結果は以下の通りです。

概要

回帰統計	
重相関 R	0.951006
重決定 R2	0.904412
補正 R2	0.840686
標準誤差	1.040833
観測数	6

分散分析表

	自由度	変動	分散	測された分散	有意 F
回帰	2	30.75	15.375	14.1923077	0.029553
残差	3	3.25	1.083333		
合計	5	34			

	係数	標準誤差	t	P-値	下限 95%	上限 95%	下限 95.0%	上限 95.0%
切片	2.5	0.849837	2.941742	0.06042526	-0.20456	5.204559	-0.20456	5.204559
X 値 1	2.25	0.901388	2.496151	0.08800489	-0.61862	5.118618	-0.61862	5.118618
X 値 2	4.75	0.901388	5.269652	0.01332001	1.881382	7.618618	1.881382	7.618618

これより、回帰式は、

$$2.25x + 4.75y + 2.5$$

となります。

手計算でも行なってみましょう。

x	y	z	$x_i-\overline{x}$	$y_i-\overline{y}$	$z_i-\overline{z}$	$(x_i-\overline{x})^2$	$(y_i-\overline{y})^2$	$(x_i-\overline{x})(y_i-\overline{y})$	$(x_i-\overline{x})(z_i-\overline{z})$	$(y_i-\overline{y})(z_i-\overline{z})$
1	1	10	$\frac{1}{2}$	$\frac{1}{2}$	4	$\frac{1}{4}$	$\frac{1}{4}$	$\frac{1}{4}$	$\frac{4}{2}$	$\frac{4}{2}$
1	0	4	$\frac{1}{2}$	$-\frac{1}{2}$	-2	$\frac{1}{4}$	$\frac{1}{4}$	$-\frac{1}{4}$	$-\frac{2}{2}$	$\frac{2}{2}$
1	0	5	$\frac{1}{2}$	$-\frac{1}{2}$	-1	$\frac{1}{4}$	$\frac{1}{4}$	$-\frac{1}{4}$	$-\frac{1}{2}$	$\frac{1}{2}$
0	1	6	$-\frac{1}{2}$	$\frac{1}{2}$	0	$\frac{1}{4}$	$\frac{1}{4}$	$-\frac{1}{4}$	0	0
0	1	8	$-\frac{1}{2}$	$\frac{1}{2}$	2	$\frac{1}{4}$	$\frac{1}{4}$	$-\frac{1}{4}$	$-\frac{2}{2}$	$\frac{2}{2}$
0	0	3	$-\frac{1}{2}$	$-\frac{1}{2}$	-3	$\frac{1}{4}$	$\frac{1}{4}$	$\frac{1}{4}$	$\frac{3}{2}$	$\frac{3}{2}$

$\overline{x}=\frac{1}{2}$, $\overline{y}=\frac{1}{2}$, $\overline{z}=6$

$\frac{3}{2}=S_{xx}$, $\frac{3}{2}=S_{yy}$, $-\frac{1}{2}=S_{xy}$, $1=S_{xz}$, $6=S_{yz}$

これより、$S_{xx}=\frac{3}{2}$, $S_{yy}=\frac{3}{2}$, $S_{xy}=-\frac{1}{2}$, $S_{xz}=1$, $S_{yz}=6$

よって、偏回帰係数、切片は、

$$\begin{pmatrix}a\\b\end{pmatrix}=\begin{pmatrix}S_{xx}&S_{xy}\\S_{xy}&S_{yy}\end{pmatrix}^{-1}\begin{pmatrix}S_{xz}\\S_{yz}\end{pmatrix}=\left(\frac{1}{2}\begin{pmatrix}3&-1\\-1&3\end{pmatrix}\right)^{-1}\begin{pmatrix}1\\6\end{pmatrix}$$

(p.135 参照)

$$=\frac{2}{3\cdot3-(-1)(-1)}\begin{pmatrix}3&1\\1&3\end{pmatrix}\begin{pmatrix}1\\6\end{pmatrix}=\frac{1}{4}\begin{pmatrix}9\\19\end{pmatrix}=\begin{pmatrix}2.25\\4.75\end{pmatrix}$$

$$c=\overline{z}-a\overline{x}-b\overline{y}=6-\frac{9}{4}\times\frac{1}{2}-\frac{19}{4}\times\frac{1}{2}=6-\frac{28}{8}=\frac{5}{2}=2.5$$

2 数量化Ⅱ類

　判別分析は、説明変数が量的データ、目的変数が質的データのとき、目的変数を予想する分析法でした。

　説明変数、目的変数がともに質的データであるとき、目的変数を予想する分析法が数量化Ⅱ類の分析法です。

　分析の原理は判別分析と同じで、カテゴリー変数とダミー変数を用いて数量化したあとは、相関比が最大になるようにカテゴリー変数を定めればよいのです。

適用例

　咳と吐き気の症状から、ある病気の診断をしたいと考えています。次のような資料が得られたとします。咳と吐き気について3段階で答えています。

	咳	吐き気	病気
1	○	△	○
2	○	○	○
3	×	×	×
4	△	○	×
5	○	△	○
6	×	○	×
⋮			

○…多い
△…少ない
×…無し

　これについて、判別分析のときのように、次のような判別のための式が得られたとします。

$$\begin{cases} \text{咳} \\ \times \quad 0 \\ \triangle \quad 15 \\ \bigcirc \quad 30 \end{cases} + \begin{cases} \text{吐き気} \\ \times \quad 0 \\ \triangle \quad 18 \\ \bigcirc \quad 50 \end{cases} - 45$$

この式の値が正のときは病気、負のときは病気でないと判断します。例えば、咳が少ししか出なくても、吐き気がある場合は、

$$15+50-45=20>0$$

なので、病気であると判断します。

具体例を出しながら原理を説明していきましょう。

回答がア、イからの択一である2問からなるアンケートを実施しました。

アンケート結果と回答者が属するグループ（P or Q）をまとめると図1のようになりました。これを図2のように1, 0の表にまとめます。

図1

	1		2		
	ア	イ	ア	イ	
1	◯			◯	P
2	◯		◯		P
3	◯		◯		P
4		◯		◯	Q
5		◯		◯	Q
6	◯			◯	Q

図2

x_i	y_i	
1	0	P
1	1	P
1	1	P
0	1	Q
0	1	Q
1	1	Q

第1問の結果をx_iに、第2問の結果はy_iにまとめます。アを選んだときは1、イを選んだときは0とします。

この表に関して、前述の判別分析のように計算すればよいのです。判別分析では、資料の中に1や0以外の数字が入っていますが、数量化Ⅱ類の場合は資料の中に1と0しかありません。

判別分析と比べながら説明してみましょう。

判別分析では、判別関数を$z_i = a(x_i - \bar{x}) + b(y_i - \bar{y})$と設定し、$z_i$の相関比が最大になるように$a, b$を決めました。

数量化Ⅱ類では、カテゴリーウェイトを定め1次式を作ります。

第1問のア、第2問のアのカテゴリーウェイトをそれぞれa, bとし、$z_i = a(x_i - \bar{x}) + b(y_i - \bar{y})$とします。$x_i, y_i$は0と1しかとりえませんが、$z_i$の相関比が最大になるように$a, b$を選ぶのですから、計算方法は判別分析と全く同じになります。

	x	y	$x_i - \bar{x}$	$y_i - \bar{y}$	$(x_i - \bar{x})^2$	$(y_i - \bar{y})^2$	$(x_i - \bar{x})(y_i - \bar{y})$
P	1	0	$\frac{1}{3}$	$-\frac{5}{6}$	$\frac{1}{9}$	$\frac{25}{36}$	$-\frac{5}{18}$
	1	1	$\frac{1}{3}$	$\frac{1}{6}$	$\frac{1}{9}$	$\frac{1}{36}$	$\frac{1}{18}$
	1	1	$\frac{1}{3}$	$\frac{1}{6}$	$\frac{1}{9}$	$\frac{1}{36}$	$\frac{1}{18}$
Q	0	1	$-\frac{2}{3}$	$\frac{1}{6}$	$\frac{4}{9}$	$\frac{1}{36}$	$-\frac{2}{18}$
	0	1	$-\frac{2}{3}$	$\frac{1}{6}$	$\frac{4}{9}$	$\frac{1}{36}$	$-\frac{2}{18}$
	1	1	$\frac{1}{3}$	$\frac{1}{6}$	$\frac{1}{9}$	$\frac{1}{36}$	$\frac{1}{18}$
					$\frac{4}{3}$	$\frac{5}{6}$	$-\frac{1}{3}$
					S_{xx}	S_{yy}	S_{xy}

計算の仕方は判別分析と全く同じです。判別分析をするための表の数字が0と1になっているだけです。

$$\bar{x} = \frac{2}{3}, \quad \bar{y} = \frac{5}{6}, \quad n_P = 3, \quad \bar{x}_P = 1, \quad \bar{y}_P = \frac{2}{3},$$
$$n_Q = 3, \quad \bar{x}_Q = \frac{1}{3}, \quad \bar{y}_Q = 1$$
$$S_{xx} = \frac{4}{3}, \quad S_{xy} = -\frac{1}{3}, \quad S_{yy} = \frac{5}{6}$$
$$S_{Bxx} = n_P(\bar{x}_P - \bar{x})^2 + n_Q(\bar{x}_Q - \bar{x})^2 = 3\left(1 - \frac{2}{3}\right)^2 + 3\left(\frac{1}{3} - \frac{2}{3}\right)^2 = \frac{2}{3}$$

$$S_{Bxy} = n_P(\overline{x}_P - \overline{x})(\overline{x}_P - \overline{y}) + n_Q(\overline{x}_Q - \overline{x})(\overline{y}_Q - \overline{y})$$
$$= 3\left(1 - \frac{2}{3}\right)\left(\frac{2}{3} - \frac{5}{6}\right) + 3\left(\frac{1}{3} - \frac{2}{3}\right)\left(1 - \frac{5}{6}\right) = -\frac{1}{3}$$

$$S_{Byy} = n_P(\overline{y}_P - \overline{y})^2 + n_Q(\overline{y}_Q - \overline{y})^2 = 3\left(\frac{2}{3} - \frac{5}{6}\right)^2 + 3\left(1 - \frac{5}{6}\right)^2 = \frac{1}{6}$$

$$S_B = \begin{pmatrix} S_{Bxx} & S_{Bxy} \\ S_{Bxy} & S_{Byy} \end{pmatrix} = \frac{1}{6}\begin{pmatrix} 4 & -2 \\ -2 & 1 \end{pmatrix},\ S = \begin{pmatrix} S_{xx} & S_{xy} \\ S_{xy} & S_{yy} \end{pmatrix} = \frac{1}{6}\begin{pmatrix} 8 & -2 \\ -2 & 5 \end{pmatrix}$$

であり、

$$S^{-1}S_B = (6S)^{-1}(6S_B) = \begin{pmatrix} 8 & -2 \\ -2 & 5 \end{pmatrix}^{-1}\begin{pmatrix} 4 & -2 \\ -2 & 1 \end{pmatrix}$$

$$= \frac{1}{8\cdot 5 - (-2)(-2)}\begin{pmatrix} 5 & 2 \\ 2 & 8 \end{pmatrix}\begin{pmatrix} 4 & -2 \\ -2 & 1 \end{pmatrix}$$

$$= \frac{1}{36}\begin{pmatrix} 5\cdot 4 + 2\cdot(-2) & 5\cdot(-2) + 2\cdot 1 \\ 2\cdot 4 + 8\cdot(-2) & 2\cdot(-2) + 8\cdot 1 \end{pmatrix}$$

$$= \frac{1}{36}\begin{pmatrix} 16 & -8 \\ -8 & 4 \end{pmatrix} = \frac{1}{9}\begin{pmatrix} 4 & -2 \\ -2 & 1 \end{pmatrix}\ \ U とおく$$

ここで、$U = \begin{pmatrix} 4 & -2 \\ -2 & 1 \end{pmatrix}$ とおくと、U の固有多項式 $f(t)$ は、

$$f(t) = |U - tE| = \begin{vmatrix} 4-t & -2 \\ -2 & 1-t \end{vmatrix} = (4-t)(1-t) - (-2)(-2)$$

$$= t(t-5)$$

よって、$f(t) = 0$ より、U の固有値は5と0です。

5に属する固有ベクトルは、

$$\begin{pmatrix} 4-5 & -2 \\ -2 & 1-5 \end{pmatrix}\begin{pmatrix} a \\ b \end{pmatrix} = \begin{pmatrix} 0 \\ 0 \end{pmatrix} \quad \therefore\ \begin{pmatrix} -1 & -2 \\ -2 & -4 \end{pmatrix}\begin{pmatrix} a \\ b \end{pmatrix} = \begin{pmatrix} 0 \\ 0 \end{pmatrix}$$

$$\therefore\ \begin{pmatrix} a \\ b \end{pmatrix} = k\begin{pmatrix} 2 \\ -1 \end{pmatrix}\ \ (k は実数)$$

となります。

$S^{-1}S_B = \frac{1}{9}U$ の固有値は $\frac{1}{9} \times 5 = \frac{5}{9}$ と0で、$\frac{5}{9}$ に属する固有ベクトルは $\begin{pmatrix} 2 \\ -1 \end{pmatrix}$ です。そこで、$a=2, b=-1$ とします。

線形判別関数 z を
$$z = a(x - \bar{x}) + b(y - \bar{y})$$
と定めます。ここで、表より $\bar{x} = \frac{2}{3}, \bar{y} = \frac{5}{6}$ となりますから、具体的には
$$z = 2\left(x - \frac{2}{3}\right) + (-1)\left(y - \frac{5}{6}\right) = 2x - y - \frac{1}{2}$$
です。各個体に関して線形判別関数の値を計算すると、

x	y		z
1	0	P	$\frac{3}{2}$
1	1	P	$\frac{1}{2}$
1	1	P	$\frac{1}{2}$
0	1	Q	$-\frac{3}{2}$
0	1	Q	$-\frac{3}{2}$
1	1	Q	$\frac{1}{2}$

線形判別関数の値が正のときはPのグループ、負のときはQのグループに属していると考えられます。

ここで、アンケートの第1問でイ、第2問でイと答えた人は、P, Qどちらのグループに属する人かを判断してみましょう

第1問でイ、第2問でイのとき、$x=0, y=0$ ですから、線形判別関数の値は
$$z = 2x - y - \frac{1}{2} = 2 \cdot 0 - 0 - \frac{1}{2} = -\frac{1}{2}$$
と負になりますから、Qのグループに属していると判断します。

3 数量化Ⅲ類

タテにサンプル、ヨコに質的データをとった集計表で、サンプルとカテゴリーに重みを付け、サンプルどうしの位置関係やカテゴリーどうしの位置関係を探るのが数量化Ⅲ類です。

適用例

7人のタレントで誰が好きかを尋ねるアンケートを20人にしました。好きなタレントは複数選ぶことができます。アンケート結果は次のようでした。

	よし	まさ	ひろ	けん	ごう	とも	しげ
1	○		○				
2		○				○	
3	○		○		○		
4		○			○		○
5	○		○				○
6			○	○			
⋮	⋮	⋮	⋮	⋮	⋮	⋮	⋮

○は好きなタレントを表す

これを数量化Ⅲ類で分析します。

タレント、アンケート回答者のカテゴリーそれぞれについてある2次元の変量を得ます。それらを2次元平面にプロットします。

すると、次のようになります。

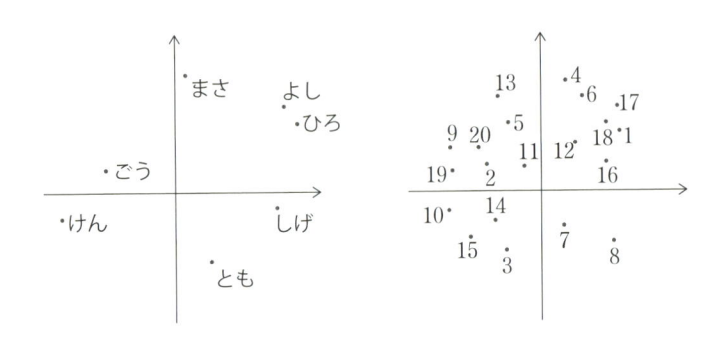

上左図はタレントごとに付けられた2変量をプロットしたものです。「よし」と「ひろ」が近くにプロットされているので、この2人は同じような好かれ方をしていると考えられます。

さらに、タレントの属性を考えることで、座標軸が表す特性を見つけることができます。例えば、ヨコ軸がお笑い、タテ軸が歌唱力といった具合です。

上右図はアンケート回答者ごとに付けられた2変量をプロットしたものです。4と6が近くにあるので、4の回答者と6の回答者のタレントの好みは似通った傾向があると考えらえます。

数量化Ⅲ類のポイントは、相関係数が最大になるようにカテゴリーとサンプルに重みを付けます。

簡単な例で、数量化Ⅲ類の計算をしてみましょう。

3つの「はい、いいえ」で答える質問からなるアンケートを4人に回答してもらった結果が次頁の左表のようであるとします。

このサンプル（人）とカテゴリー（回答）に重みを付けます。

AからDのサンプルにa_1, a_2, a_3, a_4、第1問から第3問までのアンケート結果の「はい」にb_1, b_2, b_3と重みを付けます。「いいえ」には重みを付けません。

3 数量化III類

「はい」を1で、「いいえ」を0で書いた表が下の右表です。ですから、例えば右表の赤いアンダーラインをつけた1であれば、2変量のデータ(a_2, b_3)が1個あると解釈します。表中の0は無視します。このようにして右表の1を新しく量的データの2変量として書き換えた表が左下の表です。

サンプル	第1問 はい いいえ	第2問 はい いいえ	第3問 はい いいえ
A	○		○ ○
B	○		○
C	○	○	○
D		○ ○	

	第1問 b_1	第2問 b_2	第3問 b_3
A a_1	1	0	1
B a_2	0	0	<u>1</u>
C a_3	1	1	0
D a_4	0	1	0

	b_1	b_2	b_3
a_1	(a_1, b_1)		(a_1, b_3)
a_2			<u>(a_2, b_3)</u>
a_3	(a_3, b_1)	(a_3, b_2)	
a_4		(a_4, b_2)	

このアンケート結果では、「はい」の個数が6個（表にある1の個数）なので、サイズ6の2変量の資料があることになります。具体的に書き並べると、

$$(a_1, b_1), (a_1, b_3), (a_2, b_3), (a_3, b_1), (a_3, b_2), (a_4, b_2)$$

となります。

この資料について相関係数を計算しましょう。

一般に変量x, yの相関係数は、$X = px + q$と$Y = rx + s$とおかれた新しい変量X, Yの相関係数と一致します（p.63）。

xを標準化して作った変量は、xの平均をm、標準偏差をσとしたとき、$\dfrac{x-m}{\sigma}$と表されますから、x, yの相関係数と、x, yを標準化した変量の相関係数は同じになります。よって、a, bははじめから標準化されているものとして考えてかまいません。

そこで、a, b は
$$\bar{a} = 0,\ \bar{b} = 0,\ \sigma_a^2 = 1,\ \sigma_b^2 = 1$$
を満たすものとします。分散は平方和の平均に等しく、
$\bar{a} = 0, \bar{b} = 0$ から、

$$\boxed{\frac{2a_1^2 + a_2^2 + 2a_3^2 + a_4^2}{6}}_{\sigma_a^2} = 1 \quad \therefore\ 2a_1^2 + a_2^2 + 2a_3^2 + a_4^2 = 6 \quad \cdots\cdots ①$$

$$\boxed{\frac{2b_1^2 + 2b_2^2 + 2b_3^2}{6}}_{\sigma_b^2} = 1 \quad \therefore\ 2b_1^2 + 2b_2^2 + 2b_3^2 = 6 \quad \cdots\cdots ②$$

相関係数 r_{ab} は、共分散 σ_{ab} を用いて、

$$r_{ab} = \frac{\sigma_{ab}}{\sigma_a \sigma_b} = \sigma_{ab} = \frac{a_1 b_1 + a_1 b_3 + a_2 b_3 + a_3 b_1 + a_3 b_2 + a_4 b_2}{6} \quad \cdots\cdots ③$$

この相関係数が最大値をとるような $a_1, a_2, a_3, a_4, b_1, b_2, b_3$ を求めるのが数量化Ⅲ類の計算の目標です。

つまり、相関係数の最大値を求めるには、①、②の条件のもとで、③の最大値を求めることになります。

簡潔に表現するため行列を用います。ここで、

$$\boldsymbol{a} = \begin{pmatrix} a_1 \\ a_2 \\ a_3 \\ a_4 \end{pmatrix},\ \boldsymbol{b} = \begin{pmatrix} b_1 \\ b_2 \\ b_3 \end{pmatrix},\ M = \begin{pmatrix} 1 & 0 & 1 \\ 0 & 0 & 1 \\ 1 & 1 & 0 \\ 0 & 1 & 0 \end{pmatrix},\ A = \begin{pmatrix} 2 & & & \\ & 1 & & \\ & & 2 & \\ & & & 1 \end{pmatrix}$$

$$B = \begin{pmatrix} 2 & & \\ & 2 & \\ & & 2 \end{pmatrix}$$

とおきます。

M は次頁の表（前頁の右表と同じもの）の 0 と 1（アカ枠の中）をその形のまま行列にしたものです。

	第1問	第2問	第3問	
	b_1	b_2	b_3	
A a_1	1	0	1	2
B a_2	0	0	1	1
C a_3	1	1	0	2
D a_4	0	1	0	1
	2	2	2	

$$M = \begin{pmatrix} 1 & 0 & 1 \\ 0 & 0 & 1 \\ 1 & 1 & 0 \\ 0 & 1 & 0 \end{pmatrix}$$

$$B = \begin{pmatrix} 2 & & \\ & 2 & \\ & & 2 \end{pmatrix}$$

$$A = \begin{pmatrix} 2 & & & \\ & 1 & & \\ & & 2 & \\ & & & 1 \end{pmatrix}$$

A は a の集計（表で右の欄）の数を対角線に並べた行列、B は b の集計（表で下の欄）の数を対角線に並べた行列です。

これを用いると、

$$^t\boldsymbol{a}A\boldsymbol{a} = (a_1 \ a_2 \ a_3 \ a_4)\begin{pmatrix} 2 & & & \\ & 1 & & \\ & & 2 & \\ & & & 1 \end{pmatrix}\begin{pmatrix} a_1 \\ a_2 \\ a_3 \\ a_4 \end{pmatrix} = 2a_1^2 + a_2^2 + 2a_3^2 + a_4^2$$

より①は、$^t\boldsymbol{a}A\boldsymbol{a} = 6$ ……④

$$^t\boldsymbol{b}B\boldsymbol{b} = (b_1 \ b_2 \ b_3)\begin{pmatrix} 2 & & \\ & 2 & \\ & & 2 \end{pmatrix}\begin{pmatrix} b_1 \\ b_2 \\ b_3 \end{pmatrix} = 2b_1^2 + 2b_2^2 + 2b_3^2$$

より②は、$^t\boldsymbol{b}B\boldsymbol{b} = 6$ ……⑤

$$^t\boldsymbol{a}M\boldsymbol{b} = (a_1 \ a_2 \ a_3 \ a_4)\begin{pmatrix} 1 & 0 & 1 \\ 0 & 0 & 1 \\ 1 & 1 & 0 \\ 0 & 1 & 0 \end{pmatrix}\begin{pmatrix} b_1 \\ b_2 \\ b_3 \end{pmatrix}$$

$$= a_1b_1 + a_1b_3 + a_2b_3 + a_3b_1 + a_3b_2 + a_4b_2$$

より、③×6は、$^t\boldsymbol{a}M\boldsymbol{b}$ となります。

よって、相関係数 r_{ab} の最大値を求めることは、$^t\boldsymbol{a}A\boldsymbol{a} = 6, ^t\boldsymbol{b}B\boldsymbol{b} = 6$ の条

件のもとで、${}^t\boldsymbol{a}M\boldsymbol{b}$ の最大値を求めることになります。

ここでラグランジュの未定乗数法を用います。

$$F(\boldsymbol{a},\ \boldsymbol{b})={}^t\boldsymbol{a}M\boldsymbol{b}-\frac{\lambda}{2}({}^t\boldsymbol{a}A\boldsymbol{a}-6)-\frac{\mu}{2}({}^t\boldsymbol{b}B\boldsymbol{b}-6)$$

とおきます。ここで、未定乗数を、$\dfrac{\lambda}{2}$, $\dfrac{\mu}{2}$ とおきました。ふつうは λ, μ とおくところですが、定数倍の違いなのでこうおいてかまいません。あとあとの計算まで含めると、この方がすっきり叙述できます。

$F(\boldsymbol{a},\ \boldsymbol{b})$ は、7個の変数 a_1, a_2, a_3, a_4, b_1, b_2, b_3 についての関数です。変数をすべて書き並べるのでは場所を取るので、a_1, a_2, a_3, a_4 を $\boldsymbol{a}$ とし、b_1, b_2, b_3 を $\boldsymbol{b}$ として、$F(\boldsymbol{a},\ \boldsymbol{b})$ と書いています。ラグランジュの条件式は、

$$\frac{\partial F}{\partial a_1}=0,\ \frac{\partial F}{\partial a_2}=0,\ \frac{\partial F}{\partial a_3}=0,\ \frac{\partial F}{\partial a_4}=0,\ \frac{\partial F}{\partial b_1}=0,\ \frac{\partial F}{\partial b_2}=0,\ \frac{\partial F}{\partial b_3}=0 \quad \cdots\cdots ⑥$$

$${}^t\boldsymbol{a}A\boldsymbol{a}=6,\ {}^t\boldsymbol{b}B\boldsymbol{b}=6$$

となります。これらを満たす a_1, a_2, a_3, a_4, b_1, b_2, b_3, λ, μ を求めます。

$F(\boldsymbol{a},\ \boldsymbol{b})$ をベクトル $\boldsymbol{a}$, $\boldsymbol{b}$ の関数と見たとき、$\dfrac{\partial F}{\partial \boldsymbol{a}}$、$\dfrac{\partial F}{\partial \boldsymbol{b}}$ は、

$$\frac{\partial F}{\partial \boldsymbol{a}} = \begin{pmatrix} \dfrac{\partial F}{\partial a_1} \\ \dfrac{\partial F}{\partial a_2} \\ \dfrac{\partial F}{\partial a_3} \\ \dfrac{\partial F}{\partial a_4} \end{pmatrix}, \quad \frac{\partial F}{\partial \boldsymbol{b}} = \begin{pmatrix} \dfrac{\partial F}{\partial a_1} \\ \dfrac{\partial F}{\partial a_2} \\ \dfrac{\partial F}{\partial a_3} \end{pmatrix} \text{ となるので、⑥は、}$$

$$\frac{\partial F}{\partial \boldsymbol{a}} = 0,\ \frac{\partial F}{\partial \boldsymbol{b}} = 0 \quad \cdots\cdots ⑦$$

$\dfrac{\partial ({}^t\boldsymbol{a}\boldsymbol{x})}{\partial \boldsymbol{a}} = \boldsymbol{x}$

と書くことができます。これらの左辺を計算します。 $\dfrac{\partial ({}^t\boldsymbol{a}A\boldsymbol{a})}{\partial \boldsymbol{a}} = 2A\boldsymbol{a}$ (p.299参照)

$$\frac{\partial F}{\partial \boldsymbol{a}} = \frac{\partial}{\partial \boldsymbol{a}}\left({}^t\boldsymbol{a}M\boldsymbol{b}-\frac{\lambda}{2}({}^t\boldsymbol{a}A\boldsymbol{a}-6)-\frac{\mu}{2}({}^t\boldsymbol{b}B\boldsymbol{b}-6)\right) = M\boldsymbol{b}-\lambda A\boldsymbol{a}$$

スカラーなので転置しても同じ

$\boldsymbol{b}$ での微分については、最初の項を ${}^t\boldsymbol{a}M\boldsymbol{b} = {}^t({}^t\boldsymbol{a}M\boldsymbol{b}) = {}^t\boldsymbol{b}\,{}^tM\boldsymbol{a}$ を用いて

書き換え、

$$\frac{\partial F}{\partial \boldsymbol{b}} = \frac{\partial}{\partial \boldsymbol{b}}\left({}^t\boldsymbol{b}\,{}^tM\boldsymbol{a} - \frac{\lambda}{2}({}^t\boldsymbol{a}A\boldsymbol{a}-6) - \frac{\mu}{2}({}^t\boldsymbol{b}B\boldsymbol{b}-6)\right) = {}^tM\boldsymbol{a} - \mu B\boldsymbol{b}$$

となるので、⑦は、

$$M\boldsymbol{b} = \lambda A\boldsymbol{a} \quad \cdots\cdots ⑧ \qquad {}^tM\boldsymbol{a} = \mu B\boldsymbol{b} \quad \cdots\cdots ⑨$$

⑧に左から ${}^t\boldsymbol{a}$ を掛け、⑨に左から ${}^t\boldsymbol{b}$ を掛けると、

$$\,{}^t\boldsymbol{a}M\boldsymbol{b} = \lambda\,{}^t\boldsymbol{a}\,A\boldsymbol{a} = 6\lambda \qquad {}^t\boldsymbol{b}\,{}^tM\boldsymbol{a} = \mu\,{}^t\boldsymbol{b}B\boldsymbol{b} = 6\mu$$

ここで、${}^t\boldsymbol{a}M\boldsymbol{b} = {}^t\boldsymbol{b}\,{}^tM\boldsymbol{a}$ であることより、

$$\lambda = \mu \quad \cdots\cdots ⑩$$

つまり、$a_1, a_2, a_3, a_4, b_1, b_2, b_3$ を①、②を満たしながら動かすとき、${}^t\boldsymbol{a}M\boldsymbol{b} = {}^t\boldsymbol{b}\,{}^tM\boldsymbol{a}$ の最大値は $6\lambda = 6\mu$ となります。

⑧で左から A^{-1} を掛けて、λ で割って、

$$\boldsymbol{a} = \frac{A^{-1}M\boldsymbol{b}}{\lambda}$$

これと⑩を⑨に代入して、

$$\frac{{}^tMA^{-1}M\boldsymbol{b}}{\lambda} = \lambda B\boldsymbol{b} \quad \therefore\ {}^tMA^{-1}M\boldsymbol{b} = \lambda^2 B\boldsymbol{b}$$

$$\therefore\ {}^tMA^{-1}MB^{-\frac{1}{2}}B^{\frac{1}{2}}\boldsymbol{b} = \lambda^2 B^{\frac{1}{2}}B^{\frac{1}{2}}\boldsymbol{b}$$

$$\therefore\ (B^{-\frac{1}{2}}\,{}^tMA^{-1}MB^{-\frac{1}{2}})B^{\frac{1}{2}}\boldsymbol{b} = \lambda^2 B^{\frac{1}{2}}\boldsymbol{b}$$

ここで、$C = B^{-\frac{1}{2}}\,{}^tMA^{-1}MB^{-\frac{1}{2}}$, $\boldsymbol{x} = B^{\frac{1}{2}}\boldsymbol{b}$, $\alpha = \lambda^2$ とおくと、$C\boldsymbol{x} = \alpha\boldsymbol{x}$ の形になるので、λ^2 と $B^{\frac{1}{2}}\boldsymbol{b}$ は $B^{-\frac{1}{2}}\,{}^tMA^{-1}MB^{-\frac{1}{2}}$ の固有値と固有ベクトルです。

ここで、

$$\,{}^t(B^{-\frac{1}{2}}\,{}^tMA^{-1}MB^{-\frac{1}{2}}) = {}^t(B^{-\frac{1}{2}})\,{}^tM\,{}^t(A^{-1})\,{}^t({}^tM)\,{}^t(B^{-\frac{1}{2}})$$

$$= B^{-\frac{1}{2}}\,{}^tMA^{-1}MB^{-\frac{1}{2}}$$

となるので、$B^{-\frac{1}{2}}\,{}^tMA^{-1}MB^{-\frac{1}{2}}$ は対称行列です。対称行列なので、固有

値はすべて実数になります。また、すべての成分が正なので、正値行列であり、固有値は正になります。

$B^{-\frac{1}{2}}{}^t M A^{-1} M B^{-\frac{1}{2}}$を実際に計算してみましょう。

$$B^{-\frac{1}{2}}{}^t M A^{-1} M B^{-\frac{1}{2}}$$

$$= \begin{pmatrix} \boxed{\frac{1}{\sqrt{2}}} = 2^{-\frac{1}{2}} & & \\ & \frac{1}{\sqrt{2}} & \\ & & \frac{1}{\sqrt{2}} \end{pmatrix} \begin{pmatrix} 1 & 0 & 1 & 0 \\ 0 & 0 & 1 & 1 \\ 1 & 1 & 0 & 0 \end{pmatrix} \begin{pmatrix} \boxed{\frac{1}{2}} = 2^{-1} & & & \\ & 1 & & \\ & & \frac{1}{2} & \\ & & & 1 \end{pmatrix}$$

$$\begin{pmatrix} 1 & 0 & 1 \\ 0 & 0 & 1 \\ 1 & 1 & 0 \\ 0 & 1 & 0 \end{pmatrix} \begin{pmatrix} \frac{1}{\sqrt{2}} & & \\ & \frac{1}{\sqrt{2}} & \\ & & \frac{1}{\sqrt{2}} \end{pmatrix}$$

一般にはこのようにして順に計算していきますが、この例では、$B^{-\frac{1}{2}} = \frac{1}{\sqrt{2}} E$が成り立つので、

$$B^{-\frac{1}{2}}{}^t M A^{-1} M B^{-\frac{1}{2}} = \frac{1}{\sqrt{2}} E \, {}^t M A^{-1} M \left(\frac{1}{\sqrt{2}} E\right) = \frac{1}{2} {}^t M A^{-1} M$$

$$= \frac{1}{2} \begin{pmatrix} 1 & 0 & 1 & 0 \\ 0 & 0 & 1 & 1 \\ 1 & 1 & 0 & 0 \end{pmatrix} \begin{pmatrix} \frac{1}{2} & & & \\ & 1 & & \\ & & \frac{1}{2} & \\ & & & 1 \end{pmatrix} \begin{pmatrix} 1 & 0 & 1 \\ 0 & 0 & 1 \\ 1 & 1 & 0 \\ 0 & 1 & 0 \end{pmatrix}$$

$$= \frac{1}{2} \begin{pmatrix} \frac{1}{2} & 0 & \frac{1}{2} & 0 \\ 0 & 0 & \frac{1}{2} & 1 \\ \frac{1}{2} & 1 & 0 & 0 \end{pmatrix} \begin{pmatrix} 1 & 0 & 1 \\ 0 & 0 & 1 \\ 1 & 1 & 0 \\ 0 & 1 & 0 \end{pmatrix} = \frac{1}{2} \begin{pmatrix} 1 & \frac{1}{2} & \frac{1}{2} \\ \frac{1}{2} & \frac{3}{2} & 0 \\ \frac{1}{2} & 0 & \frac{3}{2} \end{pmatrix} = \frac{1}{4} \begin{pmatrix} 2 & 1 & 1 \\ 1 & 3 & 0 \\ 1 & 0 & 3 \end{pmatrix}$$

ここで、$B^{-\frac{1}{2}}{}^t M A^{-1} M B^{-\frac{1}{2}}$の固有値、固有ベクトルを求める代わりに、

$D = \begin{pmatrix} 2 & 1 & 1 \\ 1 & 3 & 0 \\ 1 & 0 & 3 \end{pmatrix}$ とおき、D の固有値、固有ベクトルを求めましょう。

というのも、一般に次が成り立つからです。

> ν と $\boldsymbol{v}$ は、行列 F の固有値と固有ベクトルである
> $\Leftrightarrow$　$k\nu$ と $\boldsymbol{v}$ は、行列 kF の固有値と固有ベクトルである
> ［なぜなら、$F\boldsymbol{v}=\nu\boldsymbol{v}$ $\Leftrightarrow$ $kF\boldsymbol{v}=(k\nu)\boldsymbol{v}$］

$B^{-\frac{1}{2}}{}^tMA^{-1}MB^{-\frac{1}{2}} = \frac{1}{4}D$ が成り立つので、$B^{-\frac{1}{2}}{}^tMA^{-1}MB^{-\frac{1}{2}}$ の固有値を求めるには、D の固有値を求めて4分の1倍すればよいのです。

$B^{-\frac{1}{2}}{}^tMA^{-1}MB^{-\frac{1}{2}}$ の固有ベクトルと D の固有ベクトルは一致します。

D の固有多項式 $f(t)$ を計算します。

$$f(t) = |D - tE| = \begin{vmatrix} 2-t & 1 & 1 \\ 1 & 3-t & 0 \\ 1 & 0 & 3-t \end{vmatrix}$$

（サラスの公式 p.280）

$$= (3-t)^2(2-t) + 1\cdot 0\cdot 1 + 1\cdot 1\cdot 0 - (2-t)\cdot 0\cdot 0$$
$$\quad - 1\cdot 1\cdot(3-t) - 1\cdot(3-t)\cdot 1$$
$$= (3-t)^2(2-t) - 2(3-t) = (3-t)\{(3-t)(2-t) - 2\}$$
$$= (3-t)(4 - 5t + t^2) = (3-t)(4-t)(1-t)$$

固有方程式 $f(t)=0$ より、固有値は $t = 4, 3, 1$ です。

<u>固有値4のときの固有ベクトル</u>を $\boldsymbol{x} = \begin{pmatrix} x \\ y \\ z \end{pmatrix}$ とおくと、

$D\boldsymbol{x} = 4\boldsymbol{x}$　∴　$D\boldsymbol{x} - 4\boldsymbol{x} = 0$　∴　$D\boldsymbol{x} - 4E\boldsymbol{x} = 0$

∴　$(D - 4E)\boldsymbol{x} = 0$

$$\begin{pmatrix} 2-4 & 1 & 1 \\ 1 & 3-4 & 0 \\ 1 & 0 & 3-4 \end{pmatrix} \begin{pmatrix} x \\ y \\ z \end{pmatrix} = \begin{pmatrix} 0 \\ 0 \\ 0 \end{pmatrix} \quad \therefore \quad \begin{pmatrix} -2 & 1 & 1 \\ 1 & -1 & 0 \\ 1 & 0 & -1 \end{pmatrix} \begin{pmatrix} x \\ y \\ z \end{pmatrix} = \begin{pmatrix} 0 \\ 0 \\ 0 \end{pmatrix}$$

これより、$-2x+y+z=0, x-y=0, x-z=0$

この連立方程式を解くと、$\begin{pmatrix} x \\ y \\ z \end{pmatrix} = \begin{pmatrix} k \\ k \\ k \end{pmatrix}$ (kは任意の実数)

なので、固有ベクトルは $\begin{pmatrix} 1 \\ 1 \\ 1 \end{pmatrix}$

固有値3のときの固有ベクトルを $\boldsymbol{x} = \begin{pmatrix} x \\ y \\ z \end{pmatrix}$ とおくと、

$$D\boldsymbol{x}=3\boldsymbol{x} \quad \therefore \quad D\boldsymbol{x}-3\boldsymbol{x}=0 \quad \therefore \quad D\boldsymbol{x}-3E\boldsymbol{x}=0$$
$$\therefore \quad (D-3E)\boldsymbol{x}=0$$

$$\begin{pmatrix} 2-3 & 1 & 1 \\ 1 & 3-3 & 0 \\ 1 & 0 & 3-3 \end{pmatrix} \begin{pmatrix} x \\ y \\ z \end{pmatrix} = \begin{pmatrix} 0 \\ 0 \\ 0 \end{pmatrix} \quad \therefore \quad \begin{pmatrix} -1 & 1 & 1 \\ 1 & 0 & 0 \\ 1 & 0 & 0 \end{pmatrix} \begin{pmatrix} x \\ y \\ z \end{pmatrix} = \begin{pmatrix} 0 \\ 0 \\ 0 \end{pmatrix}$$

これより、$-x+y+z=0, x=0$ なので、固有ベクトルは $\begin{pmatrix} 0 \\ 1 \\ -1 \end{pmatrix}$

固有値1のときの固有ベクトルを $\boldsymbol{x} = \begin{pmatrix} x \\ y \\ z \end{pmatrix}$ とおくと、

$$D\boldsymbol{x}=\boldsymbol{x} \quad \therefore \quad D\boldsymbol{x}-\boldsymbol{x}=0 \quad \therefore \quad D\boldsymbol{x}-E\boldsymbol{x}=0$$
$$\therefore \quad (D-E)\boldsymbol{x}=0$$

$$\begin{pmatrix} 2-1 & 1 & 1 \\ 1 & 3-1 & 0 \\ 1 & 0 & 3-1 \end{pmatrix} \begin{pmatrix} x \\ y \\ z \end{pmatrix} = \begin{pmatrix} 0 \\ 0 \\ 0 \end{pmatrix} \quad \therefore \quad \begin{pmatrix} 1 & 1 & 1 \\ 1 & 2 & 0 \\ 1 & 0 & 2 \end{pmatrix} \begin{pmatrix} x \\ y \\ z \end{pmatrix} = \begin{pmatrix} 0 \\ 0 \\ 0 \end{pmatrix}$$

これより、$x+y+z=0, x+2y=0, x+2z=0$ なので、

固有ベクトルは $\begin{pmatrix} 2 \\ -1 \\ -1 \end{pmatrix}$

よって、$B^{-\frac{1}{2}}{}^tMA^{-1}MB^{-\frac{1}{2}}$ の固有値 λ^2 は、$1, \dfrac{3}{4}, \dfrac{1}{4}$

これに対応する固有ベクトルは、$\begin{pmatrix} 1 \\ 1 \\ 1 \end{pmatrix}, \begin{pmatrix} 0 \\ 1 \\ -1 \end{pmatrix}, \begin{pmatrix} 2 \\ -1 \\ -1 \end{pmatrix}$です。

ここで固有値の中に1がありますが、これは偶然ではありません。

一般に、Mのように0と1からなる行列から、上のようにA, Bを作るとき、$B^{-\frac{1}{2}}\,{}^tMA^{-1}MB^{-\frac{1}{2}}$は必ず固有値に1を持ちます（理由はp.248）。

常に固有値となる1は分析の情報としては意味を持ちませんから無視して考えます。

数量化Ⅲ類は、主成分分析の数量化バージョンであるといえます。

主成分分析では固有値ごとに主成分が決まったことを思い出してください。

この例では、固有値が$\dfrac{3}{4}$のときの$a_1, a_2, a_3, a_4, b_1, b_2, b_3$を第1主成分、$\dfrac{1}{4}$のときの$a_1, a_2, a_3, a_4, b_1, b_2, b_3$を第2主成分と捉えましょう。

$\dfrac{3}{4}=\lambda^2(\lambda=\dfrac{\sqrt{3}}{2})$のとき、固有ベクトルは、$\boldsymbol{x}=\begin{pmatrix} 0 \\ 1 \\ -1 \end{pmatrix}$

$$\boldsymbol{b}=B^{-\frac{1}{2}}\boldsymbol{x}=\begin{pmatrix} \dfrac{1}{\sqrt{2}} & & \\ & \dfrac{1}{\sqrt{2}} & \\ & & \dfrac{1}{\sqrt{2}} \end{pmatrix}\begin{pmatrix} 0 \\ 1 \\ -1 \end{pmatrix}=\dfrac{1}{\sqrt{2}}\begin{pmatrix} 0 \\ 1 \\ -1 \end{pmatrix}$$

このままでは、②を満たしませんから、②を満たすように定数倍して調節します。

$\dfrac{k}{\sqrt{2}}\begin{pmatrix} 0 \\ 1 \\ -1 \end{pmatrix}$より、$b_1=0, b_2=\dfrac{k}{\sqrt{2}}, b_3=-\dfrac{k}{\sqrt{2}}$。これを②に代入して、

$$2\cdot 0^2+2\left(\dfrac{k}{\sqrt{2}}\right)^2+2\left(-\dfrac{k}{\sqrt{2}}\right)^2=6$$

$$\therefore\ 2k^2=6 \quad \therefore\ k=\sqrt{3}$$

これより、$\boldsymbol{b}=\dfrac{k}{\sqrt{2}}\begin{pmatrix} 0 \\ 1 \\ -1 \end{pmatrix}=\dfrac{\sqrt{3}}{\sqrt{2}}\begin{pmatrix} 0 \\ 1 \\ -1 \end{pmatrix}$

固有ベクトル x の大きさをはじめから $\sqrt{6}$ にそろえておけば、b は②を満たします。a の方も求めてみましょう。

$$a = \frac{A^{-1}Mb}{\lambda} = \frac{2}{\sqrt{3}} \begin{pmatrix} \frac{1}{2} & & & \\ & 1 & & \\ & & \frac{1}{2} & \\ & & & 1 \end{pmatrix} \begin{pmatrix} 1 & 0 & 1 \\ 0 & 0 & 1 \\ 1 & 1 & 0 \\ 0 & 1 & 0 \end{pmatrix} \frac{\sqrt{3}}{\sqrt{2}} \begin{pmatrix} 0 \\ 1 \\ -1 \end{pmatrix}$$

$$= \sqrt{2} \begin{pmatrix} \frac{1}{2} & & & \\ & 1 & & \\ & & \frac{1}{2} & \\ & & & 1 \end{pmatrix} \begin{pmatrix} 1 & 0 & 1 \\ 0 & 0 & 1 \\ 1 & 1 & 0 \\ 0 & 1 & 0 \end{pmatrix} \begin{pmatrix} 0 \\ 1 \\ -1 \end{pmatrix}$$

$$= \sqrt{2} \begin{pmatrix} \frac{1}{2} & 0 & \frac{1}{2} \\ 0 & 0 & 1 \\ \frac{1}{2} & \frac{1}{2} & 0 \\ 0 & 1 & 0 \end{pmatrix} \begin{pmatrix} 0 \\ 1 \\ -1 \end{pmatrix} = \frac{\sqrt{2}}{2} \begin{pmatrix} -1 \\ -2 \\ 1 \\ 2 \end{pmatrix}$$

よって、

㋐ $a_1 = -\frac{\sqrt{2}}{2}$, $a_2 = -\sqrt{2}$, $a_3 = \frac{\sqrt{2}}{2}$, $a_4 = \sqrt{2}$,
$b_1 = 0$, $b_2 = \frac{\sqrt{3}}{\sqrt{2}}$, $b_3 = -\frac{\sqrt{3}}{\sqrt{2}}$

$\frac{1}{4} = \lambda^2 \left(\lambda = \frac{1}{2}\right)$ のとき、固有ベクトルは $\begin{pmatrix} 2 \\ -1 \\ -1 \end{pmatrix}$ ですが、大きさが $\sqrt{6}$ なのでこのまま、$x = \begin{pmatrix} 2 \\ -1 \\ -1 \end{pmatrix}$ とします。

$$b = B^{-\frac{1}{2}} x = \begin{pmatrix} \frac{1}{\sqrt{2}} & & \\ & \frac{1}{\sqrt{2}} & \\ & & \frac{1}{\sqrt{2}} \end{pmatrix} \begin{pmatrix} 2 \\ -1 \\ -1 \end{pmatrix} = \frac{1}{\sqrt{2}} \begin{pmatrix} 2 \\ -1 \\ -1 \end{pmatrix}$$

$$\boldsymbol{a} = \frac{A^{-1}M\boldsymbol{b}}{\lambda} = 2\begin{pmatrix} \frac{1}{2} & & \\ & 1 & \\ & & \frac{1}{2} \\ & & & 1 \end{pmatrix}\begin{pmatrix} 1 & 0 & 1 \\ 0 & 0 & 1 \\ 1 & 1 & 0 \\ 0 & 1 & 0 \end{pmatrix}\frac{1}{\sqrt{2}}\begin{pmatrix} 2 \\ -1 \\ -1 \end{pmatrix}$$

$$= \sqrt{2}\begin{pmatrix} \frac{1}{2} & 0 & \frac{1}{2} \\ 0 & 0 & 1 \\ \frac{1}{2} & \frac{1}{2} & 0 \\ 0 & 1 & 0 \end{pmatrix}\begin{pmatrix} 2 \\ -1 \\ -1 \end{pmatrix} = \frac{\sqrt{2}}{2}\begin{pmatrix} 1 \\ -2 \\ 1 \\ -2 \end{pmatrix}$$

よって、

㋑
$$a_1 = \frac{\sqrt{2}}{2},\ a_2 = -\sqrt{2},\ a_3 = \frac{\sqrt{2}}{2},\ a_4 = -\sqrt{2},$$
$$b_1 = \sqrt{2},\ b_2 = -\frac{\sqrt{2}}{2},\ b_3 = -\frac{\sqrt{2}}{2}$$

㋐、㋑をサンプル、カテゴリーごとにまとまると、サンプル1, 2, 3, 4に対し、

$$\underbrace{\left(-\frac{\sqrt{2}}{2},\ \frac{\sqrt{2}}{2}\right)}_{a_1},\ \underbrace{(-\sqrt{2},\ -\sqrt{2})}_{a_2},\ \underbrace{\left(\frac{\sqrt{2}}{2},\ \frac{\sqrt{2}}{2}\right)}_{a_3},\ \underbrace{(\sqrt{2},\ -\sqrt{2})}_{a_4}$$

カテゴリー1, 2, 3, 4に対し、

$$\underbrace{(0,\ \sqrt{2})}_{b_1},\ \underbrace{\left(\frac{\sqrt{3}}{\sqrt{2}},\ -\frac{\sqrt{2}}{2}\right)}_{b_2},\ \underbrace{\left(-\frac{\sqrt{3}}{\sqrt{2}},\ -\frac{\sqrt{2}}{2}\right)}_{b_3}$$

となります。図にまとめると次のようになります。

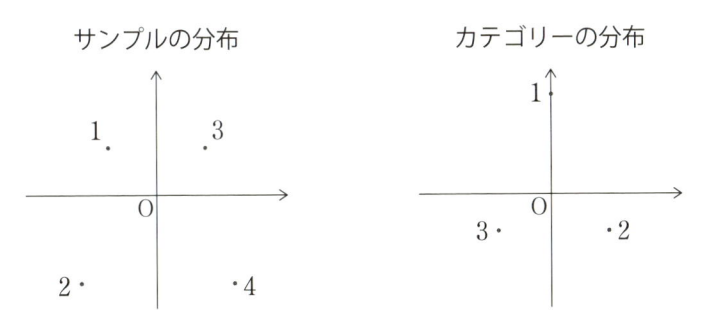

サンプルの分布   カテゴリーの分布

[$B^{-\frac{1}{2}}\,{}^tMA^{-1}MB^{-\frac{1}{2}}$ が必ず固有値に 1 を持つ理由]

　このとき、固有値 1 に対する固有ベクトルは、$B^{\frac{1}{2}}\begin{pmatrix}1\\\vdots\\1\end{pmatrix}$ になっています。

このことを確認しましょう。固有ベクトルになっている条件は、
$$(B^{-\frac{1}{2}}\,{}^tMA^{-1}MB^{-\frac{1}{2}})B^{\frac{1}{2}}\begin{pmatrix}1\\\vdots\\1\end{pmatrix}=B^{\frac{1}{2}}\begin{pmatrix}1\\\vdots\\1\end{pmatrix} \Leftrightarrow {}^tMA^{-1}M\begin{pmatrix}1\\\vdots\\1\end{pmatrix}=B\begin{pmatrix}1\\\vdots\\1\end{pmatrix} \; ☆$$
といい換えられます。ここで、M は $m\times n$ 行列であるとします。

　☆の左辺は、
$$ {}^tMA^{-1}M\begin{pmatrix}1\\\vdots\\1\end{pmatrix}={}^tMA^{-1}\begin{pmatrix}a_1\\\vdots\\a_m\end{pmatrix}={}^tME\begin{pmatrix}1\\\vdots\\1\end{pmatrix}={}^tM\begin{pmatrix}1\\\vdots\\1\end{pmatrix}=\begin{pmatrix}b_1\\\vdots\\b_n\end{pmatrix},$$

☆の右辺は、　　　1が n 個

$$B\begin{pmatrix}1\\\vdots\\1\end{pmatrix}=\begin{pmatrix}b_1\\\vdots\\b_n\end{pmatrix}$$

なので、☆が成り立つことを示すことができました。

　ところで、$M\begin{pmatrix}1\\\vdots\\1\end{pmatrix}$ は、各行にある 1 の個数だけ 1 を足しますから、$\begin{pmatrix}a_1\\\vdots\\a_m\end{pmatrix}$ に等しくなります。${}^tM\begin{pmatrix}1\\\vdots\\1\end{pmatrix}$ は、${}^tM$ の各行、すなわち M の各列にある 1 の個数だけ 1 を足すので、$\begin{pmatrix}b_1\\\vdots\\b_n\end{pmatrix}$ に等しくなります。

第 9 章

数学的準備

　この章では、ベクトル、微積分、線形代数の3節に分けて、分析法の理論的背景を説明するために必要な数学の知識を説明していきます。

　ベクトルは高校で履修した内容ですが、高校数学では触れる機会が少ないことも書いてありますから、一通り目を通してください。

　微積分の解説では、高校では扱わない、2変数関数についての微分について述べています。ラグランジュの未定乗数法という、最小値・最大値を求めるときに便利な手法を紹介しています。

　線形代数は、読者の年代によっては、高校で習った人もいれば、そうでない人もいるでしょう。そこで、ここでは行列の定義から始めて解説しています。ミニマムな解説ですから、イメージがつかみづらい人は、拙著『まずはこの一冊から 意味がわかる線形代数』(ベレ出版)を読んで、固有値・固有ベクトルの意味をつかんでもらうのがよいと思います。固有値・固有ベクトルは主成分分析の理解と直結しています。

　最後の「ベクトルの微分」については、線形代数の本ではなかなか書いてありません。

1 ベクトル

ベクトルの1次結合と斜交座標

ベクトルのことから説明していきましょう。

理系の方であれば、高校の課程でもベクトルを履修したことがあるでしょう。復習になるかもしれませんが、高校数学ではあまり触れないことも説明していきますので、理系の方でもざっと目を通しておいてください。

ベクトルを用いることで、多変量解析で行なっている数学的な操作を図形的なイメージで捉えることができるようになります。

ベクトルとは数字の組のことです。

例えば、$\begin{pmatrix} 3 \\ -1 \end{pmatrix}$ や $\begin{pmatrix} 0.5 \\ -2 \\ 1.7 \end{pmatrix}$ などです。

$\begin{pmatrix} 3 \\ -1 \end{pmatrix}$ は、3と-1の2数の組を、カッコを用いて表しています。

$\begin{pmatrix} 3 \\ -1 \end{pmatrix}$ は、2数の組を列に並べて表しているので、**2次元列ベクトル**と呼ばれます。$\begin{pmatrix} 0.5 \\ -2 \\ 1.7 \end{pmatrix}$ は、**3次元列ベクトル**です。

$\begin{pmatrix} 3 \\ -1 \end{pmatrix}$ の3をこのベクトルの**第1成分**、-1を**第2成分**といいます。

$\begin{pmatrix} 0.5 \\ -2 \\ 1.7 \end{pmatrix}$ の1.7はこのベクトルの**第3成分**です。

ベクトルは数と同じように文字でおくことができます。この本では、数

と区別するために太字を用います。

$$\bm{a} = \begin{pmatrix} 3 \\ -1 \end{pmatrix},\ \bm{b} = \begin{pmatrix} 2 \\ 4 \end{pmatrix}$$などとおきます。

　多変量のデータは、個体それぞれに数の組で表されていますから、個体の状態をベクトルで表すことができます。

　例えば、Aのテストの結果が、算数7点、国語6点、理科3点、社会9点のとき、これをベクトル$\begin{pmatrix} 7 \\ 6 \\ 3 \\ 9 \end{pmatrix}$で表すことにすれば、ベクトルを用いてAのデータを表すことができたわけです。

　ベクトルには、和、差、実数倍の計算が定義されています。

　$\bm{a}, \bm{b}$を上のようにおいたとき、$\bm{a}+\bm{b}, \bm{a}-\bm{b}, 4\bm{a}$は次のように計算します。

$$\bm{a}+\bm{b} = \begin{pmatrix} 3 \\ -1 \end{pmatrix} + \begin{pmatrix} 2 \\ 4 \end{pmatrix} = \begin{pmatrix} 3+2 \\ -1+4 \end{pmatrix} = \begin{pmatrix} 5 \\ 3 \end{pmatrix}$$

$$\bm{a}-\bm{b} = \begin{pmatrix} 3 \\ -1 \end{pmatrix} - \begin{pmatrix} 2 \\ 4 \end{pmatrix} = \begin{pmatrix} 3-2 \\ -1-4 \end{pmatrix} = \begin{pmatrix} 1 \\ -5 \end{pmatrix}$$

$$4\bm{a} = 4\begin{pmatrix} 3 \\ -1 \end{pmatrix} = \begin{pmatrix} 4\times 3 \\ 4\times(-1) \end{pmatrix} = \begin{pmatrix} 12 \\ -4 \end{pmatrix}$$

　このようにベクトルどうしの和・差やベクトルの実数倍は、成分ごとに計算することで求めることができます。これは3次元以上のベクトルの場合でも同様です。

　さて、ベクトルを図形的なイメージと結び付けてみましょう。2次元列ベクトルは、次のようにして平面上に表されます。

　はじめに平面上に座標軸をおき、平面上の各点に座標を設定しておきます。例えば、次頁の図の点Aであれば、Aからx軸、y軸に下ろした垂線の足の目盛を読んで、それに対応する座標は$(4, 3)$とわかります。逆に、座標が$(-2, 3)$となる点Bを求めるのであれば、x軸の-2を通りy軸に平

行な直線と、y軸の3を通りx軸に平行な直線との交点としてBが定まります。平面上の各点と座標が1対1に対応しているわけです。

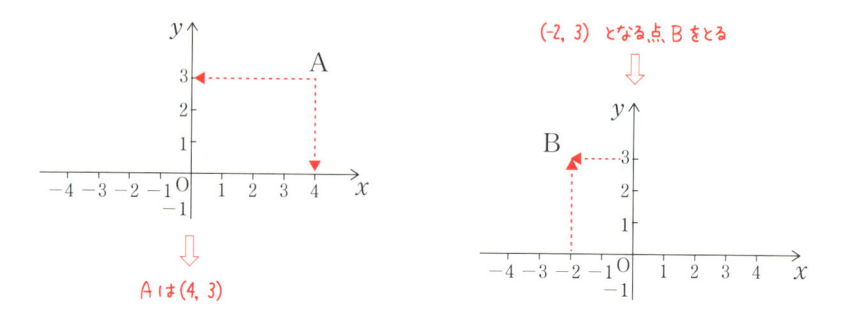

ここで、例えばベクトル$\boldsymbol{a} = \begin{pmatrix} 3 \\ -1 \end{pmatrix}$は、下図のような矢印で表されます。矢印の根本を**始点**（⊝→）、先を**終点**（—→）ということにすれば、$\boldsymbol{a}$を表す矢印の終点は、始点の座標からx方向に3, y方向に-1だけ進んだ点になります。

始点は平面上のどこにとることもできますから、下図のように座標平面上にはベクトル$\boldsymbol{a}$を表す矢印を無数に描くことができます。ベクトルは、矢印で表されるような移動を表すと捉えればよいでしょう。矢印が書かれている位置は無視して考えるわけです。

OをAに移動するベクトルを$\overrightarrow{\mathrm{OA}}$と書きます。Oが始点でAが終点です。下図では$\overrightarrow{\mathrm{OA}} = \boldsymbol{a}$となっています。始点はどこにとってもよく、$\overrightarrow{\mathrm{BC}} = \boldsymbol{a}$でもあります。

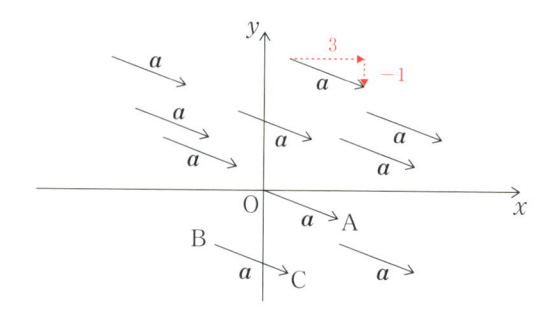

a, b と $a+b$ が表す矢印の関係は次のようになります。

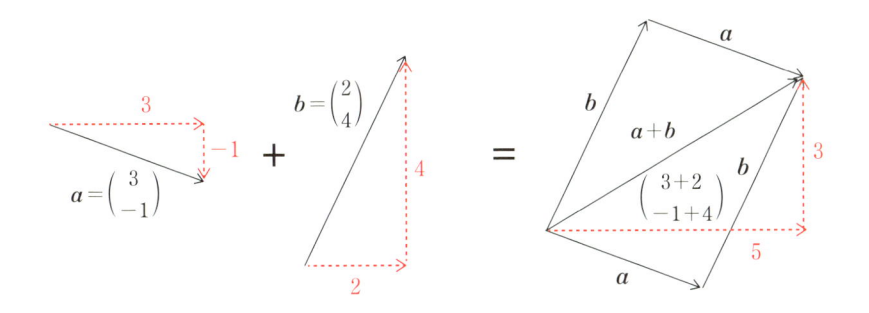

a が x 方向に 3, y 方向に -1 だけ進む移動、b が x 方向に 2, y 方向に 4 だけ進む移動であるとすると、$a+b$ は a の移動のあと、b の移動を施したものになるわけです。

a, b はどちらが先でも構いません。a のあとに b を施しても、b のあとに a を施しても、同じ移動になります。$a+b=b+a$ です。

a と $3a$、$-2a$ の関係は次のようになります。

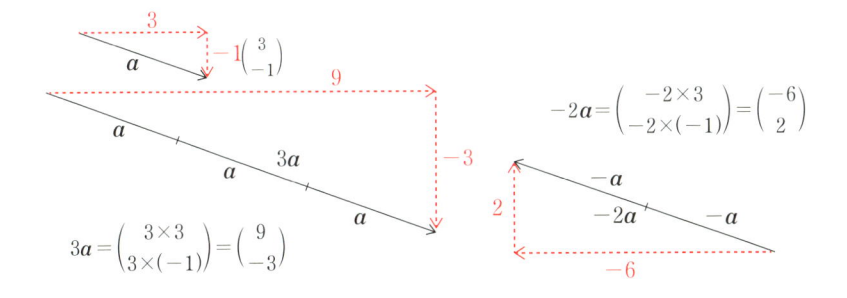

$3a$ は a が表す移動を 3 回施すことに等しく、$-2a$ は a が表す移動を反対方向に 2 回施すことに等しくなります。進む距離がそれぞれ a の進む距離の 3 倍、2 倍になっていることに注意しましょう。

$1.5a$ であれば、a と同じ向きに、a の大きさの 1.5 倍の距離だけ進む移動を表すことになります。

なお、ベクトルが表す移動の距離を**ベクトルの大きさ**といい、ベクトルaの大きさを$|a|$で表します。

ベクトルの大きさは、3平方の定理より、$|a|^2 = OA^2 = 3^2 + (-1)^2$が成り立つので、

$$|a| = \left|\begin{pmatrix} 3 \\ -1 \end{pmatrix}\right| = \sqrt{3^2 + (-1)^2} = \sqrt{10}$$

3次元列ベクトル$c = \begin{pmatrix} 2 \\ 3 \\ -1 \end{pmatrix}$であれば、直方体の対角線の長さを求める要領で、$|c|^2 = OA^2 + (-1)^2 = (2^2 + 3^2) + (-1)^2$より、

$$|c| = \left|\begin{pmatrix} 2 \\ 3 \\ -1 \end{pmatrix}\right| = \sqrt{2^2 + 3^2 + (-1)^2} = \sqrt{14}$$

と計算できます。

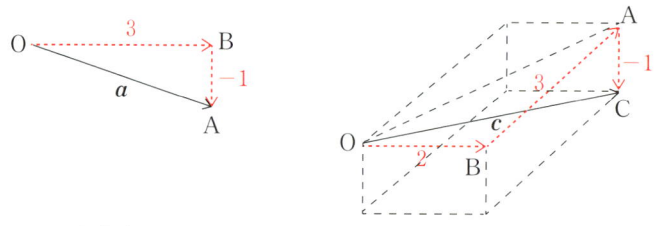

次に、$a = \begin{pmatrix} 3 \\ -1 \end{pmatrix}$, $b = \begin{pmatrix} 1 \\ 2 \end{pmatrix}$のとき、$a + 2b$や$-2a - 3b$が表す移動を考えてみましょう。

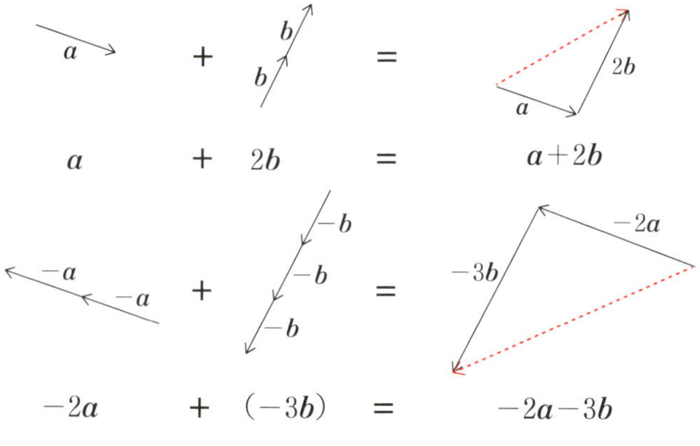

このように、$a+2b$ は a だけ進んだあと $2b$ 進む移動を表し、$-2a-3b$ は $-2a$（a と反対方向に 2 回）だけ進んだあと $-3b$（b と反対方向に 3 回）進む移動を表します。

　移動を表すときはじめの点が原点におかれているとして考えてみましょう。$a+2b$, $-2a-3b$ について移動後の点をとると下図のようになります。下図は、原点を通りそれぞれ a と b に平行な座標軸を引き、それぞれ a, b の"大きさ"を 1 として目盛を振り、その座標軸に平行な直線を引いて斜めの格子模様を作った図です。

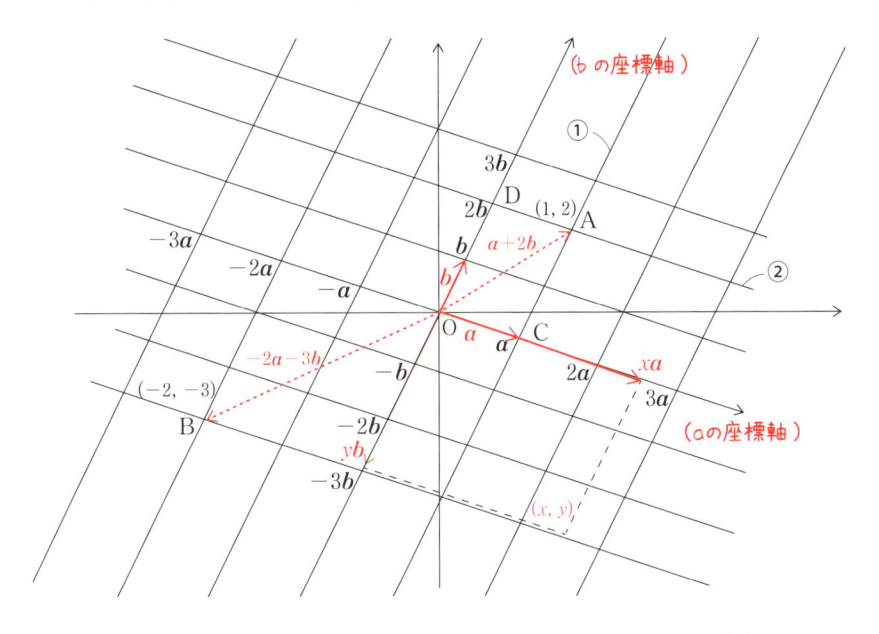

　$a+2b$ について移動後の点（A とする）は、a の座標軸の 1（C）を通り b と平行な直線（①）と、b の座標軸の 2（D）を通り a と平行な直線（②）の交点になっています。これは座標が与えられたときの点のとり方に似ています。ちょうど、a, b によって設定した新しい"座標"が $(1, 2)$ になっていると考えられます。

　$-2a-3b$ についての移動後の点を B とすれば、B は新しい"座標"に関して $(-2, -3)$ の表す点になっています。

このようにベクトル$x\boldsymbol{a}+y\boldsymbol{b}$が表す点は、$\boldsymbol{a}, \boldsymbol{b}$によって設定された"座標"で$(x, y)$の点に相当します。

$\boldsymbol{a}$と$\boldsymbol{b}$によって定められた"座標"を、**$\boldsymbol{a}, \boldsymbol{b}$による斜交座標**といいます。斜交座標によっても、平面上の各点と座標（斜交座標による座標）が1対1に対応します。

$x\boldsymbol{a}+y\boldsymbol{b}$のようにベクトルの定数倍を足した式は$\boldsymbol{a}$と$\boldsymbol{b}$の**1次結合**と呼ばれます。$\boldsymbol{a}, \boldsymbol{b}$の1次結合が表すものは、$\boldsymbol{a}, \boldsymbol{b}$による斜交座標であるとイメージしておきましょう。

平面のどの点であっても斜交座標での"座標"が決まりますから、任意の2次元列ベクトルは、2つの平行でないベクトル$\boldsymbol{a}, \boldsymbol{b}$の1次結合によって表されることがわかります。

2次元列ベクトルで紹介したことは、3次元列ベクトルでも同様に成り立ちます。

3次元列ベクトルは、空間座標を考えることで、空間中の移動として捉えることができます。

3次元列ベクトル$\boldsymbol{a}, \boldsymbol{b}, \boldsymbol{c}$があるとき、$\boldsymbol{a}, \boldsymbol{b}, \boldsymbol{c}$の1次結合$x\boldsymbol{a}+y\boldsymbol{b}+z\boldsymbol{c}$が表す移動で始点を原点にとると、終点は$\boldsymbol{a}, \boldsymbol{b}, \boldsymbol{c}$による斜交座標の$(x, y, z)$が表す点となります。

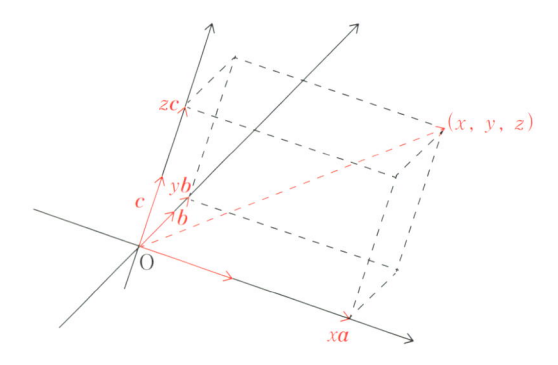

斜交座標は多変量解析の手法をイメージするときの基本となりますから、

実感できるようにしておきましょう。

ベクトルの内積

ベクトルの定数倍は、各成分の定数倍で計算ができました。次にベクトルとベクトルの積、"内積"を紹介しましょう。

a と b の内積を $a \cdot b$ と、a と b の間に「・(ドット)」を入れて表します。2次元列ベクトルどうし $a=\begin{pmatrix}2\\3\end{pmatrix}$ と $b=\begin{pmatrix}4\\5\end{pmatrix}$ の内積は、

$$a \cdot b = \begin{pmatrix}2\\3\end{pmatrix} \cdot \begin{pmatrix}4\\5\end{pmatrix} = 2\times 4 + 3\times 5 = 23$$

と計算します。第1成分どうし、第2成分どうしを掛けて和をとります。

3次元列ベクトル $a=\begin{pmatrix}4\\5\\-6\end{pmatrix}$ と $b=\begin{pmatrix}-2\\3\\-1\end{pmatrix}$ の内積は、

$$a \cdot b = \begin{pmatrix}4\\5\\-6\end{pmatrix} \cdot \begin{pmatrix}-2\\3\\-1\end{pmatrix} = 4\times(-2) + 5\times 3 + (-6)\times(-1) = 13$$

と計算します。同じ成分どうしの積をとり、和を計算します。

4次元以上のベクトルどうしの内積も同様に計算できます。

この計算について、次のような計算法則が成り立ちます。

> **内積の計算法則**
>
> k を実数、a, b, c をベクトルとすると、
>
> (ⅰ) $a \cdot b = b \cdot a$
>
> (ⅱ) $(ka) \cdot b = k(a \cdot b) = a \cdot (kb)$
>
> (ⅲ) $(a+b) \cdot c = a \cdot c + b \cdot c$
>
> (ⅵ) $|a|^2 = a \cdot a$

(ⅰ) 内積は交換法則が成り立ちます。(ⅱ) 定数倍はどのタイミングで施

しても一緒です。(ⅲ) 内積は普通の積のように分配法則が成り立ちます。

(ⅵ) a とそれ自身の内積は、a の大きさの2乗に等しいという式です。

すべての成分が0であるベクトルを、零ベクトルと呼び $\mathbf{0}$ で表します。その大きさは $|\mathbf{0}| = 0$ になります。

大きさが1のベクトルを**単位ベクトル**といいます。ベクトルが与えられたとき、その方向と同じ方向を持つ単位ベクトルを求めてみましょう。

$a(\neq \mathbf{0})$ 方向の単位ベクトルは、$\pm \dfrac{1}{|a|} a$ と表されます。$\pm$ となっているのは、単位ベクトルは逆向きのものとペアになって2つあるからです。

(ⅵ)を用いて、$a(\neq \mathbf{0})$ 方向の単位ベクトルが、$\pm \dfrac{1}{|a|} a$ であることを具体例で確認してみましょう。

$a = \begin{pmatrix} -1 \\ 2 \end{pmatrix}$ 方向の単位ベクトルは、

$$\pm \frac{1}{|a|} a = \pm \frac{1}{\sqrt{(-1)^2 + 2^2}} \begin{pmatrix} -1 \\ 2 \end{pmatrix} = \pm \begin{pmatrix} \frac{-1}{\sqrt{5}} \\ \frac{2}{\sqrt{5}} \end{pmatrix} = \begin{pmatrix} \frac{-1}{\sqrt{5}} \\ \frac{2}{\sqrt{5}} \end{pmatrix}, \begin{pmatrix} \frac{1}{\sqrt{5}} \\ \frac{-2}{\sqrt{5}} \end{pmatrix}$$

2つある

大きさが1であることを確かめてみましょう。

$$\left| \begin{pmatrix} \frac{-1}{\sqrt{5}} \\ \frac{2}{\sqrt{5}} \end{pmatrix} \right| = \sqrt{\left(\frac{-1}{\sqrt{5}}\right)^2 + \left(\frac{2}{\sqrt{5}}\right)^2} = 1$$

たしかに大きさが1になっています。

2次元ベクトル、3次元ベクトルの内積は、次の式を用いて図形的に計算することができます。

a, b に対して、θ を a と b の始点を一致させたときの a と b のなす角であるとすると、内積は、

$$a \cdot b = |a||b|\cos\theta \quad \cdots\cdots ☆$$

と計算できます。

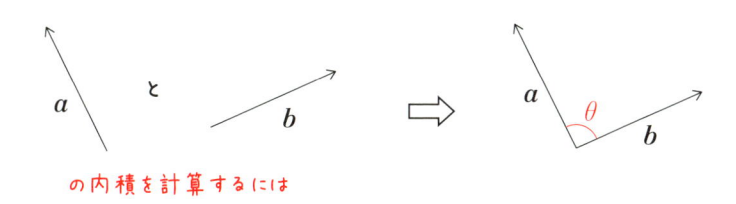

の内積を計算するには

2つの3次元ベクトル a, b のなす角は、a, b の始点を一致させ、a, b を含む平面をとり、その平面上での a, b のなす角をとります。

高校の数学では☆の右辺を内積の定義として用いていますが、4次元以上のベクトルの場合には、2つのベクトルのなす角 θ を測ることができませんから（そもそもベクトルを実現できない）、この本では $a \cdot b$ をはじめに示したような計算で定義しました。

2次元ベクトル、3次元ベクトルにおいて、$a \cdot b$ を成分計算した値と $|a||b|\cos\theta$ が一致することの証明は高校の教科書にありますから割愛します。

ここでは、この式が成り立つことを2次元ベクトルの具体例で確認してみましょう。

問題 $a = \begin{pmatrix} 3 \\ 1 \end{pmatrix}$, $b = \begin{pmatrix} 1 \\ 2 \end{pmatrix}$ のとき、$a \cdot b = |a||b|\cos\theta$ が成り立つことを示せ。

$$a \cdot b = \begin{pmatrix} 3 \\ 1 \end{pmatrix} \cdot \begin{pmatrix} 1 \\ 2 \end{pmatrix} = 3 \times 1 + 1 \times 2 = 5$$

a, b の始点を原点にとって図示すると次のようになります。

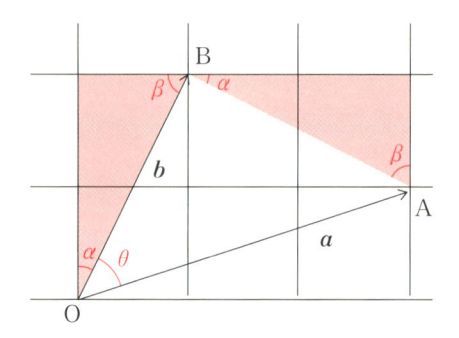

網目の三角形が合同なので、OB＝AB です。

網目の三角形の内角の和より、

$$\alpha + \beta + 90° = 180° \quad \therefore \quad \alpha + \beta = 90°$$

よって、∠OBA＝180°－($\alpha+\beta$)＝180°－90°＝90°

したがって、a と b のなす角を θ とすると、△OAB は直角二等辺三角形で、

$$\theta = (180° - 90°) \div 2 = 45°$$
$$|a\|b|\cos\theta = \sqrt{3^2+1^2} \cdot \sqrt{1^2+2^2}\cos 45°$$
$$= \sqrt{10} \cdot \sqrt{5} \cdot \frac{1}{\sqrt{2}} = 5$$

よって、$a \cdot b = |a\|b|\cos\theta$ が成り立ちます。

内積と新座標の目盛

多変量解析の原理を説明する過程で、変量を組み替えて新しい変量を作ることが多々あります。これはベクトルの言葉でいえば、ベクトルによって新しい座標軸を設定して、もともとの座標で表された点の情報を新しい座標に読み替えることに相当します。

上では一般的に話をするために斜交座標を紹介しましたが、ここでは新しい座標として軸どうしが直交している座標の場合を扱います。

1 ベクトル

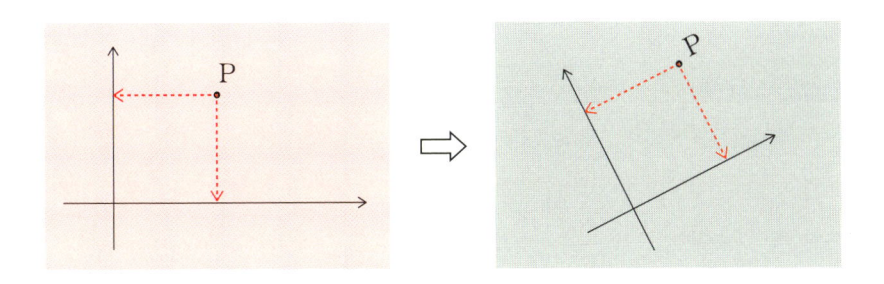

座標平面上に直交している新座標を設定したとき、与えられた点の座標を計算によって求める方法を、問題を通して確認しておきましょう。

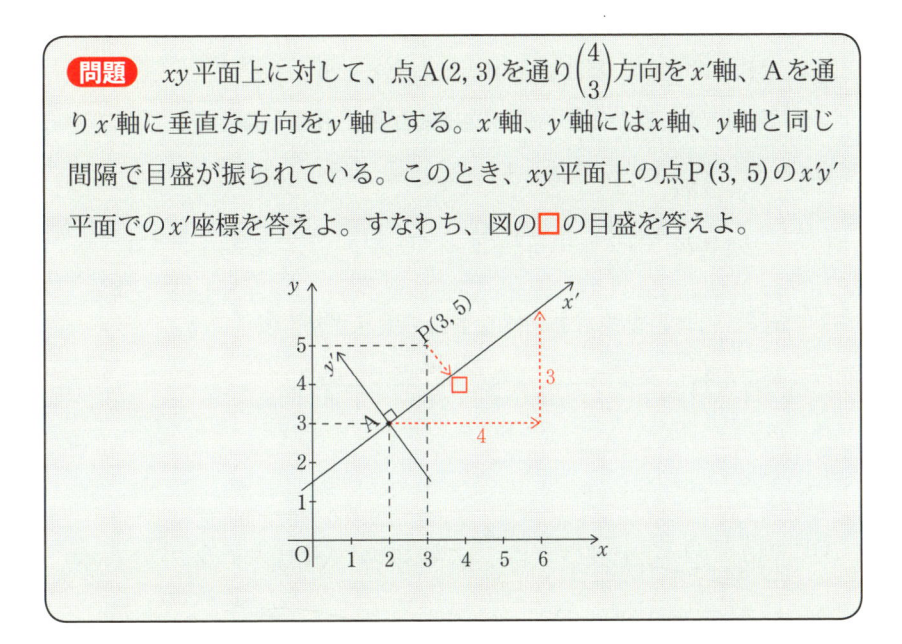

問題 xy平面上に対して、点A(2, 3)を通り$\binom{4}{3}$方向をx'軸、Aを通りx'軸に垂直な方向をy'軸とする。x'軸、y'軸にはx軸、y軸と同じ間隔で目盛が振られている。このとき、xy平面上の点P(3, 5)の$x'y'$平面でのx'座標を答えよ。すなわち、図の□の目盛を答えよ。

はじめに求め方の公式を述べてしまいます。あとで公式を証明しましょう。

新座標の目盛の求め方

Aを通るe方向の直線を新しい座標軸とする。ただし、eは単位ベクトルとする。座標軸はAを原点（目盛0）、eの大きさを1として目

261

盛を振ってある。このとき、点Pのこの座標軸に関する目盛は、

$$\vec{AP} \cdot e$$

と表される。

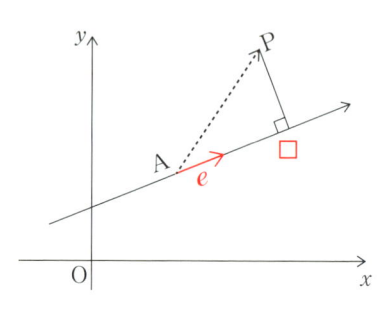

この公式を用いて、新座標を求めてみましょう。

上の公式では直線を表す方向ベクトルが単位ベクトルで与えられていますから、$a = \begin{pmatrix} 4 \\ 3 \end{pmatrix}$ を単位ベクトルに直しましょう。

$\begin{pmatrix} 4 \\ 3 \end{pmatrix}$ の大きさは、$\left|\begin{pmatrix} 4 \\ 3 \end{pmatrix}\right| = \sqrt{4^2 + 3^2} = 5$ なので、これで割って、

$\dfrac{1}{5}\begin{pmatrix} 4 \\ 3 \end{pmatrix} = \begin{pmatrix} 0.8 \\ 0.6 \end{pmatrix}$ とします。このベクトルの大きさを計算すると、

$$\left|\begin{pmatrix} 0.8 \\ 0.6 \end{pmatrix}\right| = \sqrt{(0.8)^2 + (0.6)^2} = \sqrt{0.64 + 0.36} = 1$$

とたしかに1になります。

$\vec{OP} = \begin{pmatrix} 3 \\ 5 \end{pmatrix}$, $\vec{OA} = \begin{pmatrix} 2 \\ 3 \end{pmatrix}$, $e = \begin{pmatrix} 0.8 \\ 0.6 \end{pmatrix}$ として、公式に代入すると、

$$\vec{AP} \cdot e = (\vec{OP} - \vec{OA}) \cdot e$$

$\vec{OP} = \vec{OA} + \vec{AP}$ より、$\vec{AP} = \vec{OP} - \vec{OA}$

$$= \left(\begin{pmatrix} 3 \\ 5 \end{pmatrix} - \begin{pmatrix} 2 \\ 3 \end{pmatrix}\right) \cdot \begin{pmatrix} 0.8 \\ 0.6 \end{pmatrix} = \begin{pmatrix} 1 \\ 2 \end{pmatrix} \cdot \begin{pmatrix} 0.8 \\ 0.6 \end{pmatrix}$$
$$= 1 \times 0.8 + 2 \times 0.6 = 2$$

一般に、Aの座標を(a, b)、Pの座標を(x, y)、座標軸の方向を$\bm{e} = \begin{pmatrix} u \\ v \end{pmatrix}$とすれば、

$$\overrightarrow{\mathrm{AP}} \cdot \bm{e} = (\overrightarrow{\mathrm{OP}} - \overrightarrow{\mathrm{OA}}) \cdot \bm{e} = \left(\begin{pmatrix} x \\ y \end{pmatrix} - \begin{pmatrix} a \\ b \end{pmatrix}\right) \cdot \begin{pmatrix} u \\ v \end{pmatrix}$$

$$= \begin{pmatrix} x-a \\ y-b \end{pmatrix} \cdot \begin{pmatrix} u \\ v \end{pmatrix} = \underline{(x-a)u + (y-b)v}$$

となります。

上の公式が成り立つ理由を説明しておきましょう。

一般に、ベクトル$\bm{a}, \bm{b}$の内積$\bm{a} \cdot \bm{b}$は、$\bm{a}, \bm{b}$のなす角をθとして、$\bm{a} \cdot \bm{b} = |\bm{a}||\bm{b}|\cos\theta$と表されました。よって、

$$\overrightarrow{\mathrm{AP}} \cdot \bm{e} = |\overrightarrow{\mathrm{AP}}||\bm{e}|\cos\theta = \mathrm{AP} \cdot 1 \cdot \cos\theta$$

APの長さ　eの大きさは1

$$= \mathrm{AP}\cos\theta = (\mathrm{Pの目盛})$$

となります。θが90°より大きく180°以下のときは、$\cos\theta$もPの目盛も負になります。

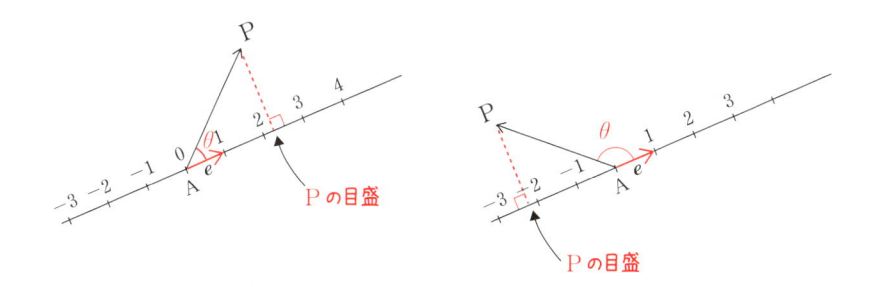

この公式は、証明からわかるように3次元ベクトルの場合でも適用できます。

4次以上の場合はどうしたらよいでしょうか。4次元以上のベクトルの場合は、ベクトルのなす角を実現することはできません。しかし、逆にこの式で表される値が目盛であると考えて論を進めればよいのです。

2 微積分

偏微分

関数を微分することは高校の数学で習いました。

微分をすることは「′」で表され、例えば、

$$(3x)'=3(x)'=3$$
$$(4x^3-5x^2+1)'=4(x^3)'-5(x^2)'+(1)'=4\cdot 3x^2-5\cdot 2x+0$$
$$=12x^2-10x$$

と計算できました。a を x と無関係な定数とすると、

$$(-2a^2x^3+3ax)'=-2a^2(x^3)'+3a(x)'=-2a^2(3x^2)+3a(1)$$
$$=-6a^2x^2+3a$$

これに対し、多変量解析の原理を解説するうえで重要になってくるのは「偏微分」とよばれる微分を拡張した演算です。

偏微分 は、注目する変数だけに関して微分することです。他の変数については定数だと思って微分します。上の文字定数 a が入った関数の微分が参考になります。

例えば、x, y の2変数関数 $f(x, y)=3x^2-4xy+5y^2$ を x で偏微分してみましょう。$f(x, y)$ を x で偏微分した関数を $\dfrac{\partial f}{\partial x}$ と表します。また、x で偏微分をすることを f_x とも表します。実際に、$f(x, y)$ を偏微分すると、

$$\frac{\partial f}{\partial x}=\frac{\partial}{\partial x}(3x^2-4xy+5y^2)=3\frac{\partial}{\partial x}(x^2)-4\frac{\partial}{\partial x}(xy)+5\frac{\partial}{\partial x}(y^2)$$
$$=3(2x)-4(y)+5\cdot 0=6x-4y$$

同様に、$f(x, y)$ を y で偏微分すると、

$$\frac{\partial f}{\partial y} = \frac{\partial}{\partial y}(3x^2 - 4xy + 5y^2) = 3\frac{\partial}{\partial y}(x^2) - 4\frac{\partial}{\partial y}(xy) + 5\frac{\partial}{\partial y}(y^2)$$

$$= 3 \cdot 0 - 4(x) + 5 \cdot 2y = -4x + 10y$$

となります。偏微分した関数に値を代入し、

$$f_x(2,\ 1) = 6 \cdot 2 - 4 \cdot 1 = 8,\quad f_y(3,\ 2) = -4 \cdot 3 + 10 \cdot 2 = 8$$

と計算したものを**偏微分係数**と呼びます。

　関数の極値を求めるときは、関数を微分して微分係数が0になるようなところを探しました。xとyの2変数の関数である場合でも同じです。偏微分した関数の値が0になるようなx, yの値を探します。問題で実例を見てみましょう。

問題 x, yが実数全体を動くとき、関数
$$f(x, y) = x^2 - 4xy + 5y^2 + 2x - 8y$$
の最小値を求めよ。

　関数$f(x, y)$をx, yのそれぞれについて偏微分して、

$$\frac{\partial}{\partial x}f(x,\ y) = \frac{\partial}{\partial x}(x^2 - 4xy + 5y^2 + 2x - 8y) = 2x - 4y + 2$$

$$\frac{\partial}{\partial y}f(x,\ y) = \frac{\partial}{\partial y}(x^2 - 4xy + 5y^2 + 2x - 8y) = -4x + 10y - 8$$

1変数のときのように、$f(x, y)$が$x = a, y = b$で極値を持つとき、

$$\frac{\partial}{\partial x}f(a,\ b) = 0,\quad \frac{\partial}{\partial y}f(a,\ b) = 0 \qquad \text{(偏微分した式)}=0$$

を満たします。よって、

$$2a - 4b + 2 = 0\ \cdots\cdots ① \qquad -4a + 10b - 8 = 0\ \cdots\cdots ②$$

①×2+②より、$2b - 4 = 0$　∴　$b = 2$

①×5+②×2より、$2a - 6 = 0$　∴　$a = 3$

よって、$f(x, y)$は、$x = 3, y = 2$のとき、最小値

$$f(3, 2) = 3^2 - 4 \cdot 3 \cdot 2 + 5 \cdot 2^2 + 2 \cdot 3 - 8 \cdot 2 = -5$$

をとります。

ポイントをまとめておくと次のようになります。

> 偏微分可能な2変数関数$f(x, y)$が$x=a, y=b$で極値を持つとき、
> $$f_x(a, b)=0, f_y(a, b)=0$$
> を満たす。

偏微分を用いた最小値の求め方は、ざっとこんな感じです。

「ざっと」としかいえないのは、求めた答えは正しいものですが、上の解法にはごまかしがあるからです。

というのも、偏微分係数が0であるという条件から求めることができるのは、極大値・極小値の候補であって必ずしも最大値・最小値ではない場合があるからです。

1変数関数$y=f(x)$で、極大値・極小値と最大値・最小値の違いについて復習してみましょう。

例えば、下左図のようなグラフで表される区間$[1, 7]$で定義された関数$y=f(x)$があるものとします。この関数は、$x=1$で最小値2、$x=3$で極大値6、$x=5$で極小値3、$x=7$で最大値7をとります。

このように、最小値とはyの値域のうち最小の値、最大値とは値域のうち最大の値です。

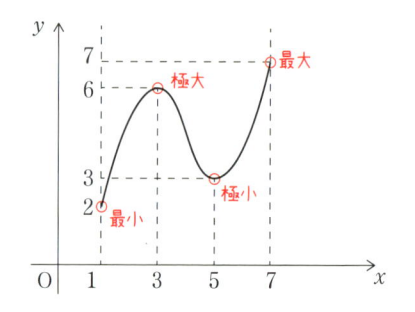

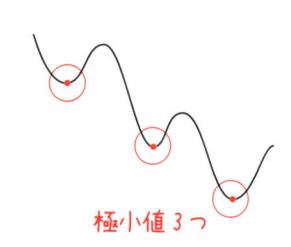

一方、極小値はその周りのどの関数の値よりも小さい値のことです。前頁右図のように赤丸を付けた部分に関数の定義域を限れば、そこでの最小の値となるところが極小値です。反対に、極大値はその周りのどの関数の値よりも大きい値です。

下左図では、極小値・極大値、最小値・最大値をとるxの値はバラバラですが、下右図では、最小値をとるxで同時に極小値でもあり、最大値をとるxで同時に極大値でもあります。

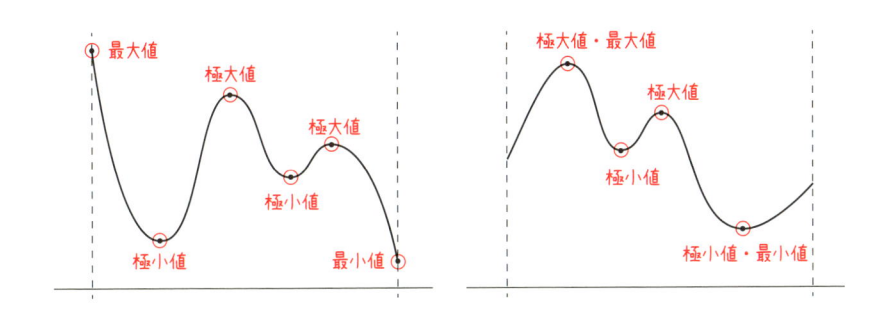

次に、微分を用いて最小値・最大値を求めるときの注意点を述べておきましょう。

上の図からもわかるように、(微分係数)＝0、すなわち傾きが0として求めることができるのは、極小値・極大値をとるようなxの値の候補です。候補であるというのは、傾きが0であっても下右図のように極値にならない場合があるからです。

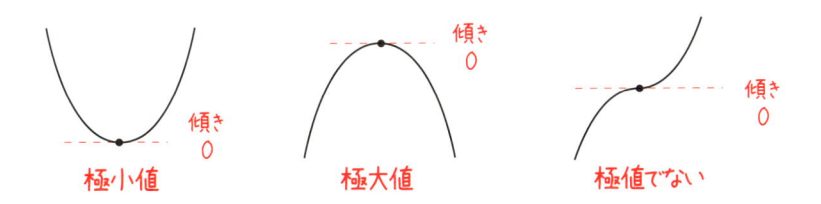

微分をして最大値・最小値を求めるときのことをまとめておきましょう。

> **最大値・最小値の求め方**
>
> 微分して最小値・最大値を求めるには、**3つのstep**が必要です。
>
> **Step1** 微分係数（傾き）が0になるようなxの値を求める。
>
> **Step2** これが極小値・極大値であることを確かめる。
>
> （なぜなら、微分係数が0でも極値でないことがあるから）
>
> **Step3** 極小値・極大値が最小値・最大値になることを確かめる。
>
> （なぜなら、極値であっても最小値・最大値でない場合があるから）

上の解法では、このうち最初のステップしか踏んでいません。

ですから、数学的に見るとごまかしがあるのですが、求めた値自体は正しいものですから、これで答えとしています。第2、第3のステップの議論はさらに十分な数学的準備が必要なので割愛します。

多変量解析の類書を見てみると、多くは第2、第3のステップを飛ばして書いてあるので、この本もそうしています。

ラグランジュの未定乗数法

例えば、次のような関数の最大値・最小値を求める問題を、ラグランジュの未定乗数法と呼ばれる手法を用いて解いてみます。

なお、**ラグランジュの未定乗数法**も本来極値の候補を求める手法です。前節の微分による最小値・最大値を求める解法と同じように、そこのところをお含みおき、お読みください。

> **問題** 実数 x, y が $x^2+2y^2-8=0$ を満たしながら動くとき、$f(x, y)=x+\sqrt{6}\,y$ の最大値・最小値を求めなさい。

x, y の条件式 $x^2+2y^2-8=0$ の左辺と極値を求める式 $x+\sqrt{6}\,y$ と定数 λ を用いて、
$$F(x, y)=x+\sqrt{6}\,y-\lambda(x^2+2y^2-8)$$
という式を作ります。このように未知数である定数 λ を用いて式を立てるので未定乗数法と呼ばれます。

F を x, y で偏微分して、
$$\frac{\partial F}{\partial x}(x, y) = 1-2\lambda x \qquad \frac{\partial F}{\partial y}(x, y) = \sqrt{6}-4\lambda y$$
となります。

$x=a, y=b$ で $f(x, y)=x+\sqrt{6}\,y$ が極値をとるとき、(a, b) は、
$$\frac{\partial F}{\partial x}(a, b) = 1-2\lambda a = 0 \quad \cdots ① \qquad \frac{\partial F}{\partial y}(a, b) = \sqrt{6}-4\lambda b = 0 \quad \cdots ②$$
$$a^2+2b^2-8=0 \quad \cdots\cdots ③$$

を満たします。これら3つの条件式から、<u>3つの未知数 a, b, λ を求めます。</u>

理由はわからないかもしれませんが、こうすると極値の候補が見つかります

$\lambda=0$ のとき、①を満たさないので、$\lambda \neq 0$ とします。

①、②より、$a = \dfrac{1}{2\lambda}, \ b = \dfrac{\sqrt{6}}{4\lambda}$

これを③に代入して、

$$\left(\frac{1}{2\lambda}\right)^2 + 2\left(\frac{\sqrt{6}}{4\lambda}\right)^2 - 8 = 0 \qquad \therefore \ 2+(\sqrt{6})^2-8\cdot 8\lambda^2 = 0$$

$$\therefore \ 8\lambda^2 = 1 \qquad \therefore \ \lambda = \pm\frac{1}{\sqrt{8}}$$

よって、

$\lambda = \dfrac{1}{\sqrt{8}}$ のとき、$a = \dfrac{1}{2\lambda} = \dfrac{\sqrt{8}}{2} = \sqrt{2}, \ b = \dfrac{\sqrt{6}}{4\lambda} = \dfrac{\sqrt{6}\sqrt{8}}{4} = \sqrt{3}$

$\lambda = -\dfrac{1}{\sqrt{8}}$ のとき、$a = \dfrac{1}{2\lambda} = -\dfrac{\sqrt{8}}{2} = -\sqrt{2}$, $b = \dfrac{\sqrt{6}}{4\lambda} = -\dfrac{\sqrt{6}\sqrt{8}}{4} = -\sqrt{3}$

$f(x, y)$ は、

$x = \sqrt{2}$, $y = \sqrt{3}$ のとき、最大値 $\sqrt{2} + \sqrt{6} \cdot \sqrt{3} = 4\sqrt{2}$

$x = -\sqrt{2}$, $y = -\sqrt{3}$ のとき、最小値 $-\sqrt{2} + \sqrt{6} \cdot (-\sqrt{3}) = -4\sqrt{2}$

をとることがわかります。

未定乗数法の解き方をまとめると、次のようになります。

ラグランジュの未定乗数法（2変数1条件）

x, y が $g(x, y) = 0$ を満たしながら動くものとする。

$x = a, y = b$ において $f(x, y)$ が極値をとるとき、

$$F(x, y) = f(x, y) - \lambda g(x, y)$$

とおくと、

$$\dfrac{\partial F}{\partial x}(a, b) = 0 \quad \dfrac{\partial F}{\partial y}(a, b) = 0 \quad g(a, b) = 0$$

を満たす。

条件式が2つある場合でも次のようにして解くことができます。

問題 実数 x, y, z が

$$x + 2y + z = 3 \quad 2x + 3y - z = 2$$

を満たしながら動くとき、$f(x, y, z) = (x + y + 5)z$ の最小値を求めなさい。

条件式2式から x, y を z で表して $f(x, y, z)$ を z だけの関数で表すという解法も考えられますが、ここではラグランジュの未定乗数法で解いてみましょう。

まず、条件式を $= 0$ の形に書き換えます。

$$x+2y+z-3=0 \qquad 2x+3y-z-2=0$$

これと $f(x, y, z)$、定数 λ, μ を用いて、

$$F(x, y, z)=(x+y+5)z-\lambda(x+2y+z-3)-\mu(2x+3y-z-2)$$

という関数を作ります。

$x=a, y=b, z=c$ において $(x+y+5)z$ が極値をとるとき、a, b, c, λ, μ は、

$$\frac{\partial F}{\partial x}(a, b, c)=0, \ \frac{\partial F}{\partial y}(a, b, c)=0, \ \frac{\partial F}{\partial z}(a, b, c)=0 \quad \cdots\cdots ①$$

$$a+2b+c-3=0 \qquad \cdots\cdots ②$$

$$2a+3b-c-2=0 \qquad \cdots\cdots ③$$

を満たします。①はそれぞれ、

$$\frac{\partial F}{\partial x}(x, y, z)=z-\lambda-2\mu \text{ より、} c-\lambda-2\mu=0 \quad \cdots\cdots ④$$

$$\frac{\partial F}{\partial y}(x, y, z)=z-2\lambda-3\mu \text{ より、} c-2\lambda-3\mu=0 \quad \cdots\cdots ⑤$$

$$\frac{\partial F}{\partial z}(x, y, z)=x+y+5-\lambda+\mu \text{ より、}$$

$$a+b+5-\lambda+\mu=0 \quad \cdots\cdots ⑥$$

a, b, c, λ, μ を求めるには、②、③、④、⑤、⑥の5元連立1次方程式を解きます。

④×2－⑤より、$c-\mu=0 \quad \therefore \quad \mu=c$

④より、$\lambda=-c$

これらを⑥に代入して、$a+b+2c+5=0 \quad \cdots\cdots ⑦$

②、③、⑦の a, b, c についての3元1次方程式を解く。

②＋③ $\qquad 3a+5b-5=0 \quad \cdots\cdots ⑧$

⑦＋③×2 $\qquad 5a+7b+1=0 \quad \cdots\cdots ⑨$

⑧×7－⑨×5 $\qquad -4a-40=0 \quad \therefore \quad a=-10$

⑧より、$b=7 \quad$ ⑦より、$c=-1 \quad \lambda=1, \mu=-1$

これより、$f(x, y, z)$ は $x=-10, y=7, z=-1$ のとき最小値 $(-10+7+5)\cdot(-1)=-2$ をとります。

ここで用いたラグランジュの未定乗数法は次のようにまとまります。

> **ラグランジュの未定乗数法（3変数2条件）**
>
> x, y, z が $g(x, y, z)=0, h(x, y, z)=0$ を満たしながら動くものとする。
>
> $x=a, y=b, z=c$ において $f(x, y, z)$ が極値をとるとき、
>
> $$F(x, y, z) = f(x, y, z) - \lambda g(x, y, z) - \mu h(x, y, z)$$
>
> とおくと、
>
> $$\frac{\partial F}{\partial x}(a, b, c) = 0 \qquad \frac{\partial F}{\partial y}(a, b, c) = 0 \qquad \frac{\partial F}{\partial z}(a, b, c) = 0$$
>
> $$g(a, b, c) = 0 \qquad h(a, b, c) = 0$$
>
> を満たす。

3 線形代数

行列

下図のように、タテ、ヨコ長方形の形に数を並べたものを行列といいます。

$$\begin{pmatrix} 4 & 3 \\ 2 & 1 \end{pmatrix} \quad \begin{pmatrix} 5 & -1 & 3 \\ -3 & 2 & -1 \end{pmatrix} \quad \begin{pmatrix} 4 & 3 \\ -2 & -1 \\ 6 & -3 \end{pmatrix} \quad \begin{pmatrix} 3 & 7 & 9 \\ 5 & -1 & 8 \\ -4 & 6 & 4 \end{pmatrix}$$
① ② ③ ④

タテ、ヨコに並べる個数は何個でも構いません。

タテ、ヨコに並べた個数を用いて、行列の型を表します。

例えば、①は$(2, 2)$行列、②は$(2, 3)$行列、③は$(3, 2)$行列、④は$(3, 3)$行列です。タテに並んだ数の個数とヨコに並んだ数の個数が等しいとき、**正方行列**といいます。①は2次の正方行列、④は3次の正方行列です。

$$(4 \ 8 \ 2 \ 7) \quad \begin{pmatrix} 2 \\ 8 \\ 5 \end{pmatrix}$$
⑤ ⑥

⑤、⑥は行ベクトル、列ベクトルに見えますが、行列と見なすことができます。行列と見るとき、⑤は$(1, 4)$行列、⑥は$(3, 1)$行列です。

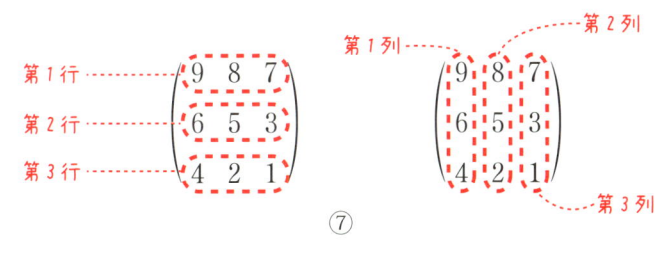

⑦

行列のヨコに並んだ数を行、タテに並んだ数を列といいます。

⑦では、上から第1行、第2行、第3行、左から第1列、第2列、第3列と名付けます。

行列に書かれた数字を行列の**成分**といいます。例えば、⑦の3は第2行、第3列にありますから、3は$(2, 3)$成分であるといいます。

$(1, 1), (2, 2), (3, 3)$成分［⑦では$9, 5, 1$］のように(i, i)成分のことを**対角成分**といいます。

$$\begin{pmatrix} 4 & 0 \\ 0 & 1 \end{pmatrix}$$
⑧

$$\begin{pmatrix} 3 & 0 & 0 \\ 0 & -1 & 0 \\ 0 & 0 & 4 \end{pmatrix}$$
⑨

⑧、⑨のように正方行列の中でも、対角成分以外の成分がすべて0であるものを**対角行列**といいます。⑧を2次の対角行列、⑨は3次の対角行列といいます。上の例では、0を書き込みましたが、対角成分以外の数字を書き込まないで済ます場合もあります。

行列の計算

同じサイズの行列は、足し算、引き算ができます。

例えば、$A = \begin{pmatrix} 4 & 3 \\ 2 & 1 \end{pmatrix}$、$B = \begin{pmatrix} 2 & 1 \\ 4 & 5 \end{pmatrix}$のとき、

$$A+B = \begin{pmatrix} 4 & 3 \\ 2 & 1 \end{pmatrix} + \begin{pmatrix} 2 & 1 \\ 4 & 5 \end{pmatrix} = \begin{pmatrix} 4+2 & 3+1 \\ 2+4 & 1+5 \end{pmatrix} = \begin{pmatrix} 6 & 4 \\ 6 & 6 \end{pmatrix}$$

$$A-B = \begin{pmatrix} 4 & 3 \\ 2 & 1 \end{pmatrix} - \begin{pmatrix} 2 & 1 \\ 4 & 5 \end{pmatrix} = \begin{pmatrix} 4-2 & 3-1 \\ 2-4 & 1-5 \end{pmatrix} = \begin{pmatrix} 2 & 2 \\ -2 & -4 \end{pmatrix}$$

と各成分ごとに和・差を計算します。また、全成分を1度に定数倍することを行列の定数倍といいます。

例えば、$k=4$のとき、次頁上の左のように計算できます。また、成分が分数のときは、行列の定数倍を用いて、次頁上の右のように分母を行列の外に出すとすっきりと表現できます。

$$kA = 4\begin{pmatrix} 4 & 3 \\ 2 & 1 \end{pmatrix} = \begin{pmatrix} 16 & 12 \\ 8 & 4 \end{pmatrix} \qquad \begin{pmatrix} \frac{3}{2} & \frac{5}{2} \\ \frac{-7}{2} & \frac{9}{2} \end{pmatrix} = \frac{1}{2}\begin{pmatrix} 3 & 5 \\ -7 & 9 \end{pmatrix}$$

この行列の和・差と定数倍に関して、次の計算法則が成り立ちます。

$(A+B)+C = A+(B+C)$　［結合法則］

$A+B = B+A$　　　　　　［交換法則］

$k(A+B) = kA + kB$

$(k+l)A = kA + lA$　　　［分配法則］

行列の積

行列の積は、和・差、定数倍ほど簡単ではありません。

$(1, 2)$行列と$(2, 1)$行列の積、$(1, 3)$行列と$(3, 1)$行列の積から計算してみましょう。

$$(2\ 3)\begin{pmatrix} 4 \\ 5 \end{pmatrix} = 2\cdot 4 + 3\cdot 5 = 23 \qquad (1\ 4\ 2)\begin{pmatrix} 3 \\ 2 \\ 5 \end{pmatrix} = 1\cdot 3 + 4\cdot 2 + 2\cdot 5 = 21$$

というように、行と列の同じ番目の成分を掛けて、和をとります。行列の積を計算するには、このパターンが基本となります。

次に、$(1, 2)$行列と$(2, 2)$行列の積を計算します。

$$(2\ 3)\begin{pmatrix} 4 & 6 \\ 5 & 7 \end{pmatrix} = (2\cdot 4 + 3\cdot 5 \quad 2\cdot 6 + 3\cdot 7) = (23\ 33)$$

右側の行列を列に分けて計算するところがポイントです。

$(2\ 3)\begin{pmatrix} 4 \\ 5 \end{pmatrix}$と$(2\ 3)\begin{pmatrix} 6 \\ 7 \end{pmatrix}$を計算して結果（23と33）を並べます。

$(2, 2)$行列と$(2, 2)$行列の積は、

$$\begin{pmatrix} 2 & 3 \\ 8 & 9 \end{pmatrix}\begin{pmatrix} 4 & 6 \\ 5 & 7 \end{pmatrix} = \begin{pmatrix} 2\cdot 4 + 3\cdot 5 & 2\cdot 6 + 3\cdot 7 \\ 8\cdot 4 + 9\cdot 5 & 8\cdot 6 + 9\cdot 7 \end{pmatrix} = \begin{pmatrix} 23 & 33 \\ 77 & 111 \end{pmatrix}$$

と計算できます。

この計算は、左側の行列は行に分け、右側の行列は列に分けて、行と列を組み合わせていきます。

$(2\ 3)\begin{pmatrix}4\\5\end{pmatrix}$と$(2\ 3)\begin{pmatrix}6\\7\end{pmatrix}$を計算して横に並べた後、$(8\ 9)\begin{pmatrix}4\\5\end{pmatrix}$と$(8\ 9)\begin{pmatrix}6\\7\end{pmatrix}$の結果をその下に並べ$(2,2)$行列の形にします。

同様に、$(2,3)$行列と$(3,2)$行列の積を計算してみます。$(3,2)$行列の成分は文字式になっています。結果も成分は文字式になります。

$$\begin{pmatrix}2 & 3 & 4\\5 & 6 & 7\end{pmatrix}\begin{pmatrix}a & d\\b & e\\c & f\end{pmatrix}=\begin{pmatrix}2a+3b+4c & 2d+3e+4f\\5a+6b+7c & 5d+6e+7f\end{pmatrix}$$

$(3,3)$行列と$(3,3)$行列の積であれば、

$$\begin{pmatrix}2 & 3 & 4\\5 & 6 & 7\\8 & 9 & 1\end{pmatrix}\begin{pmatrix}a & d & g\\b & e & h\\c & f & i\end{pmatrix}=\begin{pmatrix}2a+3b+4c & 2d+3e+4f & 2g+3h+4i\\5a+6b+7c & 5d+6e+7f & 5g+6h+7i\\8a+9b+c & 8d+9e+f & 8g+9h+i\end{pmatrix}$$

となります。

積の$(2,3)$成分を計算するには、左側の行列の第2行と右側の行列の第3列を組み合わせて計算します。

このように行列の積ABは(n,m)行列Aと(m,l)行列Bについて定義されます。左側の行列Aの列の個数と右側の行列Bの行の個数が等しくmであるところがポイントです。(n,m)行列Aと(m,l)行列Bの積ABは(n,l)行列になります。

ABの(i,j)成分は、Aの第i行とBの第j行を組み合わせて計算します。

盲点になりやすいのは、$(m,1)$行列と$(1,n)$行列の積です。

$(3,1)$行列と$(1,3)$行列の積の例を示すと、

$$\begin{pmatrix}2\\3\\4\end{pmatrix}\begin{pmatrix}a & b & c\end{pmatrix}=\begin{pmatrix}2a & 2b & 2c\\3a & 3b & 3c\\4a & 4b & 4c\end{pmatrix}$$

となります。行列の積では、左側の行列を行ごとに、右側の行列を列ごとに分けるので、行成分、列成分にそれぞれ1個の数からなり、行列の積の成分は2数の積になります。

左側の行列 A の列の個数と右側の行列 B の行の個数が食い違うときは、積 AB を定義できません。例えば、$(3, 2)$ 行列 A と $(3, 4)$ 行列 B では、積 AB を計算することはできません。

この行列の積について、次の計算法則が成り立ちます。

$(AB)C = A(BC)$ 　　［結合法則］

$A(B+C) = AB+AC$ 　　［分配法則］

$(A+B)C = AC+BC$ 　　［分配法則］

すべての成分が0である行列を零行列といい O で表します。対角成分以外の成分が0で、対角成分が1である正方行列を単位行列といい E で表します。

例えば、$(2, 3)$ 型の零行列 O と3次の単位行列 E は次のようになります。

$$O = \begin{pmatrix} 0 & 0 & 0 \\ 0 & 0 & 0 \end{pmatrix} \quad E = \begin{pmatrix} 1 & 0 & 0 \\ 0 & 1 & 0 \\ 0 & 0 & 1 \end{pmatrix}$$

零行列と単位行列の積に関して次が成り立ちます。

$AO = O \quad OA = O \quad AE = EA = A$

単位行列の方の式を確かめてみると、$A = \begin{pmatrix} 2 & 3 & 4 \\ 5 & 6 & 7 \\ 8 & 9 & 1 \end{pmatrix}$ のとき、

$$AE = \begin{pmatrix} 2 & 3 & 4 \\ 5 & 6 & 7 \\ 8 & 9 & 1 \end{pmatrix} \begin{pmatrix} 1 & 0 & 0 \\ 0 & 1 & 0 \\ 0 & 0 & 1 \end{pmatrix}$$

$$= \begin{pmatrix} 2\cdot1+3\cdot0+4\cdot0 & 2\cdot0+3\cdot1+4\cdot0 & 2\cdot0+3\cdot0+4\cdot1 \\ 5\cdot1+6\cdot0+7\cdot0 & 5\cdot0+6\cdot1+7\cdot0 & 5\cdot0+6\cdot0+7\cdot1 \\ 8\cdot1+9\cdot0+1\cdot0 & 8\cdot0+9\cdot1+1\cdot0 & 8\cdot0+9\cdot0+1\cdot1 \end{pmatrix}$$

$$= \begin{pmatrix} 2 & 3 & 4 \\ 5 & 6 & 7 \\ 8 & 9 & 1 \end{pmatrix} = A$$

よって、$AE=A$ が成り立ちます。$EA=A$ も同様に成り立ちます。

a が実数のとき、0と1との積を計算すると、
$$a \cdot 0 = 0 \cdot a = 0 \qquad a \cdot 1 = 1 \cdot a = a$$
が成り立ちます。これらと行列の零行列、単位行列の計算を比べると、行列の積において O は0の役割、E は1の役割を果たしていることがわかると思います。

行列の積で注意しなければならないことは、<u>交換法則が成り立たない</u>ことです。以下の例では、$AB \neq BA$ です。

$$A = \begin{pmatrix} 1 & 0 \\ 0 & 0 \end{pmatrix}, B = \begin{pmatrix} 0 & 0 \\ 1 & 0 \end{pmatrix}$$

$$AB = \begin{pmatrix} 1 & 0 \\ 0 & 0 \end{pmatrix}\begin{pmatrix} 0 & 0 \\ 1 & 0 \end{pmatrix} = \begin{pmatrix} 0 & 0 \\ 0 & 0 \end{pmatrix}, BA = \begin{pmatrix} 0 & 0 \\ 1 & 0 \end{pmatrix}\begin{pmatrix} 1 & 0 \\ 0 & 0 \end{pmatrix} = \begin{pmatrix} 0 & 0 \\ 1 & 0 \end{pmatrix}$$

一方、$AB=BA$ が成り立つ場合もあります。

$$A = \begin{pmatrix} 2 & 0 \\ 0 & 3 \end{pmatrix}, B = \begin{pmatrix} 4 & 0 \\ 0 & 5 \end{pmatrix}$$

$$AB = \begin{pmatrix} 2 & 0 \\ 0 & 3 \end{pmatrix}\begin{pmatrix} 4 & 0 \\ 0 & 5 \end{pmatrix} = \begin{pmatrix} 2\cdot 4 + 0\cdot 0 & 2\cdot 0 + 0\cdot 5 \\ 0\cdot 4 + 3\cdot 0 & 0\cdot 0 + 3\cdot 5 \end{pmatrix} = \begin{pmatrix} 8 & 0 \\ 0 & 15 \end{pmatrix}$$

$$BA = \begin{pmatrix} 4 & 0 \\ 0 & 5 \end{pmatrix}\begin{pmatrix} 2 & 0 \\ 0 & 3 \end{pmatrix} = \begin{pmatrix} 4\cdot 2 + 0\cdot 0 & 4\cdot 0 + 0\cdot 3 \\ 0\cdot 2 + 5\cdot 0 & 0\cdot 0 + 5\cdot 3 \end{pmatrix} = \begin{pmatrix} 8 & 0 \\ 0 & 15 \end{pmatrix}$$

と $AB=BA$ です。しかし、すべての行列 A, B に対して、$AB=BA$ が成り立つわけではないので、交換法則は成り立たないのです。

対称行列と転置行列

行列Aに対して、対角成分を対称の軸として対角成分以外の成分を入れ替えた行列を^tAで表し、Aの**転置行列**といいます。

正方行列Aの成分が対角成分に関して対称になっているとき、すなわちAとAの転置行列が等しい($A=\ ^tA$)とき、Aは**対称行列**であるといいます。下図で、Bは対称行列です。

対角成分

$$A = \begin{pmatrix} 1 & 2 & 3 & 10 \\ 4 & 5 & 6 & 11 \\ 7 & 8 & 9 & 12 \\ 16 & 15 & 14 & 13 \end{pmatrix} \quad ^tA = \begin{pmatrix} 1 & 4 & 7 & 16 \\ 2 & 5 & 8 & 15 \\ 3 & 6 & 9 & 14 \\ 10 & 11 & 12 & 13 \end{pmatrix} \quad B = \begin{pmatrix} 1 & 5 & 6 & 8 \\ 5 & 2 & 7 & 9 \\ 6 & 7 & 3 & 10 \\ 8 & 9 & 10 & 4 \end{pmatrix}$$

行列の演算と転置に関して次が成り立ちます。

$$^t(^tA)=A \qquad ^t(A+B)=\ ^tA+\ ^tB \qquad ^t(AB)=\ ^tB\ ^tA \qquad \cdots\cdots ☆$$

行列の積の転置は、転置行列の積になりますが、積の順序が入れ替わることに注意しましょう。A, Bは正方行列でなくとも、和・積が計算できれば成り立ちます。

逆行列と行列式

行列の積の計算において、実数の逆数に当たるものが、逆行列です。つまり、正方行列Aに対して、

$$AB=E \qquad BA=E$$

を満たすようなBが存在するとき、BをAの**逆行列**といい、A^{-1}で表します。

2次行列$A = \begin{pmatrix} a & b \\ c & d \end{pmatrix}$の逆行列$A^{-1}$は、

$$A^{-1} = \frac{1}{ad-bc}\begin{pmatrix} d & -b \\ -c & a \end{pmatrix}$$

と表されます。実際、A との積をとってみると、

$$AA^{-1} = \frac{1}{ad-bc}\begin{pmatrix} a & b \\ c & d \end{pmatrix}\begin{pmatrix} d & -b \\ -c & a \end{pmatrix} = \frac{1}{ad-bc}\begin{pmatrix} ad-bc & -ab+ab \\ cd-cd & ad-bc \end{pmatrix} = \begin{pmatrix} 1 & 0 \\ 0 & 1 \end{pmatrix} = E$$

$$A^{-1}A = \frac{1}{ad-bc}\begin{pmatrix} d & -b \\ -c & a \end{pmatrix}\begin{pmatrix} a & b \\ c & d \end{pmatrix} = \frac{1}{ad-bc}\begin{pmatrix} ad-bc & bd-bd \\ -ac+ac & ad-bc \end{pmatrix} = \begin{pmatrix} 1 & 0 \\ 0 & 1 \end{pmatrix} = E$$

となり、たしかに A^{-1} は逆行列です。この式からわかるように $ad-bc=0$ のときは、A の逆行列が存在しません。

A^{-1} の成分の分母の式、$ad-bc$ を 2 次の行列 A の**行列式**といい、$|A|$ または $\det A$ で表します。

$A = \begin{pmatrix} a & b \\ c & d \end{pmatrix}$ のとき、$|A| = \begin{vmatrix} a & b \\ c & d \end{vmatrix} = ad-bc$ です。

3 次行列 A の成分が与えられたとき、A の逆行列 A^{-1} の成分を A の成分で表すことは煩雑になるので書きませんが、行列式はこの本の講義でも重要になってくるので書き表しておきましょう。

$A = \begin{pmatrix} a & x & X \\ b & y & Y \\ c & z & Z \end{pmatrix}$ のときの逆行列 A^{-1} の成分の共通の分母、つまり行列式は、

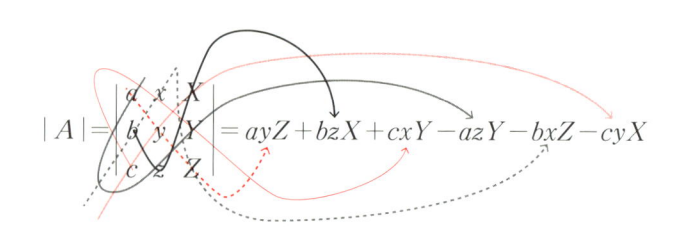

$$|A| = \begin{vmatrix} a & x & X \\ b & y & Y \\ c & z & Z \end{vmatrix} = ayZ + bzX + cxY - azY - bxZ - cyX$$

となります。これを**サラスの公式**といいます。

同じことですが、1 列目と 2 列目を繰り返し書いて、次のようにしても

かまいません。

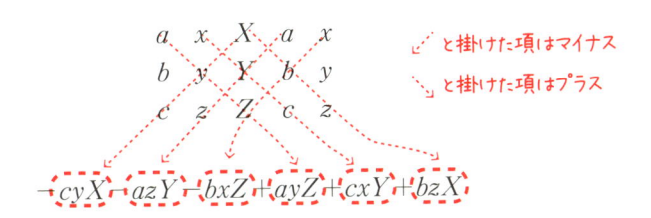

$$
\begin{array}{ccc}
a & x & X \\
b & y & Y \\
c & z & Z
\end{array}
\quad
\begin{array}{ccc}
a & x \\
b & y \\
c & z
\end{array}
$$

↙と掛けた項はマイナス
↘と掛けた項はプラス

$-cyX - azY - bxZ + ayZ + cxY + bzX$

行列式に関して、次の性質が成り立ちます。

$|A| \neq 0$のとき、Aの逆行列A^{-1}が存在する。

$|A| = 0$のとき、Aの逆行列A^{-1}が存在しない。

$|AB| = |A||B|$ ←（積の行列式は行列式の積）

$|{}^tA| = |A|$ ←（転倒行列ともとの行列の行列式は等しい）

$|E| = 1, |O| = 0$

回転の行列と直交行列

座標平面上の点$P(x, y)$を、原点$O(0, 0)$を中心に角度θだけ回転した点をQとします。Qの座標を求めてみましょう。

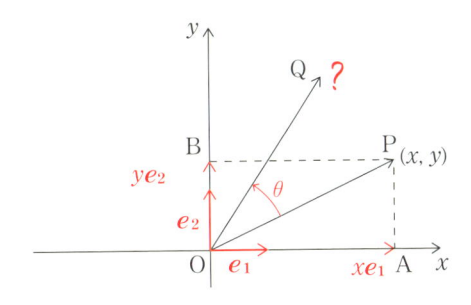

ベクトルを用いて考えてみます。$\overrightarrow{OP} = \begin{pmatrix} x \\ y \end{pmatrix}$を

$e_1 = \begin{pmatrix} 1 \\ 0 \end{pmatrix}$, $e_2 = \begin{pmatrix} 0 \\ 1 \end{pmatrix}$（標準基底といいます）の1次結合で表しましょう。

$$xe_1 + ye_2 = x\begin{pmatrix}1\\0\end{pmatrix} + y\begin{pmatrix}0\\1\end{pmatrix} = \begin{pmatrix}x\\y\end{pmatrix}$$

となりますから、$\overrightarrow{OP} = xe_1 + ye_2$ となります。

上図の長方形OAPBをまるごと原点中心にθ回転すると、下図のようになります。

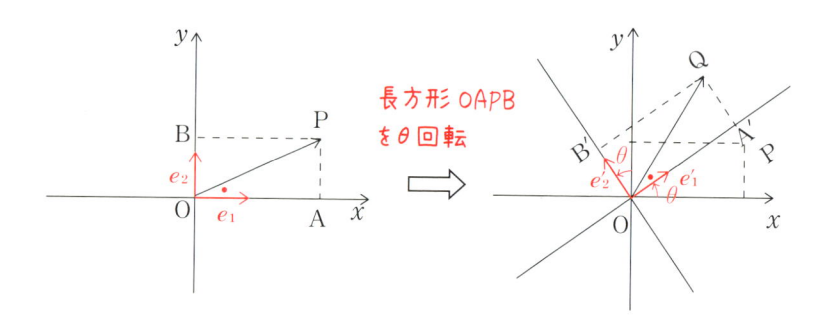

上右図の、e'_1, e'_2 はそれぞれ e_1, e_2 をθ回転したベクトルです。

長方形OAPBと長方形OA′QB′が合同なので、$\overrightarrow{OP} = xe_1 + ye_2$ であれば、$\overrightarrow{OQ} = xe'_1 + ye'_2$ となります。

そこで、e_1, e_2 をθ回転したベクトルe'_1, e'_2 を求めてみます。

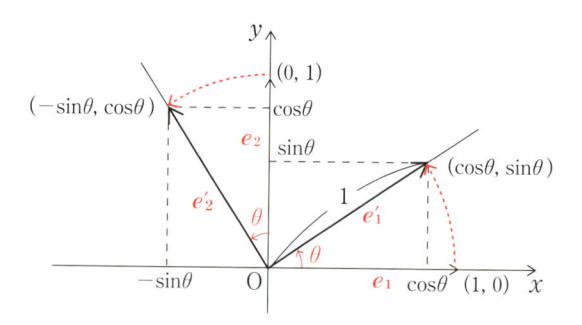

上図のように考えて、三角関数の定義より、e'_1, e'_2 は、

$e'_1 = \begin{pmatrix}\cos\theta\\\sin\theta\end{pmatrix}$, $e'_2 = \begin{pmatrix}-\sin\theta\\\cos\theta\end{pmatrix}$ となります。よって、

$$\overrightarrow{\mathrm{OQ}} = xe_1' + ye_2' = x\begin{pmatrix}\cos\theta\\ \sin\theta\end{pmatrix} + y\begin{pmatrix}-\sin\theta\\ \cos\theta\end{pmatrix} = \begin{pmatrix}x\cos\theta - y\sin\theta\\ x\sin\theta + y\cos\theta\end{pmatrix}$$

と計算できます。

Qの座標は$(x\cos\theta - y\sin\theta,\ x\sin\theta + y\cos\theta)$です。

$\overrightarrow{\mathrm{OP}} = \begin{pmatrix}x\\ y\end{pmatrix}$, $\overrightarrow{\mathrm{OQ}} = \begin{pmatrix}x\cos\theta - y\sin\theta\\ x\sin\theta + y\cos\theta\end{pmatrix}$を$(2, 1)$行列であると見なすと、次

のような行列の計算ができます。

$$\begin{pmatrix}\cos\theta & -\sin\theta\\ \sin\theta & \cos\theta\end{pmatrix}\overrightarrow{\mathrm{OP}} = \begin{pmatrix}\cos\theta & -\sin\theta\\ \sin\theta & \cos\theta\end{pmatrix}\begin{pmatrix}x\\ y\end{pmatrix} = \begin{pmatrix}x\cos\theta - y\sin\theta\\ x\sin\theta + y\cos\theta\end{pmatrix} = \overrightarrow{\mathrm{OQ}}$$

この式は、$\overrightarrow{\mathrm{OP}}$に$\begin{pmatrix}\cos\theta & -\sin\theta\\ \sin\theta & \cos\theta\end{pmatrix}$を左から掛けると$\overrightarrow{\mathrm{OQ}}$になることを表しています。この行列はPを$\theta$回転したQを求める行列なので、

$\begin{pmatrix}\cos\theta & -\sin\theta\\ \sin\theta & \cos\theta\end{pmatrix}$は回転行列と呼ばれ、$R(\theta)$と表すことにします。

回転行列$R(\theta)$は、e_1, e_2(標準基底といいます)をθ回転したベクトル$e_1' = \begin{pmatrix}\cos\theta\\ \sin\theta\end{pmatrix}$, $e_2' = \begin{pmatrix}-\sin\theta\\ \cos\theta\end{pmatrix}$を並べて作られています。

回転行列は2次正方行列ですが、3次以上の正方行列における回転行列に相当するものを考えてみましょう。

2次元のときのポイントをもう一度確認しておきましょう。

e_1, e_2は大きさが1で直交するベクトルです。これをθ回転したe_1'とe_2'も大きさが1で直交するベクトルになりました(図より確認)。

ここから3次のベクトルで考えます。

$e_1 = \begin{pmatrix}1\\ 0\\ 0\end{pmatrix}$, $e_2 = \begin{pmatrix}0\\ 1\\ 0\end{pmatrix}$, $e_3 = \begin{pmatrix}0\\ 0\\ 1\end{pmatrix}$(この3つを標準基底といいます)は、大

きさが1で、どの2つをとっても直交しています。下図のように、この3つのベクトルe_1, e_2, e_3の大きさと互いの位置関係を変えずに、移動してu_1, u_2, u_3になったとします。

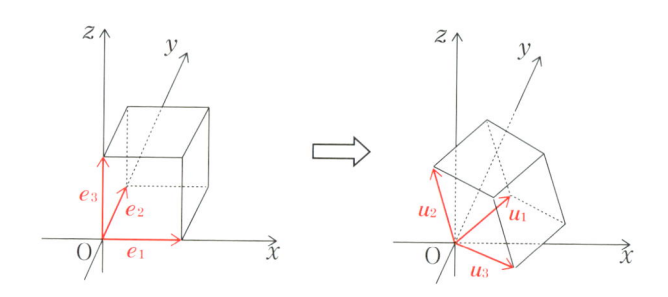

これはちょうど立方体の1頂点Oから出る3本の辺をe_1, e_2, e_3に見立て、Oを1点に固定して立方体を自由に動かしたときの3辺がu_1, u_2, u_3であると考えればよいでしょう。

e_1, e_2, e_3のそれぞれの大きさが1で、どの2つも互いに直交しますから、u_1, u_2, u_3についてもそれぞれの大きさが1で、どの2つも互いに直交します。

つまり、

$$\left.\begin{array}{l} u_1 \cdot u_1 = 1,\ u_2 \cdot u_2 = 1,\ u_3 \cdot u_3 = 1, \\ u_1 \cdot u_2 = 0,\ u_2 \cdot u_3 = 0,\ u_1 \cdot u_3 = 0 \end{array}\right\} \quad \cdots\cdots ①$$

が成り立ちます。u_1, u_2, u_3の一例を挙げると、

$$u_1 = \frac{1}{\sqrt{2}}\begin{pmatrix} 1 \\ -1 \\ 0 \end{pmatrix},\ u_2 \frac{1}{\sqrt{3}}\begin{pmatrix} 1 \\ 1 \\ 1 \end{pmatrix},\ u_3 = \frac{1}{\sqrt{6}}\begin{pmatrix} 1 \\ 1 \\ -2 \end{pmatrix}$$

［①が成り立つかを確認してください］

このu_1, u_2, u_3のように、大きさが1で互いに直交し、次元の数と同じ個数のベクトルの組を**正規直交基底**といいます。

ここで、$x = \begin{pmatrix} a \\ b \\ c \end{pmatrix}$, $y = \begin{pmatrix} x \\ y \\ z \end{pmatrix}$のとき、

$$\boldsymbol{x}\cdot\boldsymbol{y} = \begin{pmatrix} a \\ b \\ c \end{pmatrix} \cdot \begin{pmatrix} x \\ y \\ z \end{pmatrix} = ax+by+cz$$

$$({}^t\boldsymbol{x})\boldsymbol{y} = {}^t\!\begin{pmatrix} a \\ b \\ c \end{pmatrix}\!\begin{pmatrix} x \\ y \\ z \end{pmatrix} = (a\ b\ c)\begin{pmatrix} x \\ y \\ z \end{pmatrix} = ax+by+cz$$

なので、$\boldsymbol{x}\cdot\boldsymbol{y} = ({}^t\boldsymbol{x})\boldsymbol{y}$ が成り立ち、①は、

$$({}^t\boldsymbol{u}_1)\boldsymbol{u}_1 = 1,\ ({}^t\boldsymbol{u}_2)\boldsymbol{u}_2 = 1,\ ({}^t\boldsymbol{u}_3)\boldsymbol{u}_3 = 1,$$
$$({}^t\boldsymbol{u}_1)\boldsymbol{u}_2 = 0,\ ({}^t\boldsymbol{u}_2)\boldsymbol{u}_3 = 0,\ ({}^t\boldsymbol{u}_1)\boldsymbol{u}_3 = 0$$

と書き換えられます。

ここで、3個の3次元列ベクトル $\boldsymbol{u}_1, \boldsymbol{u}_2, \boldsymbol{u}_3$ を並べた行列 $U = (\boldsymbol{u}_1\ \boldsymbol{u}_2\ \boldsymbol{u}_3)$ を作ります。

先ほどの例では、$U = \begin{pmatrix} \dfrac{1}{\sqrt{2}} & \dfrac{1}{\sqrt{3}} & \dfrac{1}{\sqrt{6}} \\ -\dfrac{1}{\sqrt{2}} & \dfrac{1}{\sqrt{3}} & \dfrac{1}{\sqrt{6}} \\ 0 & \dfrac{1}{\sqrt{3}} & -\dfrac{2}{\sqrt{6}} \end{pmatrix}$ となります。すると、

$${}^tUU = \begin{pmatrix} {}^t\boldsymbol{u}_1 \\ {}^t\boldsymbol{u}_2 \\ {}^t\boldsymbol{u}_3 \end{pmatrix}(\boldsymbol{u}_1\ \boldsymbol{u}_2\ \boldsymbol{u}_3) = \begin{pmatrix} ({}^t\boldsymbol{u}_1)\boldsymbol{u}_1 & ({}^t\boldsymbol{u}_1)\boldsymbol{u}_2 & ({}^t\boldsymbol{u}_1)\boldsymbol{u}_3 \\ ({}^t\boldsymbol{u}_2)\boldsymbol{u}_1 & ({}^t\boldsymbol{u}_2)\boldsymbol{u}_2 & ({}^t\boldsymbol{u}_2)\boldsymbol{u}_3 \\ ({}^t\boldsymbol{u}_3)\boldsymbol{u}_1 & ({}^t\boldsymbol{u}_3)\boldsymbol{u}_2 & ({}^t\boldsymbol{u}_3)\boldsymbol{u}_3 \end{pmatrix}$$

$$= \begin{pmatrix} 1 & 0 & 0 \\ 0 & 1 & 0 \\ 0 & 0 & 1 \end{pmatrix} = E$$

となります。

このように ${}^tUU = E$ となる行列 U を**直交行列**といいます。上の例は3次の直交行列です。直交行列は、正規直交基底を並べて作った行列です。

n 次の直交行列は、大きさが1で互いに直交する n 個のベクトル $\boldsymbol{u}_1, \boldsymbol{u}_2, \cdots, \boldsymbol{u}_n$ を並べて、$U = (\boldsymbol{u}_1\ \boldsymbol{u}_2\ \cdots\ \boldsymbol{u}_n)$ とすれば作ることができます。

直交行列に関して次が成り立ちます。

> **直交行列**
> U を直交行列とすると、
> $$\,^t U = U^{-1}, \ |U| = \pm 1$$

直交行列なので、$\,^t U U = E$

U^{-1} が存在するとすれば、これに右から U^{-1} を掛けて、

$$\,^t U U U^{-1} = E U^{-1} \quad \therefore \ \,^t U (U U^{-1}) = U^{-1} \quad \,^t U = U^{-1}$$

U^{-1} が存在することは、$\,^t U U = E$ の両辺で行列式を計算し、

$$|\,^t U U| = |E| \quad \therefore \ |\,^t U\,||U| = 1$$
$$|\,^t U| = |U| \text{より、} |U|^2 = 1 \quad \therefore \ |U| = \pm 1$$

固有値・固有ベクトル

具体的な数値で与えられた正方行列に対して、固有値・固有ベクトルと呼ばれる数やベクトルを求めることができます。固有値・固有ベクトルによって、その行列の持っている固有の特徴が明らかになります。

> **定義　固有値・固有ベクトル**
> n 次正方行列 A が与えられたとき、
> $$A\boldsymbol{p} = \lambda \boldsymbol{p}$$
> を満たすような定数 λ と n 次列ベクトル $\boldsymbol{p}(\neq \boldsymbol{0})$ を、それぞれ A の固有値、固有ベクトルといいます。

$A\boldsymbol{p}$ は、行列と列ベクトルの積です。列ベクトルを 1 列しかない行列として見なして計算します。

例えば、$A = \begin{pmatrix} 2 & 1 \\ 2 & 3 \end{pmatrix}$ の固有値・固有ベクトルを考えてみます。

$\lambda = 4$, $\boldsymbol{p} = \begin{pmatrix} 1 \\ 2 \end{pmatrix}$ とすると、

$$A\boldsymbol{p} = \begin{pmatrix} 2 & 1 \\ 2 & 3 \end{pmatrix}\begin{pmatrix} 1 \\ 2 \end{pmatrix} = \begin{pmatrix} 2\cdot 1+1\cdot 2 \\ 2\cdot 1+3\cdot 2 \end{pmatrix} = \begin{pmatrix} 4 \\ 8 \end{pmatrix}, \ \lambda\boldsymbol{p} = 4\begin{pmatrix} 1 \\ 2 \end{pmatrix} = \begin{pmatrix} 4 \\ 8 \end{pmatrix}$$

となるので、$A\boldsymbol{p} = \lambda\boldsymbol{p}$ を満たします。4と $\begin{pmatrix} 1 \\ 2 \end{pmatrix}$ は固有値・固有ベクトルです。

$\begin{pmatrix} 1 \\ 2 \end{pmatrix}$ の代わりに $\boldsymbol{p} = k\begin{pmatrix} 1 \\ 2 \end{pmatrix} = \begin{pmatrix} k \\ 2k \end{pmatrix}$ とすると、

$$A\boldsymbol{p} = \begin{pmatrix} 2 & 1 \\ 2 & 3 \end{pmatrix}\begin{pmatrix} k \\ 2k \end{pmatrix} = \begin{pmatrix} 2\cdot k+1\cdot 2k \\ 2\cdot k+3\cdot 2k \end{pmatrix} = \begin{pmatrix} 4k \\ 8k \end{pmatrix}, \ \lambda\boldsymbol{p} = 4\begin{pmatrix} k \\ 2k \end{pmatrix} = \begin{pmatrix} 4k \\ 8k \end{pmatrix}$$

となり、やはり $A\boldsymbol{p} = 4\boldsymbol{p}$ が成り立ちます。

このように、$\boldsymbol{p}$ が固有ベクトルであれば、その任意の実数倍 $k\boldsymbol{p}$ も固有ベクトルになります。

$A\boldsymbol{p} = \lambda\boldsymbol{p}$ のとき、$A(k\boldsymbol{p}) = k(A\boldsymbol{p}) = k(\lambda\boldsymbol{p}) = \lambda(k\boldsymbol{p})$ となるからです。

つまり、固有ベクトルとは、その方向のことを意味しているわけです。

> $A = \begin{pmatrix} 2 & 1 \\ 2 & 3 \end{pmatrix}$ の固有値・固有ベクトルを求めるには、$A\boldsymbol{p} = \lambda\boldsymbol{p}$ の式を次のように変形して求めます。

$$A\boldsymbol{p} - \lambda\boldsymbol{p} = 0 \quad \therefore \ A\boldsymbol{p} - \lambda E\boldsymbol{p} = 0 \quad \therefore \ (A - \lambda E)\boldsymbol{p} = 0$$

ゼロベクトルを表す

ここで、$A - \lambda E$ に逆行列があると仮定すると、左から逆行列を掛けて、

$$(A - \lambda E)^{-1}(A - \lambda E)\boldsymbol{p} = 0 \quad \therefore \ E\boldsymbol{p} = 0 \quad \therefore \ \boldsymbol{p} = 0$$

となって、固有ベクトルが $\boldsymbol{0}$ でないことに矛盾します。

よって、$A - \lambda E$ には逆行列がありません。

$A - \lambda E$ に逆行列がないので、$A - \lambda E$ の行列式は0になります。

$A - \lambda E$ の行列式を計算すると、

$$A-\lambda E=\begin{pmatrix}2&1\\2&3\end{pmatrix}-\lambda\begin{pmatrix}1&0\\0&1\end{pmatrix}=\begin{pmatrix}2&1\\2&3\end{pmatrix}-\begin{pmatrix}\lambda&0\\0&\lambda\end{pmatrix}=\begin{pmatrix}2-\lambda&1\\2&3-\lambda\end{pmatrix}$$

$$\det(A-\lambda E)=\begin{vmatrix}2-\lambda&1\\2&3-\lambda\end{vmatrix}=(2-\lambda)(3-\lambda)-1\cdot 2$$

$$=\lambda^2-5\lambda+4=(\lambda-4)(\lambda-1)$$

となりますから、$\det(A-\lambda E)=0$ となる λ は4と1です。

　$\lambda^2-5\lambda+4$ を A の**固有多項式**、$\lambda^2-5\lambda+4=0$ を A の**固有方程式**といいます。固有値は固有方程式の解になっています。

　固有値は4と1になります。

　このように固有値の方が先に求まります。

　固有値4に対する固有ベクトルを求めてみましょう。

$(A-\lambda E)\boldsymbol{p}=\boldsymbol{0}$ で、$\lambda=4, \boldsymbol{p}=\begin{pmatrix}x\\y\end{pmatrix}$ とすると、

　$(A-4E)\boldsymbol{p}=\boldsymbol{0}$　これを成分で書いて、

$$\begin{pmatrix}2-4&1\\2&3-4\end{pmatrix}\begin{pmatrix}x\\y\end{pmatrix}=\begin{pmatrix}0\\0\end{pmatrix}\quad\therefore\quad\begin{pmatrix}-2&1\\2&-1\end{pmatrix}\begin{pmatrix}x\\y\end{pmatrix}=\begin{pmatrix}0\\0\end{pmatrix}$$

よって、x, y は、連立方程式

$$-2x+y=0,\ 2x-y=0$$

を満たします。第2式は第1式のマイナス1倍になっていますから、この連立方程式は、$-2x+y=0$ と同値です。

　$x=1, y=2$ は、この式を満たしますから、$\begin{pmatrix}x\\y\end{pmatrix}=\begin{pmatrix}1\\2\end{pmatrix}$ は固有値4に対する固有ベクトルになります。

　固有値1に対する固有ベクトルも求めてみましょう。

$(A-\lambda E)\boldsymbol{p}=\boldsymbol{0}$ で、$\lambda=1, \boldsymbol{p}=\begin{pmatrix}x\\y\end{pmatrix}$ とすると、

　$(A-E)\boldsymbol{p}=\boldsymbol{0}$　これを成分で書いて、

$$\begin{pmatrix}2-1&1\\2&3-1\end{pmatrix}\begin{pmatrix}x\\y\end{pmatrix}=\begin{pmatrix}0\\0\end{pmatrix}\quad\therefore\quad\begin{pmatrix}1&1\\2&2\end{pmatrix}\begin{pmatrix}x\\y\end{pmatrix}=\begin{pmatrix}0\\0\end{pmatrix}$$

よって、x, y は、連立方程式

$$x+y=0, \ 2x+2y=0$$

を満たします。第2式は第1式の2倍になっていますから、この連立方程式は、$x+y=0$ と同値です。

$x=1, y=-1$ は、この式を満たしますから、$\begin{pmatrix} x \\ y \end{pmatrix} = \begin{pmatrix} 1 \\ -1 \end{pmatrix}$ は固有値1に対する固有ベクトルになります。

結局、$A = \begin{pmatrix} 2 & 1 \\ 2 & 3 \end{pmatrix}$ の固有値・固有ベクトルは、4と$\begin{pmatrix} 1 \\ 2 \end{pmatrix}$、1と$\begin{pmatrix} 1 \\ -1 \end{pmatrix}$、の2組があるわけです。

対称行列と対角化

多変量解析で扱う行列のうち一番重要な行列は各変量どうしの共分散を並べた分散共分散行列や相関係数を並べた相関行列です。これらの行列は対称行列になります。

対称行列は行列の中でもよい性質を持って扱いやすい行列です。

対称行列に関しては、次の定理が強力です。

> **定理** Aを対称行列とするとき、適当な直交行列Uを用いて、^tUAUを対角行列にすることができる。

例を挙げてみます。

対称行列を $A = \begin{pmatrix} 2 & \sqrt{2} \\ \sqrt{2} & 3 \end{pmatrix}$ とします。

$p_1 = \dfrac{1}{\sqrt{3}} \begin{pmatrix} \sqrt{2} \\ -1 \end{pmatrix}, \ p_2 = \dfrac{1}{\sqrt{3}} \begin{pmatrix} 1 \\ \sqrt{2} \end{pmatrix}$、とすると、これらは正規直交基底であり、かつ$A$の固有ベクトルになっています。$U = (p_1 \ p_2)$ とおくと、^tUAU は対角行列になります。確かめてみましょう。

[p_1, p_2 が正規直交基底であること]

$$|p_1| = \sqrt{\left(\frac{\sqrt{2}}{\sqrt{3}}\right)^2 + \left(\frac{-1}{\sqrt{3}}\right)^2} = 1,\ |p_2| = \sqrt{\left(\frac{1}{\sqrt{3}}\right)^2 + \left(\frac{\sqrt{2}}{\sqrt{3}}\right)^2} = 1$$

$$p_1 \cdot p_2 = \frac{1}{\sqrt{3}}\begin{pmatrix}\sqrt{2}\\-1\end{pmatrix} \cdot \frac{1}{\sqrt{3}}\begin{pmatrix}1\\\sqrt{2}\end{pmatrix} = \frac{\sqrt{2}}{\sqrt{3}} \cdot \frac{1}{\sqrt{3}} + \frac{(-1)}{\sqrt{3}} \cdot \frac{\sqrt{2}}{\sqrt{3}} = 0$$

なので、p_1, p_2 は正規直交基底です。

[p_1, p_2 が A の固有ベクトルであること]

$$Ap_1 = \begin{pmatrix}2 & \sqrt{2}\\\sqrt{2} & 3\end{pmatrix}\frac{1}{\sqrt{3}}\begin{pmatrix}\sqrt{2}\\-1\end{pmatrix} = \frac{1}{\sqrt{3}}\begin{pmatrix}2\cdot\sqrt{2} & +\sqrt{2}(-1)\\(\sqrt{2})^2 & +3(-1)\end{pmatrix}$$

$$= \frac{1}{\sqrt{3}}\begin{pmatrix}\sqrt{2}\\-1\end{pmatrix} = p_1 \quad \cdots\cdots ②$$

$$Ap_2 = \begin{pmatrix}2 & \sqrt{2}\\\sqrt{2} & 3\end{pmatrix}\frac{1}{\sqrt{3}}\begin{pmatrix}1\\\sqrt{2}\end{pmatrix} = \frac{1}{\sqrt{3}}\begin{pmatrix}2\cdot 1 & +\sqrt{2}\cdot\sqrt{2}\\\sqrt{2}\cdot 1 & +3\cdot\sqrt{2}\end{pmatrix}$$

$$= \frac{1}{\sqrt{3}}\begin{pmatrix}4\\4\sqrt{2}\end{pmatrix} = 4\cdot\frac{1}{\sqrt{3}}\begin{pmatrix}1\\\sqrt{2}\end{pmatrix} = 4p_2 \quad \cdots\cdots ③$$

p_1, p_2 が A の固有ベクトルです。

これら②、③を並べて書くと、

$$A(p_1\ \ p_2) = (p_1\ \ 4p_2) \quad \cdots\cdots ④$$

となります。なぜなら、A と $(p_1\ \ p_2)$ の積を計算するとき、答えの1列目を求めるには、A と $(p_1\ \ p_2)$ の1列目を掛けることになるからです。

また、

$$(p_1\ \ 4p_2) = (p_1\ \ p_2)\begin{pmatrix}1 & \\ & 4\end{pmatrix} \quad \cdots\cdots ⑤$$

が成り立ちます。なぜなら、$(p_1\ \ p_2)$ と $\begin{pmatrix}1 & \\ & 4\end{pmatrix}$ の積を計算するとき、2列目を求めるには $(p_1\ \ p_2)$ と $\begin{pmatrix}1 & \\ & 4\end{pmatrix}$ の2列目を掛けることになるからです。

④、⑤より、

$$A(p_1\ \ p_2) = (p_1\ \ p_2)\begin{pmatrix}1 & \\ & 4\end{pmatrix}$$

ここで、$U = (\boldsymbol{p}_1 \ \boldsymbol{p}_2)$ とおくと、U は正規直交基底を並べた行列なので直交行列であり、

$$AU = U \begin{pmatrix} 1 & \\ & 4 \end{pmatrix}$$

これに左から U^{-1} を掛けて、

$$U^{-1}AU = \underbrace{U^{-1}U}_{E} \begin{pmatrix} 1 & \\ & 4 \end{pmatrix} \quad \therefore \ {}^t\!UAU = \begin{pmatrix} 1 & \\ & 4 \end{pmatrix}$$

Uは直交行列なので$U^{-1} = {}^t\!U$

もちろん、$U = \dfrac{1}{\sqrt{3}} \begin{pmatrix} \sqrt{2} & 1 \\ -1 & \sqrt{2} \end{pmatrix}$ なので、直接

$${}^t\!UAU = \frac{1}{\sqrt{3}} \begin{pmatrix} \sqrt{2} & -1 \\ 1 & \sqrt{2} \end{pmatrix} \begin{pmatrix} 2 & \sqrt{2} \\ \sqrt{2} & 3 \end{pmatrix} \frac{1}{\sqrt{3}} \begin{pmatrix} \sqrt{2} & 1 \\ -1 & \sqrt{2} \end{pmatrix}$$

を計算して、${}^t\!UAU$ が対角行列になることを確かめてもかまいません。

　②、③の式からわかるように、$\boldsymbol{p}_1$ は固有値1に対する固有ベクトル、$\boldsymbol{p}_2$ は固有値4に対する固有ベクトルになっています。

　${}^t\!UAU$ を計算して出てくる対角行列の対角成分である 1, 4 は固有値です。

　説明が長くなるのではじめから $\boldsymbol{p}_1$, $\boldsymbol{p}_2$ を与えてしまいましたが、$\boldsymbol{p}_1$, $\boldsymbol{p}_2$ を対称行列 A から求めるには、A の固有ベクトルを求め正規化（大きさを1にする）すればよいのです。対称行列の異なる固有値に対する固有ベクトルは互いに直交するという定理があり、対称行列 A の固有ベクトルは直交します。大きさが1になるように固有ベクトルをとれば、それが正規直交基底になります。

　対称行列 A が与えられたとき、${}^t\!UAU$ が対角行列になるような U を見つけるにはどうすればよいかをまとめておきましょう。

> **対称行列 A の直交行列 U による対角化**
>
> n 次対称行列 A の固有値・固有ベクトルを求める。
>
> その固有値を $\lambda_1, \lambda_2, \cdots, \lambda_n$、それに対する固有ベクトルを $p_1, p_2, \cdots, p_n$ とする。ここで、固有ベクトルは正規化(大きさを 1 にする)しておく。
>
> このとき、求める直交行列 U は、$U = (p_1 \ p_2 \ \cdots \ p_n)$

このようにして定めた U について、

$$
{}^tUAU = \begin{pmatrix} \lambda_1 & & & \\ & \lambda_2 & & \\ & & \ddots & \\ & & & \lambda_n \end{pmatrix}
$$

が成り立ちます。

対称行列の異なる固有値に対する固有ベクトルは互いに直交するという定理があり、$p_1, p_2, \cdots, p_n$ は互いに直交するので、U に関して ${}^tUU = E$ が成り立ちます。

厳密にいうと、固有値が重複する場合(固有方程式の解が重複する場合)には、この定理だけでは直交行列 U をとれることがいえませんが、統計で扱う対称行列では固有値が重なることなど稀ですから、上の議論で事足りていることにします。

これをいい換えた定理で次があります。

> **定理** ［スペクトル分解］
> Aをn次対称行列とするとき、適当な正規直交基底
> $\boldsymbol{p}_1, \boldsymbol{p}_2, \cdots, \boldsymbol{p}_n$と実数$\lambda_1, \lambda_2, \cdots, \lambda_n$を用いて、
> $$A = \lambda_1 \boldsymbol{p}_1{}^t\boldsymbol{p}_1 + \lambda_2 \boldsymbol{p}_2{}^t\boldsymbol{p}_2 + \cdots + \lambda_n \boldsymbol{p}_n{}^t\boldsymbol{p}_n$$
> と表すことができる。

ここで注意すべきは$\boldsymbol{p}_1{}^t\boldsymbol{p}_1$の計算です。

$\boldsymbol{p}_1$はn次列ベクトルですから、${}^t\boldsymbol{p}_1$はn次行ベクトルになります。

$(n, 1)$行列と$(1, n)$行列を掛けるので、積$\boldsymbol{p}_1{}^t\boldsymbol{p}_1$は$(n, n)$行列になるわけです。

やはり、$A = \begin{pmatrix} 2 & \sqrt{2} \\ \sqrt{2} & 3 \end{pmatrix}$で確かめてみましょう。

$\lambda_1 = 1, \boldsymbol{p}_1 = \dfrac{1}{\sqrt{3}}\begin{pmatrix} \sqrt{2} \\ -1 \end{pmatrix}, \lambda_2 = 4, \boldsymbol{p}_2 = \dfrac{1}{\sqrt{3}}\begin{pmatrix} 1 \\ \sqrt{2} \end{pmatrix}$なので、

$\lambda_1 \boldsymbol{p}_1{}^t\boldsymbol{p}_1 + \lambda_2 \boldsymbol{p}_2{}^t\boldsymbol{p}_2$

$= 1 \cdot \dfrac{1}{\sqrt{3}}\begin{pmatrix} \sqrt{2} \\ -1 \end{pmatrix} \cdot \dfrac{1}{\sqrt{3}}(\sqrt{2} \quad -1) + 4 \cdot \dfrac{1}{\sqrt{3}}\begin{pmatrix} 1 \\ \sqrt{2} \end{pmatrix} \cdot \dfrac{1}{\sqrt{3}}(1 \quad \sqrt{2})$

$= \dfrac{1}{3}\begin{pmatrix} \sqrt{2} \cdot \sqrt{2} & \sqrt{2} \cdot (-1) \\ (-1) \cdot \sqrt{2} & (-1) \cdot (-1) \end{pmatrix} + \dfrac{4}{3}\begin{pmatrix} 1 \cdot 1 & 1 \cdot \sqrt{2} \\ \sqrt{2} \cdot 1 & \sqrt{2} \cdot \sqrt{2} \end{pmatrix}$

$= \dfrac{1}{3}\begin{pmatrix} 2 & -\sqrt{2} \\ -\sqrt{2} & 1 \end{pmatrix} + \dfrac{4}{3}\begin{pmatrix} 1 & \sqrt{2} \\ \sqrt{2} & 2 \end{pmatrix} = \begin{pmatrix} 2 & \sqrt{2} \\ \sqrt{2} & 3 \end{pmatrix} = A$

たしかに定理の式が成り立っています。

実は、この定理は${}^tUAU$の計算を分解して書いただけのことなのです。

対称行列Aが、大きさ1の固有ベクトル$\boldsymbol{p}_1, \boldsymbol{p}_2$を並べて作った直交行列$U = (\boldsymbol{p}_1 \ \boldsymbol{p}_2)$によって、

と対角化されているものとします。この式の両辺に左からU、右から${}^tU$を掛けます。すると、

$$U\,{}^tUAU\,{}^tU = U\begin{pmatrix}\lambda_1 & 0 \\ 0 & \lambda_2\end{pmatrix}{}^tU$$

$$A = U\begin{pmatrix}\lambda_1 & 0 \\ 0 & \lambda_2\end{pmatrix}{}^tU = (\boldsymbol{p}_1\ \boldsymbol{p}_2)\begin{pmatrix}\lambda_1 & 0 \\ 0 & \lambda_2\end{pmatrix}\begin{pmatrix}{}^t\boldsymbol{p}_1 \\ {}^t\boldsymbol{p}_2\end{pmatrix} = (\lambda_1\boldsymbol{p}_1\ \lambda_2\boldsymbol{p}_2)\begin{pmatrix}{}^t\boldsymbol{p}_1 \\ {}^t\boldsymbol{p}_2\end{pmatrix}$$

$$= \{(\lambda_1\boldsymbol{p}_1\ 0)+(0\ \lambda_2\boldsymbol{p}_2)\}\left\{\begin{pmatrix}{}^t\boldsymbol{p}_1 \\ 0\end{pmatrix}+\begin{pmatrix}0 \\ {}^t\boldsymbol{p}_2\end{pmatrix}\right\}$$

$$= (\lambda_1\boldsymbol{p}_1\ 0)\begin{pmatrix}{}^t\boldsymbol{p}_1 \\ 0\end{pmatrix}+(0\ \lambda_2\boldsymbol{p}_2)\begin{pmatrix}{}^t\boldsymbol{p}_1 \\ 0\end{pmatrix}+(\lambda_1\boldsymbol{p}_1\ 0)\begin{pmatrix}0 \\ {}^t\boldsymbol{p}_2\end{pmatrix}$$

$$\begin{pmatrix}0 & * \\ 0 & *\end{pmatrix}\begin{pmatrix}* & * \\ 0 & 0\end{pmatrix}=O \qquad +(0\ \lambda_2\boldsymbol{p}_2)\begin{pmatrix}0 \\ {}^t\boldsymbol{p}_2\end{pmatrix}$$

$$= \lambda_1\boldsymbol{p}_1{}^t\boldsymbol{p}_1 + \lambda_2\boldsymbol{p}_2{}^t\boldsymbol{p}_2$$

線形代数の本でもあまり書かれていないことなので、ぜひフォローしておきたいことがあります。それは、行列の2分の1乗、マイナス2分の1乗です。

行列Aに対して、$X^2=A$を満たす行列Xを**Aの2分の1乗**といい、$A^{\frac{1}{2}}$で表します。

また、逆行列が存在する行列Aに対して、$Y^2=A^{-1}$すなわち$AY^2=E$を満たす行列Yを**Aのマイナス2分の1乗**といい、$A^{-\frac{1}{2}}$で表します。

これも、$A=\begin{pmatrix}2 & \sqrt{2} \\ \sqrt{2} & 3\end{pmatrix}$のときで、作ってみましょう。

Aは、単位化された固有ベクトル$\boldsymbol{p}_1=\dfrac{1}{\sqrt{3}}\begin{pmatrix}\sqrt{2} \\ -1\end{pmatrix}$, $\boldsymbol{p}_2=\dfrac{1}{\sqrt{3}}\begin{pmatrix}1 \\ \sqrt{2}\end{pmatrix}$を

並べて作った直交行列 $U = \dfrac{1}{\sqrt{3}}\begin{pmatrix} \sqrt{2} & 1 \\ -1 & \sqrt{2} \end{pmatrix}$ を用いて、

$$U^{-1}AU = \begin{pmatrix} 1 & 0 \\ 0 & 4 \end{pmatrix}$$

と対角化できました。2分の1乗、マイナス2分の1乗を求めるには、この式から導くことができる

$$A = U\begin{pmatrix} 1 & 0 \\ 0 & 4 \end{pmatrix}U^{-1}$$

がポイントとなります。

A の2分の1乗、マイナス2分の1乗は、

$$A^{\frac{1}{2}} = U\begin{pmatrix} \pm 1 & 0 \\ 0 & \pm\sqrt{4} \end{pmatrix}U^{-1}, \quad A^{-\frac{1}{2}} = U\begin{pmatrix} \pm 1 & 0 \\ 0 & \pm\dfrac{1}{\sqrt{4}} \end{pmatrix}U^{-1}$$

±は複号任意、つまり+、-が自由にとれ、それぞれ4通りの場合がある

となります。

複号がプラスの場合について確かめてみると、

$$(A^{\frac{1}{2}})^2 = \left(U\begin{pmatrix} 1 & 0 \\ 0 & \sqrt{4} \end{pmatrix}U^{-1}\right)^2 = U\begin{pmatrix} 1 & 0 \\ 0 & \sqrt{4} \end{pmatrix}U^{-1}U\begin{pmatrix} 1 & 0 \\ 0 & \sqrt{4} \end{pmatrix}U^{-1}$$

$$= U\begin{pmatrix} 1 & 0 \\ 0 & \sqrt{4} \end{pmatrix}\begin{pmatrix} 1 & 0 \\ 0 & \sqrt{4} \end{pmatrix}U^{-1} = U\begin{pmatrix} 1 & 0 \\ 0 & 4 \end{pmatrix}U^{-1} = A$$

$$A(A^{-\frac{1}{2}})^2 = U\begin{pmatrix} 1 & 0 \\ 0 & 4 \end{pmatrix}U^{-1}U\begin{pmatrix} 1 & 0 \\ 0 & \dfrac{1}{\sqrt{4}} \end{pmatrix}U^{-1}U\begin{pmatrix} 1 & 0 \\ 0 & \dfrac{1}{\sqrt{4}} \end{pmatrix}U^{-1}$$

$$= U\begin{pmatrix} 1 & 0 \\ 0 & 4 \end{pmatrix}\begin{pmatrix} 1 & 0 \\ 0 & \dfrac{1}{\sqrt{4}} \end{pmatrix}\begin{pmatrix} 1 & 0 \\ 0 & \dfrac{1}{\sqrt{4}} \end{pmatrix}U^{-1}$$

$$= U\begin{pmatrix} 1 & 0 \\ 0 & 4 \times \dfrac{1}{\sqrt{4}} \times \dfrac{1}{\sqrt{4}} \end{pmatrix}U^{-1}$$

$$= UEU^{-1} = UU^{-1} = E$$

となります。

この作り方からわかるように、固有値がすべて非負(0以上)である対称

行列Aには、$A^{\frac{1}{2}}$, $A^{-\frac{1}{2}}$が存在します。

特に、n次正方行列Aが、(n, m)行列Bを用いて、$A = B^t B$と表されるときは、Aは対称行列であり、固有値は非負(0以上)になるという性質がありますから(あとで証明)、Aには、$A^{\frac{1}{2}}$, $A^{-\frac{1}{2}}$が存在します。

統計で扱う分散共分散行列や相関行列は、$B^t B$の形で表すことができますから、2分の1乗やマイナス2分の1乗が存在します。

行列の2分の1乗やマイナス2分の1乗は、主成分分析や数量化Ⅲ類などで用います。

次を証明しておきます。

> n次正方行列Aが、(n, m)行列Bによって、$A = B^t B$と表されるとき、Aは対称行列であり、固有値は非負(0以上)である。

$^t A = {}^t(B^t B) = {}^t({}^t B)^t B = B^t B = A$　よって、Aは対称行列。

Aの固有値をλ、固有ベクトルを$\boldsymbol{x}$とすると、

$$(A\boldsymbol{x}) \cdot \boldsymbol{x} = (\lambda \boldsymbol{x}) \cdot \boldsymbol{x} = \lambda(\boldsymbol{x} \cdot \boldsymbol{x}) = \lambda |\boldsymbol{x}|^2$$

また、

$$(A\boldsymbol{x}) \cdot \boldsymbol{x} = (B^t B \boldsymbol{x}) \cdot \boldsymbol{x} = {}^t(B^t B \boldsymbol{x})\boldsymbol{x} = {}^t \boldsymbol{x} \, {}^t({}^t B){}^t B \boldsymbol{x} = {}^t \boldsymbol{x} B^t B \boldsymbol{x}$$

$$= {}^t({}^t B \boldsymbol{x})^t B \boldsymbol{x} = ({}^t B \boldsymbol{x}) \cdot ({}^t B \boldsymbol{x}) = |{}^t B \boldsymbol{x}|^2$$

よって、$\lambda|\boldsymbol{x}|^2 = |{}^t B \boldsymbol{x}|^2$　　∴　$\lambda = \dfrac{|{}^t B \boldsymbol{x}|^2}{|\boldsymbol{x}|^2}$

これより、λは非負(0以上)であることがわかります。

多変数関数の微分

x, y, z の3個の変数で表される関数 $f(x, y, z)$ を考えます。この関数は、x, y, z の値が定まれば $f(x, y, z)$ の値が定まるときの決まりを表しています。

$f(x, y, z)$ はベクトル $\boldsymbol{x} = \begin{pmatrix} x \\ y \\ z \end{pmatrix}$ に対して値が定まるので、ベクトルの関数と見ることができます。

$f(x, y, z)$ を $\boldsymbol{x} = \begin{pmatrix} x \\ y \\ z \end{pmatrix}$ で微分することを $\dfrac{\partial f}{\partial \boldsymbol{x}}$ と表し、次のように計算します。

$$\frac{\partial f}{\partial \boldsymbol{x}} = \begin{pmatrix} \dfrac{\partial f}{\partial x} \\ \dfrac{\partial f}{\partial y} \\ \dfrac{\partial f}{\partial z} \end{pmatrix}$$

> **問題** $\boldsymbol{x} = \begin{pmatrix} x \\ y \\ z \end{pmatrix}$ のとき、$f(\boldsymbol{x}) = x^2 + 2xy + 5yz$ と表されるベクトル関数がある。このとき、$\boldsymbol{x}$ による微分 $\dfrac{\partial f}{\partial \boldsymbol{x}}$ を求めよ。

$$\frac{\partial f}{\partial \boldsymbol{x}} = \begin{pmatrix} \dfrac{\partial f}{\partial x} \\ \dfrac{\partial f}{\partial y} \\ \dfrac{\partial f}{\partial z} \end{pmatrix} = \begin{pmatrix} 2x + 2y \\ 2x + 5z \\ 5y \end{pmatrix}$$

> **問題** $\boldsymbol{a} = \begin{pmatrix} a \\ b \\ c \end{pmatrix}$, $\boldsymbol{x} = \begin{pmatrix} x \\ y \\ z \end{pmatrix}$ のとき、$\boldsymbol{a}$ と $\boldsymbol{x}$ の内積を $\boldsymbol{a} \cdot \boldsymbol{x}$ で表します。
>
> $f(\boldsymbol{x}) = \boldsymbol{a} \cdot \boldsymbol{x}$ のとき、$\boldsymbol{x}$ による微分 $\dfrac{\partial f}{\partial \boldsymbol{x}}$ を求めよ。

$f(\boldsymbol{x}) = \boldsymbol{a} \cdot \boldsymbol{x} = ax + by + cz$ なので、$\dfrac{\partial f}{\partial \boldsymbol{x}} = \begin{pmatrix} \dfrac{\partial f}{\partial x} \\ \dfrac{\partial f}{\partial y} \\ \dfrac{\partial f}{\partial z} \end{pmatrix} = \begin{pmatrix} a \\ b \\ c \end{pmatrix} = \boldsymbol{a}$

> **問題** 行列 $A = \begin{pmatrix} a & b & c \\ b & d & e \\ c & e & g \end{pmatrix}$ と $\boldsymbol{x} = \begin{pmatrix} x \\ y \\ z \end{pmatrix}$ を用いて、$f(\boldsymbol{x}) = {}^t\boldsymbol{x} A \boldsymbol{x}$ とする。
>
> $\boldsymbol{x}$ による微分 $\dfrac{\partial f}{\partial \boldsymbol{x}}$ を求めよ。

$$f(\boldsymbol{x}) = {}^t\boldsymbol{x} A \boldsymbol{x} = (x\ y\ z) \begin{pmatrix} a & b & c \\ b & d & e \\ c & e & g \end{pmatrix} \begin{pmatrix} x \\ y \\ z \end{pmatrix} = (x\ y\ z) \begin{pmatrix} ax+by+cz \\ bx+dy+ez \\ cx+ey+gz \end{pmatrix}$$

$$= x(ax+by+cz) + y(bx+dy+ez) + z(cx+ey+gz)$$

$$= ax^2 + 2bxy + 2cxz + dy^2 + 2eyz + gz^2$$

すべての項が2次の式を2次形式という

よって、

$$\dfrac{\partial f}{\partial \boldsymbol{x}} = \begin{pmatrix} \dfrac{\partial f}{\partial x} \\ \dfrac{\partial f}{\partial y} \\ \dfrac{\partial f}{\partial z} \end{pmatrix} = \begin{pmatrix} 2ax+2by+2cz \\ 2bx+2dy+2ez \\ 2cx+2ey+2gz \end{pmatrix} = 2 \begin{pmatrix} a & b & c \\ b & d & e \\ c & e & g \end{pmatrix} \begin{pmatrix} x \\ y \\ z \end{pmatrix} = 2A\boldsymbol{x}$$

ベクトルの内積、2次形式のベクトルによる微分は次のようにまとまり

ます。

> **ベクトル微分**
>
> n 次元列ベクトル a, x と n 次対称行列 A に関して、
>
> $$\frac{\partial (a \cdot x)}{\partial x} = a \qquad \frac{\partial ({}^t x A x)}{\partial x} = 2Ax$$
>
> が成り立つ。

おわりに

　大人のための数学教室「和(なごみ)」で、初めて生徒さんに教えたのが「多変量解析」でした。その生徒さんは不動産会社の方で、物件情報の分析をしたい、とのご要望をお持ちでした。多変量解析を理解するため、線形代数・微積分など多変量解析の手法の理解に必要な数学を準備して、多変量解析のいくつかの手法について講義しました。さらに、どのような手法で解析したらよいのかまでアドバイスすることができました。このときの経験がこの本を書くための大きな肥やしになっています。生徒として多くの疑問点、質問を投げかけてくれた方々と、このような教場を開いてくださった"和(わ)から株式会社"代表取締役・堀口智之氏に、この本を捧げたいと思います。

　ここ2、3年、「ビッグデータ」「データサイエンティスト」という単語が注目され、統計ブームが起きています。そのような社会的趨勢(すうせい)を受け、数学教室「和」には統計・データ分析について学びたいという方が多く訪れています。そこでこの教室では、統計の基礎から学びたい方には「統計マスターコース」、データをお持ちの方で分析方法がわからない方には「データ分析補助」などのパッケージを用意しています。ご興味がある方は、ぜひ大人のための数学教室「和」にアクセスしてみてください。

　この本を書く上で一番の難所が因子分析でした。本文でも書きましたが、因子分析では分析者に裁量が与えられていて、分析者によって異なる結果が出てきます。

　正直いって、因子分析の数学的なあいまいさに耐えられませんでした。私が経営者であれば、因子分析を意思決定の際の大きなファクターとしては採用しないでしょう。重大な結果を伴う判断に耐えうるだけの信頼性があるとは、私には思えないからです。

しかし、客観的でないから因子分析が不要なものであるかといえば、そんなことはありません。もちろん。

　経営者の中には、経営の意思決定の最終判断をこの世ならぬ力を持った人の意見や四柱推命・占星術などの占いに委(ゆだ)ねる人もいると聞きます。その気持ちもよくわかります。

　ある受験生が合格率80％の大学を受験したとしても、残念ながら不合格になる場合もあり得ます。試験結果は合格か不合格かのどちらか1つの場合しかとりえません。受験生の不安はいかばかりでしょうか。

　事業の場合には、受験ほど白黒はっきりした結果が出るわけではないでしょうが、それでもある企画を採用して成功か失敗かのどちらかの結果が出ることもあるでしょう。企画の成功率が80％という予断があっても、失敗すれば計画段階の成功率80％という言葉は何の慰めにもなりません。失敗をするかもしれないという不安に打ち克つために、判断の確信を支える縁(よすが)を求めてしまうのは人情ではないでしょうか。

　私は仕組みを知っているので因子分析には頼ろうとは思いませんが、そのからくりを知らない経営者であれば、なにせ"分析"という名前がついていますから、まるで科学のお墨付きをもらったような気がして、自らの判断に自信が持てるのではないでしょうか。因子分析には、占いと同じような効果があると思います。因子分析を事業のプレゼンに用いる人は、都合のよい分析結果をそろえて、経営者の不安を取り除いてあげたらよいと思います。

　これは因子分析に限らず、他の分析法（特に、マーケティングで用いる数量化Ⅲ類、コンジョイント分析）を経営判断に用いる場合でも同じことがいえるかもしれません。

　分析結果というのはあくまで過去のデータを加工したものでしかありません。過去のデータの通りに未来が推移してくれるとは限りません。また、事業の企画のように試行回数が少なく、かつ成否のファクターが多いもの

については、十分なデータを集めることができません。統計の分析結果で未来を予測するのは困難であるといえるでしょう。

　多変量解析の手法には、この本に挙げた以外にもいくつかの手法があります。
　ロジスティック分析、正準分析、コンジョイント分析、多次元尺度法、……。これらの手法について書こうかとも考えたのですが、「まずはこの一冊から」という趣旨からは外れるであろうと判断し割愛しました。これらの手法について解説を希望する声が多ければ、また別の場でご要望に応えていく所存です。

　この本の制作過程では、多くの方の才能をお借りしました。あおく企画の五月女氏が、読みにくい原稿から読みやすい紙面を作るという技術をお持ちになられていたので、スマートな見た目の本になりました。また、大人のための数学教室「和（なごみ）」ナンバーワン人気講師の坂本昌夫先生には、原稿段階で多くの有益な示唆をいただきました。小山拓輝氏には原稿・ゲラの段階で多くの誤りを指摘していただきました。それでも誤植があれば、これは、まったくもって私の責任です。
　今回も、企画から校正・入稿に至るまで一貫してベレ出版・坂東一郎氏に支えていただきました。氏のサポートがなければこの本は生まれていなかったでしょう。
　この本の制作のために惜しみない援助をしていただいた上の方々に深く感謝いたします。

　　　平成26年5月吉日
　　　　　　　　　　　　　　　　　　　　　　　　　　石井俊全拝

> 著者略歴

石井 俊全（いしい・としあき）
1965年、東京生まれ。東京大学建築学科卒、東京工業大学数学科修士課程卒。大人のための数学教室「和」講師。書籍編集の傍ら、中学受験算数、大学受験数学、数検受験数学から、多変量解析のための線形代数、アクチュアリー数学、確率・統計、金融工学（ブラックショールズの公式）に至るまで、幅広い分野を、算数・数学が苦手な人に向けて講義している。

著書
『中学入試 計算名人免許皆伝』
『数学を決める論証力―大学への数学』（いずれも東京出版）
『1冊でマスター 大学の微分積分』（技術評論社）
『まずはこの一冊から意味がわかる線形代数』
『まずはこの一冊から意味がわかる統計学』
『ガロア理論の頂を踏む』
『一般相対性理論を一歩一歩数式で理解する』（いずれもベレ出版）

まずはこの一冊から 意味がわかる多変量解析

2014年6月25日	初版発行
2017年5月21日	第2刷発行
著者	石井 俊全
カバーデザイン	B&W+
図版・DTP	あおく企画

©Toshiaki Ishii 2014. Printed in Japan

発行者	内田 真介
発行・発売	ベレ出版 〒162-0832　東京都新宿区岩戸町12 レベッカビル TEL.03-5225-4790 FAX.03-5225-4795 ホームページ　http://www.beret.co.jp/ 振替 00180-7-104058
印刷	モリモト印刷株式会社
製本	根本製本株式会社

落丁本・乱丁本は小社編集部あてに送りください。送料小社負担にてお取り替えします。
本書の無断複写は著作権法上での例外を除き禁じられています。購入者以外の第三者による本書のいかなる電子複製も一切認められておりません。

ISBN 978-4-86064-398-0 C0041　　　　編集担当　坂東一郎

好評発売中 まずはこの一冊から **意味がわかるシリーズ**

まずはこの一冊から 意味がわかる統計学

石井俊全 著　A5判並製　本体価格2000円

テレビの視聴率はたとえば15.3％などと表現されます。これは全国の15.3％の世帯が見ていたということになりますが、じつは、調査対象はたったの3000世帯くらいなのです。このように一部を取り出して全体の特性を予想することを統計学では「推定」といいます。本書では、特にこの「推定」と「検定」という、実用的にも非常に世の中の役に立っている「予想統計」について、徹底的にわかりやすく解説していきます。

まずはこの一冊から 意味がわかる統計解析

涌井貞美 著　A5判並製　本体価格2000円

「統計解析」とは「統計学」を応用し、実際のデータ分析ができるような現実的な知識を提供するものです。現代社会はさまざまな（玉石混交の）統計データにあふれています。そんな時代にあって、統計的分析能力の素養を身につけておく必要性は増すばかりといえます。本書は、中学数学レベルの前提知識だけで、統計解析が何を問題として、どのように結論を出すのかの過程を理解し、そのエッセンスがつかめるよう解説していきます。

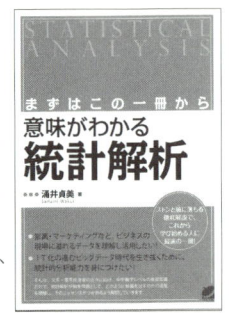

まずはこの一冊から 意味がわかる微分・積分

岡部恒治／本丸諒 著　A5判並製　本体価格1900円

今やビジネスマン、社会人にとって必須となってきている「微分・積分」ですが、「あの頃はどうしても好きになれなかった」という人も多いことでしょう。しかし大人になって改めて学びなおすと、こんなにも身近に存在し、科学テクノロジーにもなくてはならないものなんだということに気づくはずです。本書では、「あの頃」にはわからなかった、理解できなかった、「微分・積分」の魅力と意味をじっくりと解説していきます。

まずはこの一冊から 意味がわかる線形代数

石井俊全 著　A5判並製　本体価格2000円

本書では、文系の社会人を中心に、数学を教える活動に携わる著者が、線形代数とは何か、なぜ学ぶのかというところから、その概念を可能なかぎり言葉で説明していきます。言葉だけではなく、数式、図表でもきちんと表現し、諸概念の図像的イメージをわかりやすく解説します。社会科学、工学での応用も見据えながら、計算法とその意味を十分に理解していただける一冊です。